Sind
SONDERANGEBOTE FÜR WEIN
im Supermarkt vertrauenswürdig?

Verändert sich der auf der Flasche angegebene
ALKOHOLGEHALT
über die Zeit?

Was versteht man unter Terroir?

IST EINE **Bowle** ODER **Kalte Ente** *in Weinkreisen salonfähig?*

WEIN *genießen*

PAULA BOSCH

WEIN *genießen*

Das Weinwissen Deutschlands bekanntester Sommelière

CALLWEY

Inhalt

Vorwort

Wein liebe und lebe ich, seit ich ihn trinken darf, daran ist auch meine Familie ein wenig schuld. Durfte ich doch im zarten Kindesalter aus den Gläsern von Mutter und Tanten mit den süßen Auslesen und Beerenauslesen kleine Schlückchen kosten. Meine Faszination für Wein festigte sich irgendwann vor drei Jahrzehnten. Die Welt des Weines, wie wir sie heute kennen, stand damals, mit Ausnahme Frankreichs, noch am Anfang ihrer Entwicklung. Weingenuss, wie wir ihn heute pflegen und leben, war gar nicht existent. Insbesondere in Deutschland war der Umgang mit Wein eher ein Festakt statt einer Alltäglichkeit. Die wirklich guten Restaurants außerhalb der Weinregionen servierten nahezu ausschließlich französische Weine. Die anderen Weinmärkte waren im Gegensatz zu heute auf wenige Regionen beschränkt, Italien beispielsweise auf Chianti und Barolo, Spanien auf Rioja. Portugal hatte außer Mateus Rosé und Portwein trotz seiner Traubenvielfalt nicht mehr zu bieten und in Österreich hat man sich fast nur mit Grünem Veltliner zugeprostet. Deutschland galt in Summe als zuverlässiger Markt für süße Qualitäten und die Schweiz hatte außerhalb ihrer Grenzen wenig außer Fendant und Dôle zu bieten. Aus Griechenland wurde in den zahlreichen Tavernen Retsina und Ouzo serviert, von Übersee war in Europa noch keine Rede, der Import beschränkte sich auf kleinste Mengen.

Alles, aber wirklich alles hat sich in der Weinwelt der letzten 20 Jahre verändert. Das habe ich als Sommelière in den Restaurants, in denen ich gearbeitet habe, miterleben können, bei den unendlich vielen Besuchen auf Weingütern und in der Spitzengastronomie der Welt. In zahlreichen Gesprächen mit großartigen Persönlichkeiten habe ich den Zauber, die Magie des Weines, seinen Mythos, Höhen und Tiefen, Vielfalt und Banalität, technischen Fortschritt und auch wieder den Weg zurück zur Natur gesehen und erlebt.

Überall, wo Wein produziert, mit ihm gehandelt oder wo er getrunken wird, hat es sehr viele Veränderungen gegeben. Im Weinberg wie im Keller, in der Gastronomie wie im Handel, bei den Anlässen, wann, wo, was, wie, wozu er serviert wird. Die Trinkregeln, Preise, Einkauf und Lagerung, der Umgang wie auch die Glaskultur haben sich der heutigen Zeit, den Menschen und ihren Gewohnheiten angepasst. Das mag daran liegen, dass sich auch die Natur, das Klima, die Vegetation an sich gewandelt haben oder mitten im Wandel sind. Geschmack und Charakter des Weines haben sich deshalb in nur einem Vierteljahrhundert nahezu grundlegend geändert. Dazu kommen die neue Konsumgeneration sowie ein anderer Lebensstil.

Dieser Dynamik möchte ich mit „Wein genießen" folgen. Ich nehme Sie mit auf eine Entdeckungsreise durch die internationale Weinwelt, erzähle aus meiner Schatzkiste von Erfahrungen, Entwicklungen und Erkenntnissen beim Servieren wie Probieren von Wein. Sie werden erkennen, wie unterhaltsam, aber auch arbeits- und zeitintensiv, wie beschwerlich oder wie schön Wein genießen, Wein lernen und trinken sein kann.

Wein ist ein ebenso komplexes wie faszinierendes Thema. Deshalb glaube ich, sollten Sie möglichst viel über ihn wissen, um ihn auch so gut wie möglich zu verstehen. Ihm mit der notwendigen Neugier, Respekt und Freude, aber niemals todernst, allwissend zu begegnen, öffnet uns viele Türen in die fabelhafte Welt des Weines. Ich verspreche Ihnen, das wird ein langer, nicht enden wollender Lernprozess. Das Schöne daran ist, dass Sie ein Leben lang Weine probieren, trinken und dabei ständig dazulernen. Das funktioniert nicht in 60 Minuten und auch nicht in 24 Stunden. Das Lernen hat kein Ende, egal wie viele Weine Sie schon getrunken und wie viele Bücher Sie zu diesem Thema gelesen haben. Guter Wein umgibt sich mit einer Aura, die uns antreibt, neugierig macht, nie innehalten lässt, weil sein Zauber einer magischen Kraft ähnlich ist und wir diesem Charisma beim Trinken und Genießen immer wieder erliegen.

Paula Bosch

Rheinfähre in Kaub unterhalb der Zollburg Pfalzgrafenstein

EINE SPRITZTOUR
durch die Weinwelt

Laut Duden ist eine Spritztour ein kurzer Ausflug und bedeutet soviel wie ein Abstecher. Und genau auf einen solchen kurzen Ausflug oder eben Abstecher nimmt Sie dieses Kapitel. Es ist eine Kurzreise in der heutigen schnelllebigen Welt des Weines, ein Trip in 13 verschiedene Weinbauländer, von denen ich viele häufig, wenn nicht jährlich besucht habe.

Es geht um Weingüter und ihre Besitzer, die ich kennenlernen und deren Entwicklung ich in den letzten 20 bis 30 Jahren mitverfolgen konnte. Aber auch um Entwicklungsprozesse in den einzelnen Ländern und ihren Regionen, Ideen im Anbau oder im Ausbau bei der Weinproduktion, typische Rebsorten oder besondere Weine, die ganze Weingebiete prägen. Kurz und knapp: Es entsteht ein Bild, das hilfreich sein kann bei der nächsten Flasche Wein.

Beim Weinanbau und der Produktion hat sich in den letzten Jahrzehnten viel verändert – gerade deshalb ist es interessant zu erfahren, wo alte Werte und Traditionen gepflegt wurden oder wer sich wieder darauf besinnt. Nicht die ganze Weinwelt wurde auf den Kopf gestellt, man hat da und dort weiterentwickelt und das Beste beibehalten. Ohne Anspruch aufVollständigkeit möchte ich Ihnen auf dieser Weinreise Anregungen geben, welches Ziel vielleicht Ihr nächstes sein könnte. Sicher ist, dass überall dort, wo Wein wächst, die Natur ganz besonders schön ist. Und der Mensch hat dank seiner Kreativität zu diesem Reichtum beigetragen. Aus dem Blickwinkel des Sommeliers betrachtet, erfahren Sie, was sich in einem Vierteljahrhundert in Europa, Südamerika, Südafrika, Australien und den USA getan hat.

Deutschland

Das Image des deutschen Weines war in den 1980er-Jahren alles andere als optimal. Die überwiegend liebliche, süße Geschmacksrichtung der Supermarktqualitäten und Exportware kratzten großflächig am einst guten Ruf des deutschen Weins. Die Situation wurde noch verschärft durch wenig attraktive Etiketten, lange, komplizierte Lagennamen und Prädikate wie Kabinett, Spätlese oder Eiswein, die mit ihren verschiedenen Geschmacksrichtungen für zusätzliche Verwirrung sorgten. Die Zeit für notwendige, gravierende Veränderungen war angebrochen.

IN ZAHLEN
Rebfläche 2016: *102.000 ha*
Produktion 2016: *9,0 Mio. hl*
Produktion 2007: *10,5 Mio. hl*
Anteil Weiß: *66 %*
Anteil Rot: *34 %*
Wichtige Rebsorten weiß: *Riesling 23 %, Müller-Thurgau 12 %, Grauburgunder 6 %, Silvaner 5 %, Weißburgunder 5 %, Kerner 3 %*
Wichtige Rebsorten rot: *Spätburgunder 12 %, Dornfelder 8 %, Blauer Portugieser 3 %, Trollinger 2 %*
Exportanteil: *40 %*

ENTWICKLUNGEN IM DEUTSCHEN WEINBAU

Es gab sicherlich mehrere Impulsgeber für höhere Qualitätsansprüche im deutschen Wein: Der Weinhandel und auch die Winzer selbst erkannten, dass nur mit erstklassigen Qualitäten, auch gastronomiefreundlicheren und trocken ausgebauten Weinen die Endverbraucher langfristig gewonnen werden konnten. Der Handel spekulierte hierbei auf ein Umsatzplus mit deutschen Weinen in seinen Programmen und gab bereitwillig den deutschen Weinmachern seine Erfahrungen mit französischen und italienischen Produzenten im Handel weiter. Die Topgastronomie wurde aufmerksam, auch dank der Medien, die sich verstärkt für die Weinszene, ebenso für die Küche wie auch für die Kombinationen von Wein und Speisen interessierte.

Die damals jungen Winzer, die heutigen Seniorchefs in den Weingütern, gingen Mitte der 1980er-Jahre viel auf Reisen, schauten über den Tellerrand und lernten insbesondere von ihren französischen Kollegen, deren Weine zu dieser Zeit höchsten Stellenwert genossen. Weitere Nachbarländer und wenig später die Neue Welt, USA, Australien und Neuseeland, folgten in der Reiseagenda. Die sich langsam verändernden Trinkgewohnheiten, das gesteigerte Interesse am Wein und an seinem Zusammenspiel mit den Speisen waren wohl hinreichende Gründe für eine ganze Winzerschar, langfristig umzudenken und auf Qualität statt wie bisher auf Quantität zu setzen. Schließlich war beim Einkauf ebenfalls eine verstärkte Aufgeschlossenheit der Kundschaft gegenüber besseren Weinen zu erkennen.

Vorreiter dieser sich in Bewegung setzenden Wellenbrecher der Qualität war ohne Zweifel der VDP. Das große Engagement des Vereins Deutscher Prädikatsweingüter, in erster Linie für die Gastronomie und den Handel, auch mit seinen regelmäßigen Jahrgangsproben unter der Maxime „das Beste, was Deutschland zu bieten hat“, kann nicht genug wertgeschätzt werden. Dieser Pionier hat sich als Erster mit seinen Richtlinien, der Qualitätspyramide in allen Regionen des Landes für „Große Gewächse“ in Topniveau eingesetzt.

Die internationale Anerkennung und Wertschätzung der letzten drei Jahrzehnte verdankt der deutsche Wein letztendlich aber der Arbeit einer Gruppe von wenigen hundert Winzern und einigen Genossenschaften, die ihre Produktion radikal auf Qualität umgestellt haben. Damit haben es viele Weingüter in den 1990er-Jahren geschafft, in der Heimat und weit über deren Grenzen hinaus bekannt und geschätzt zu werden. Dazu kamen die vielen weltweit organisierten Aktivitäten des Deutschen Weininstituts. Selbst in die hochwertigste internationale Ausbildung der Weinprofis, „Masters of Wine", wird jüngst in Zusammenarbeit mit dem in London ansässigen Institute of Masters of Wine investiert.

Dass dieser Ruf wenigstens für einen Teil des deutschen Weines wieder gerechtfertigt ist, ist dieser neuen Winzergeneration mit ihren Kindern geschuldet. Dank ihres Engagements, des gut ausgebildeten Nachwuchses, der mit Leichtigkeit und Freude die Betriebe übernimmt, steht es auch um die Zukunft des deutschen Weines sehr gut. Die junge deutsche Winzergeneration ist international erfahren, will viel mehr als nur Riesling und Spaß im Glas, sie rockt den Wein im Fass, weckt Interesse an anderen Sorten, neuen, alten Weinbereitungsmethoden und steigt auch gern mit in die Weinberge, sie hegt und pflegt die Reben.

Was wir in Deutschland bislang noch nicht geschafft haben, ist eine genaue Herkunfts- und Qualitätskontrolle, zum Beispiel nach französischem Vorbild – eine gesetzliche Regelung, die dem deutschen Wein in Summe noch mehr Ansehen, ihn noch weiter nach vorne bringen könnte. Das betrifft in ganz Deutschland nicht nur die exakte Definition der Lagen, sondern auch deren qualitative Einstufung als Klassifikation.

Nicht zu vergessen ist der große Einsatz zahlreicher Betriebe im Bereich des naturnahen, biodynamischen Weinbaus. Hier wird mit sehr viel Enthusiasmus Aktivität gezeigt. Diese Winzer – viele mit kleinen und mittleren Betriebsgrößen, auffallend oft auch die junge Generation – setzen sich für schonenden, nachhaltigen Weinbau ein. Zur großen Freude aller sind die vielen chemischen Keulen aus den letzten Jahrzehnten verpönt. Viele von ihnen ersparen sich erstaunlicherweise die Mitgliedschaft in bekannten Verbänden, weil ihnen die Beiträge häufig zu hoch und die Regeln – man höre – nicht streng beziehungsweise nicht konsequent genug sind. Sie verzichten einfach auf das Marketinginstrument „Bio" auf dem Etikett und überzeugen die Kundschaft mit der Realität aus dem Weinberg, den gesunden Böden, in ihren Weinflaschen.

Ahr: Die nur 0,64 Hektar große Einzellage „Walporzheimer Gärkammer" mit dem typischen Schieferverwitterungsgestein ist im Alleinbesitz des Weingutes J.J. Adeneuer.

Mosel: In den Steillagen der Mosel und an der Saar können alle Arbeiten nur händisch gemacht werden, wie hier die Weinlese.

Sogar unser Rebsortenspiegel tendiert eindeutig weiter in Richtung Qualität. Bei den weißen Sorten belegt Riesling mit 23 Prozent der Gesamtrebfläche seit Jahren den ersten Platz und legt flächenmäßig leicht zu. Gewinner der letzten Jahre waren die weißen Burgundersorten, die mittlerweile 13 Prozent der Rebfläche ausmachen (2000: 6 Prozent). Sauvignon Blanc nimmt auf sehr niedrigem Level kontinuierlich an Bedeutung zu und bei den Rotweinen hat der Spätburgunder mit knapp 12 Prozent eine erstaunliche Wiedergeburt erlebt.

Besonderheiten und Gründe, die für die Qualität der deutschen Weine sprechen

- Große Vielfalt an Rebsorten, Regionen, Böden und unterschiedlichsten Klimata
- Enormes Spektrum unterschiedlichster Geschmacksrichtungen von trocken bis edelsüß
- Einzigartige leichte, trockene und frische Weißweintypen
- Die Bandbreite des Rieslings in seiner Vielseitigkeit und im Geschmack
- In der Qualitätsstufe Kabinett ist Riesling unschlagbar
- Mit internationalen Topweinen verglichen sehr gutes Preis-Qualitäts-Verhältnis, bei Riesling im Spitzenbereich sogar weltweit verglichen nahezu einmalig
- Sehr gute Marktpräsenz und Bekanntheitsgrad der besten Weine

ANBAUGEBIETE UND REGIONEN

Die Geschichte des deutschen Weins ist alt, wurde er doch schon von den Römern ins Land gebracht. Die Blütezeit im 19. Jahrhundert, als Riesling und Sekt auf den Pariser Weinkarten oder den prächtigsten Luxuslinern auf hoher See teurer angeboten wurden als beste Champagner oder Rotweine aus Bordeaux, ist längst vergessen.

Seit Mitte der 1990er-Jahre belebt deutscher Wein wieder das Geschäft, genießt seinen Stellenwert unter den großen Weinen der Welt. 13 Anbaugebiete, wie sie unterschiedlicher nicht sein können, sind dabei im Rennen. Hier vom Norden in den Süden.

Ahr

Deutschlands Rotweinecke, die Ahr mit nur 560 Hektar Reben, zählt zu den wärmsten Weinregionen Deutschlands und das trotz ihrer Lage nördlich des 51. Breitengrades. Sie zieht sich auf etwa 90 Kilometern entlang des gleichnamigen Flusses von der Vulkaneifel bis zum Rhein, vorbei an Mayschoß, Rech, Dernau oder Walporzheim, wo der Fluss dann bei Sinzig, südlich von Bonn, in den Rhein mündet. Die wärmespeichernden Böden aus Schiefer, Grauwacke, Silit und Sandstein bestimmen das Rebsortiment und die Weine. Der Spätburgunder ist die Sorte mit dem größten Flächenanteil von 63 Prozent, gefolgt von Frühburgunder, Portugieser und Riesling.

Baden

Für eine Weinregion auf einer sagenhaften Länge von 400 Kilometern zieht sich Baden in Nord-Süd-Richtung vom Taubertal über Heidelberg an der französischen Grenze entlang bis zum Bodensee. In den neun unterschiedlichen Bereichen sind die Bodenverhältnisse, Temperaturen sowie die Rebsorten und ihre Weine sehr facettenreich. Während am Bodensee Spätburgunder und Müller-Thurgau überwiegen, dominiert im Markgräflerland Gutedel, im Kaiserstuhl, der wärmsten Region, sind Grau-, Weiß- sowie Spätburgunder angesagt und in der Ortenau Riesling. Baden ist von der Sonne verwöhnt.

Franken

Die Position von Frankens Weinlagen, die nicht zusammenhängen, könnte vereinfacht zwischen Aschaffenburg und Schweinfurt an den südwärts gerichteten Talhängen des Mains und seinen Nebenflüsse definiert werden. Die Behauptung „Frankenland ist Silvanerland" war einmal richtig, heute hat Müller-Thurgau knapp die Nase vorn. Dennoch erlebt Silvaner ein Comeback. An den Hängen des Steigerwaldes überwiegen Buntsandstein, verwittertes Urgestein und Gipskeuper. Am Mainviereck, in Unterfranken und im Spessart hingegen dominiert Muschelkalk.

Hessische Bergstraße

Das kleinste Anbaugebiet mit 440 Hektar ist ein Naturparadies erster Klasse. Wer im Frühjahr nach den ersten Sonnenstrahlen lechzt, ist hier richtig. Trotz der kleinen

Mosel: An der Flussschleife bei Bremm findet sich der Calmont, Europas steilste Weinbergslage mit 65 Grad Steigung.

Fläche gibt es eine erstaunliche Bodenvielfalt und viele Rebsorten, die von Riesling angeführt werden, danach folgen Grau- und Weißburgunder. Die badische Nachbarschaft ist unverkennbar.

Mittelrhein

Wie ein Teil des Namens schon preisgibt, handelt es sich hier um eine Region links und rechts des Rheins, weit gefasst zwischen Bonn und Bingen, landschaftlich wunderschöne 110 Kilometer am Fluss entlang. Unter den Weinen ist der spritzige Riesling der Bestimmer, Spätburgunder, Dornfelder und Müller-Thurgau ergänzen den Sortenspiegel. An den Rheinhängen wachsen die unterschätztesten Rieslinge Deutschlands, daher werden sie auch in einem unverschämt guten Preis-Qualitäts-Verhältnis angeboten.

Mosel

Ohne die Weine der Mosel, Deutschlands spektaku lärster Weinregion, wären die deutschen Weinkarten unvollständig. Neben dem Rheingau ist die Mosel die deutsche Hochburg des Rieslings. Seine Qualitätskurve erreicht hier eine Skala von banal bis unerreichte Weltklasse, von der Spätlese über Beerenauslesen bis zum raren Eiswein. Die Schieferböden geben ihm eine unverkennbare Note, Extraklasse und Finesse ohnegleichen. Geografisch auf den Punkt gebracht, liegt das Weingebiet zwischen Hunsrück und Eifel im Rheinischen Schiefergebirge, entlang der Flüsse Mosel, Saar und Ruwer.

Nahe

Weinanbau findet man in der Schatzkiste des deutschen Weines mit 4200 Hektar Reben am Fuß des Hunsrücks. Von dort geht es entlang der Nahe von Martinstein bis Bingen, in den Seitentälern von Guldenbach und Gräfenbach, Glen, Trollbach, Ellerbach und Alsenz. Riesling steht an erster Stelle, weiße Burgundersorten sind im Vormarsch, roten Sorten wird wenig Beachtung geschenkt. Die Böden sind variantenreich. Trotz einer relativ kurzen Geschichte zählen die Rieslinge erstklassiger Winzer zu den allerbesten Deutschlands.

Pfalz: Das Weingut Von Winning in Deidesheim verfügt in seinem Gewölbe über einen grandiosen Holzfasskeller.

Die besten Korkqualitäten werden immer noch für die besten Weine verwendet.

Pfalz

Das Weinbaugebiet Pfalz setzt sich zusammen aus den Bereichen Mittelhaardt/Deutsche und Südliche Weinstraße, die sich bis zur französischen Grenze in Schweigern erstreckt. Die Rieslinge aus besten Lagen der Mittelhaardt, von Forst, Deidesheim, Kallstadt bis Wachenheim zählen zur Crème de la Crème in Deutschland. Und die Rotweine aus dem Norden bei Laumersheim sind wie jene im Süden um Schweigern herum Vorzeigeweine. Vom Weingut Knipser bis Friedrich Becker zog sich in den letzten drei Jahrzehnten die Qualitätssteigerung der Region durch wie ein roter Faden. Die Pfalz ist mit den besten Attributen der Natur gesegnet und bietet – nach dem Kaiserstuhlgebiet in Baden – die meisten Sonnenstunden. Die Rebsortenvielzahl ist hier auffällig, selbst anspruchsvolle Rote wie die Cabernet-Familie, Syrah oder Merlot sind hier im Anbau.

Rheingau

Hier bestimmt der Riesling das Geschehen in den von mildem Klima geprägten Weingärten von Hochheim am Main, dann entlang des Mains bis nach Lorch. Einzige Ausnahme sind die Lagen um Assmannshausen, wo erstklassige Spätburgunder wachsen. Im Rheingau findet man viele interessante Weindomizile: In Kloster Eberbach und Schloss Johannisberg wurden bereits im 13. Jahrhundert Reben gepflanzt und deutsche Weingeschichte geschrieben. Östlich davon steht Schloss Vollrads, Deutschlands ältestes Weingut. In Geisenheim befindet sich der weltbekannte Wein-Campus, Rüdesheim hat neben besten Lagen die berühmte Touristenmeile, die Drosselgasse. Seit geraumer Zeit findet die Region mehr und mehr zum früheren Qualitätsniveau zurück. Mitverantwortlich dafür sind vor allem die Weine von Eva Fricke, Theresa Breuer oder Dirk Würtz, dem Betriebsleiter bei Balthasar Ress. Würtz hat sich frühzeitig als Wein-Blogger Anerkennung verschafft und das Weingut ist mit ihm einige Stufen nach oben gerückt.

Rheinhessen

Die Region Rheinhessen vom Rheinbogen zwischen Mainz, Worms und Bingen steht flächenmäßig mit 26.500 Hektar Reben an erster Stelle in Deutschland. Qualitativ geht es nach einer langen Durststrecke, dank großartiger Winzer, erfreulicherweise kontinuierlich steil nach oben. Allein im VDP wurden mittlerweile 16 Betriebe aufgenommen, wovon ein paar zur Crème de la Crème Deutschlands zählen. Kennzeichen der Region ist die große Rebsortenvielfalt (70 % Weiß), Hauptdarstellerin ist Riesling, ihr folgt Silvaner, der als Indikator für junges Rheinhessen geschätzt wird. Neben den vielen unterschiedlichen Böden ist der rote Hang an den Ufern des Rheins hochgeschätzt. Im Umfeld von Ingelheim ist mehr Rotwein, Spätburgunder und Portugieser, angepflanzt.

Saale-Unstrut und Sachsen

Die beiden Anbaugebiete, Sachsen als nördlichstes und Saale-Unstrut am östlichsten gelegen, sehe ich als Deutschlands Cool-Climate-Regionen. Die niedrigen Durchschnittstemperaturen und eiskalten Winter werden durch den Klimawandel aber positiv beeinflusst. Die weniger temperaturempfindliche Sorte Müller-Thurgau ist im Elbtal von Dresden bis Meißen weit verbreitet. Der Goldriesling gilt als Spezialität, während Klassiker von Gutedel, Grau- bis Weißburgunder, Traminer, Kerner oder Silvaner in beiden Regionen vertreten sind. Schade, dass die Weine kleiner Erzeuger nur innerhalb der Region zu finden sind.

Württemberg

Württembergs geografische Lage ist weit verstreut, die Weinberge ziehen sich von Bad Mergentheim über Neckarsulm ins Unterland Richtung Heilbronn und in den Süden ins bedeutende Remstal rund um die Zentren in Stuttgart, ja selbst bis zu den Lagen am bayerischen Bodensee. Die Rebberge liegen im Schutz des Schwarzwaldes und der Schwäbischen Alb. Dass die vernachlässigte Region in den letzten Jahren eine rasche und sehr positive Veränderung erlebt hat, ist dem energiegeladenen Einsatz der nachfolgenden Winzergeneration zu danken. Sie interpretiert die Steilvorlage der Väter bestens. Das einstige Trollingerparadies und Rotweinland produziert längst ernsthafte Lemberger, Syrah, Cabernet Franc, Merlot und sehr gute Cuvées aus diesen. Beim Weißwein hat der Riesling die Nase vorn, ich schätze noch Kerner und ja auch erstklassige Trollinger, kühl serviert.

Meine Empfehlungen

Weingut Paul Schuhmacher, Marienthal, **Ahr**
· *Walporzheim Kräuterberg, Spätburgunder, trocken*

Weingut Franz Keller, Vogtsburg-Oberbergen, **Baden**
· *Schlossberg, Spätburgunder, Großes Gewächs, Große Lage*

Weingut am Stein, Würzburg, **Franken**
· *Würzburger Stein, Silvaner, trocken*

Weinmanufaktur Montana, Bensheim, **Hessische Bergstraße**
· *Riesling, trocken*

Josten & Klein, Remagen, **Mittelrhein**
· *„Glanzstück", Riesling, trocken*

Daniel Twardowski, Neumagen-Dhron, **Mosel**
· *„Pinot Noix", Spätburgunder, trocken*

Von Othegraven, Kanzem, **Mosel**
· *Kanzemer Altenberg, Riesling, Kabinett, Große Lage*

Markus Hees, Auen, **Nahe**
· *Weißburgunder „S", trocken*

Eymann, Gönnheim, **Pfalz**
· *Gönnheimer „Alter Satz", trocken*

Wilfried Völcker, Neustadt-Mußbach, **Pfalz**
· *Spätburgunder „Wilfried Privat", trocken*

Von Winning, Deidesheim, **Pfalz**
· *Pechstein, Riesling, Großes Gewächs*

Balthasar Ress, Hattenheim, **Rheingau**
· *Rüdesheim Berg Rottland, Riesling, Großes Gewächs*

Kaufmann-Hans Lang, Eltville-Hattenheim, **Rheingau**
· *„Tell" Riesling, trocken*

Kai Schätzel, Nierstein, **Rheinhessen**
· *Pettenthal, Riesling, Kabinett, Große Lage*

Willems & Hofmann, Appenheim und Konz-Oberemmel, **Rheinhessen**
· *Laurenzikapelle, Sauvignon Blanc, trocken*

Matthias Schuh, Coswig-Sörnewitz, **Sachsen**
· *Klausenberg, Weißburgunder, trocken*

Graf Neipperg, Schwaigern, **Württemberg**
· *Schlossberg, Lemberger Großes Gewächs*

Karl Haidle, Kernen, **Württemberg**
· *Zweigelt „Passion", trocken*

Weinkonvent Dürrenzimmern, **Württemberg**
· *„Divinus" Trollinger, trocken*

Österreich

Spricht man heute über den Weinbau in Österreich, ist mit Sicherheit ein Thema völlig tabu, und zwar die Glykolaffäre, die von 1985 bis 1987 für einen Exodus sorgte und den gesamten Exportmarkt des Landes zusammenbrechen ließ. Es folgte ein neues, sehr strenges Weingesetz, das in kürzester Zeit das gesamte Weinland Österreich revolutionierte. Ich nenne das einen Skandal mit positiven Folgen, denn das Weinland hat sich – einer mittleren Revolution vergleichbar – in den letzten 30 Jahren neu erfunden.

Es ist erstaunlich, was die vorherige und die neue Generation in dieser Zeit mit der Unterstützung der ÖWM (Österreichische Wein Marketing GmbH) verändert und neu geschaffen hat. Kein anderes Land kann auf eine derart erfolgreiche neuzeitliche Entwicklung in seiner Weingeschichte zurückblicken wie Österreich. Ich sehe hier eine äußerst gelungene Zusammenarbeit, deren Erfolgsgeschichte keineswegs beendet ist.

IN ZAHLEN
Rebfläche 2016: *46.500 ha*
Rebfläche 2000: *48.500 ha*
Produktion 2016: *2,0 Mio. hl*
Anteil Weiß: *67 %*
Anteil Rot: *33 %*
Wichtige Rebsorten weiß: *Grüner Veltliner 31 %, Welschriesling 7 %, Chardonnay 3 %, Sauvignon 3 %, Riesling 4 %, Pinot Blanc 4 %*
Wichtige Rebsorten rot: *Zweigelt 14 %, Blaufränkisch 6 %, Blauer Portugieser 3 %, Pinot Noir 1 %*
Exportanteil: *24,6 %*

ENTWICKLUNGEN IM ÖSTERREICHISCHEN WEINBAU

Es vergeht kein Jahr, ohne dass eine Erneuerung angekündigt wird oder in Kraft tritt, neue Ideen zur besseren Vermarktung entwickelt werden. Ein gutes Beispiel sind die gebietstypischen, gesetzlich definierten Regelungen der Profile zum Schutz der Herkunft als DAC (Districtus Austriae Controllatus). Das Kürzel regelt die Typizität aller 16 spezifischen Weinbaugebiete und Rebsorten, zum Beispiel Kremstal DAC, Kamptal DAC, Donauland DAC. Neun davon sind inzwischen fest, der Rest wird folgen.

Vor kurzem wurde die Herkunft der Sekte neu definiert. Wo Österreich draufsteht, muss auch Österreich drin sein. Das ist bei den gängigen EU-Regelungen nicht so eindeutig, insbesondere bei Sekten ist der Verbraucher gut beraten, die Etiketten besser zu lesen. Die neue Sektkultur Österreichs ist mit ihrer Regelung somit den Deutschen einen Schritt voraus. Seit 2017 ist für Sekt eine dreistufige Qualitätspyramide festgelegt, um die Herkunft und andere Standards wie Produktion, Ernte, Lese und Lagerzeit zu bestimmen. Eine geprüfte, für den Verbraucher definierte Schaumwein-Qualität, die bei uns in Deutschland so noch auf sich warten lässt.

Geografisch ist das Weinland Österreich leicht erklärt. Die drei Bundesländer Niederösterreich, Burgenland und Steiermark sind als generische Weinbaugebiete bezeichnet. Wien wird als eigenes Weingebiet betrachtet.

Besonderheiten und Gründe, die für die Qualität österreichischer Weine sprechen

- Ein strenges, reformiertes Weingesetz für alle Weine
- Tradition und Kulturpflege in den Regionen und der Gastronomie
- Die schöne Landschaft, Steillagen entlang der Donau, im Burgenland und in der Steiermark
- Ideale klimatische Verhältnisse
- Geologische Vielfalt in den unterschiedlichsten Regionen
- Einzigartig ist der Grüne Veltliner

- Vielseitigkeit in der Geschmackpalette
- Große Bandbreite im Rebsortenspiegel
- Sehr gelungene Marketingauftritte der ÖWM

ANBAUGEBIETE UND REGIONEN

Zu Niederösterreich, dem größten Anbaugebiet, zählen acht spezifische Regionen: Wachau, Kremstal, Kamptal, Traisental und Wagram im Westen, das nördliche Weinviertel, Wien, Carnuntum östlich und die südliche Thermenregion. Die zweitgrößte Region, das Burgenland, wird eingeteilt in Neusiedlersee, Leithaberg, Mittelburgenland und Eisenberg im Süden zur angrenzenden Steiermark. Hier wird das Vulkanland Steiermark von der Süd- und Weststeiermark getrennt betrachtet.

NIEDERÖSTERREICH

Wachau

Österreichs Vorzeigeregion Wachau und deren Winzer haben frühzeitig damit begonnen, den Weinliebhabern aus dem nahegelegenen Wien zu zeigen, wo es beste Weine auch in der Verbindung mit feinster Küche gibt. Unter den Winzern waren damals schon einige herausragende Charakterköpfe wie Franz Hirtzberger, Jamek, Emmerich Knoll, F. X. Pichler, Bodenstein vom Weingut Prager, die mit erstklassigen Weinen den guten Ruf der Wachau bestätigten. Mit weiteren Kollegen haben sie 1983 die Vereinigung der Wachauer Winzer (Vinea Wachau Nobilis Districtus) gegründet. Es ging darum, eine klare Ansage in Richtung Qualität mit garantierter Herkunft und der entsprechenden Überwachung zu machen. Das einfache Prinzip: trocken ausgebaute Weine, Steinfeder, Federspiel, Smaragd als drei Qualitätsstufen für das Qualitätssiegel der Vinea Wachau. 200 Mitglieder tragen den Ruf der Wachau und Österreichs in die Welt hinaus. Mit der neuen Generation fegt eine frische Brise durch das Tal. Die Weine begeistern immer noch in ihren Qualitätsstufen, aber im oberen Bereich, bei den Smaragden sind mehr frische Weine, weniger von den einst bewusst hochreif gelesenen Trauben zu finden. Mehr Eleganz kommt ins Spiel (siehe Seite 77). Das Anbaugebiet Wachau zieht sich 33 Kilometer von Melk bis Krems entlang der Donau. Die bekannten Weinorte von Mautern, Ober- und Unterloiben, Weißenkirchen, Joching bis Spitz sind ganz nebenbei zu kulinarischen Pilgerplätzen aufgestiegen. Die wichtigsten Rebsorten sind Grüner Veltliner und Riesling.

Wagram, Feuersbrunn: Kellergassen sind im Traditionsbewusstsein der österreichischen Winzer verankert. Diese Kulturdenkmäler gibt es ebenso im Weinviertel und im Burgenland.

Wachau: Nicht nur die historischen Baudenkmäler zählen zu den Sehenswürdigkeiten, sondern auch die spektakulären Terrassenlagen wie hier bei Spitz.

Kremstal/Kamptal

Das Kremstal hat wie das Kamptal viel zu bieten. Die landschaftlich schönen Regionen werden aber nicht nur von erstklassigen Weingütern wie Bründlmayer, Schloss Gobelsburg, Geyerhof, Malat und Nigl flankiert, sie prägen die Spitze der von Lössböden geprägten Region. Langenlois, Zöbing, Strass und Kammern haben in Summe exzellente Lagen.

Wagram

Das Weingebiet Wagram prägte meine ersten Beziehungen zum Grünen Veltliner. Die großen Weinmacher der Wachau waren Mitte der 1990er-Jahre stets ausverkauft und ich benötigte neue Weine im Restaurant, aber nicht nur zwölf Flaschen, sondern Mengen. Dafür wurde ich nur müde belächelt. Auf der Suche nach Ersatz begegnete ich Ewald Ott und Sohn Bernhard vom kleinen unbekannten Weingut gleichen Namens. Die Weine waren ein Hit, daraus entstand nicht nur eine Veltliner-Bekanntschaft, sondern eine Freundschaft fürs Leben. Das weitläufige Donauland, das 2007 in Wagram und Kamptal umbenannt wurde, hat sich mit vielen neuen Weingütern an Otts Erfolgskurs angeschlossen. Die weiten, meist flachen Weinfluren und -terrassen haben in erster Linie Lössböden, Flussschotter und Meeresablagerungen als Untergrund. Die Bandbreite im Sortenspiegel bietet neben dem Grünen Veltliner viel Abwechslung. Der Wagram entwickelte sich zu einer festen Größe in Österreichs Weinszene.

Weinviertel

Das Weinviertel bleibt trotz seiner größten Rebfläche in Niederösterreich Veltlinerland. Die klimatischen Bedingungen für die Sorte sind ideal. Es liegt zwar weit ab von den bekannteren Regionen, macht sich aber inzwischen deutlich bemerkbar. Allein die Weine von Ingrid Groiss aus den alten Anlagen ihrer Großmutter sind für mich ein neuer Stern im großen „Viertel" (siehe Seite 78). Im wärmeren Pulkautal werden die roten Reben Portugieser und Zweigelt wieder sehr geschätzt. Eine Attraktion besonderer Art sind die gigantischen unterirdischen Kelleranlagen der Stadt Retz, die an ihre historische Bedeutung als Weinhandelszentrum erinnern.

Wien

Wien ist eine der wenigen Städte mit eigenem Weinbau, die sich auch mengenmäßig sehen lassen kann. Hauptakteur ist Fritz Wieninger, der mit seiner breiten Palette hochdekoriert ist. Hinter dem Namen „Wien Wein" verbirgt sich eine Gruppe von sechs Topwinzern, die sich mit viel Leidenschaft dem Wiener Wein widmen. Hausberg mit bester Lage ist der Nussberg. Als Spezialität gilt der Gemischte Satz, in dem verschiedene Rebsorten in einem Weinberg stehen und zusammen geerntet werden.

Carnuntum

Ganz sicher ist es nicht die Mehrheit der Weintrinker, die weiß, wo Carnuntum liegt. Östlich von Wien nämlich, im Süden des Weinviertels bis zur slowakischen Grenze. Schwere Böden bieten roten Rebsorten wie dem Blauen Zweigelt, Cabernet und Merlot und neuerdings wieder dem Blaufränkischen beste Standorte. Gerhard Markowitsch zählt zur Winzerelite des Landes, Johannes Trapl zur erfolgreichen jungen Generation und er sorgt wie Dorli Muhr-van der Niepoort (siehe Seite 79) für neuen Wind und Glanz in der Region. An diesen Rotweinen kommt man ernsthaft nicht mehr vorbei.

Thermenregion

Unter der Thermenregion vermutet man eher unterirdische warme Quellen denn eine Weinregion, obwohl sie vor vielen Jahren für den weniger glorreichen Gumboldskirchener Wein bekannt war. Heute sind die weißen Spezialitäten, Rotgipfler und Zierfandler von Alphart, Johanneshof Reinisch oder Stadlmann, Weinkennern mindestens so bekannt wie gute Grüne Veltliner. Das sind Weine, die sich nicht in eine Schublade für den allgemeinen Einheitsgeschmack stecken lassen.

BURGENLAND

Neusiedlersee, Leithaberg, Mittelburgenland, Eisenberg

Zu Recht sind diese Subregionen nicht einfach unter dem Überbegriff Burgenland versteckt. In jeder herrscht ein eigenes Mikroklima, es gibt völlig andere Böden. Allein die Region Neusiedlersee hat mehr als 60 Winzer. Die heißen Temperaturen im Sommer und die hohe Luftfeuchtigkeit begünstigen die Edelfäule *(Botrytis cinerea)* als Basis für höchste Prädikate bis zur Trockenbeerenauslese. Hier in der Rotweinecke Österreichs findet man allerbeste Qualitäten. Allein die Sorte Blaufränkisch ist wie Phönix aus der Asche aufgestiegen und macht sich auch gut in Cuvées mit St. Laurent, Zweigelt, Merlot oder Cabernet Sauvignon. Beispiele auf Weltklasseniveau sind die besten Rotwein-Cuvées Österreichs, Salzberg von Gernot Heinrich und Steinzeiler von Kollwentz oder der „G" von Albert Gesellmann. Beispielhaft für den reinsortigen Ausbau der Sorte und ein Juwel der Winzerkunst ist nach mehr als 30 Jahrgängen ohne Zweifel Ernst Triebaumers Blaufränkisch Mariental. Mehr geht nicht, aber anders – beispielsweise bei Uwe Schiefer und Roland Velich, Moric aus Neckenmarkt. Die Süßweine, Beeren- und Trockenbeerenauslesen von Ernst Triebaumer, Stiegelmar, Alois Kracher kennt jeder – ich zähle sie zu meinen Wegbegleitern, dem Anfang meiner Weinleidenschaft.

STEIERMARK

Vulkanland Steiermark, Süd- und Weststeiermark

Weißweine aus der Steiermark zählen seit ihrem fulminanten Aufstieg, mindestens aber seit den 1990ern zu meinen Lieblingen. Das ausgewogene Klima und die vulkanischen Böden sind ideale Voraussetzungen für die weiße Rebsortenvielfalt, die von Sauvignon Blanc, der Signaturrebsorte der Region, bis Morillon, Traminer, Gelber Muskateller, Weiß- und Grauburgunder reicht. Sauvignon Blanc in all seinen unterschiedlichen Ausbauarten zählt zu meinen bevorzugten Weinen, ich kann von diesem Duftspektrum gar nicht genug bekommen, verstehe aber auch, dass nicht jeder damit glücklich ist. Meine ersten Begegnungen mit Weinen aus der Steiermark hatte ich gleich mit den Topwinzern Tement, Gross, Sattlerhof und Polz. Ein erstklassiger Start, wie ich meine, denn in dieser Zeit wurden solche Qualitäten gerade erst produziert. Die Topgastronomie war in der Zeit ab 1992 das Sprungbrett für viele Newcomer – zähe Burschen, die wussten, dass in ihren Flaschen Klasse steckte. Andere folgten, Ewald Zweytick zum Beispiel, dessen „Don't Cry" im Barrique reift und viel Reife verlangt, Lackner-Tinnacher, Neumeister, Hannes Sabathi, Potzinger, Muster und viele mehr. Die ganze Steiermark ist aufgrund ihrer Randlage im Förderprogramm der EU als eine Region eingestuft, die es mit besonderen Mitteln zu unterstützen galt. Das ist gelungen, nicht nur zum Segen der Winzer.

Steiermark: Klapotetze sind Vogelscheuchen und im südsteirischen Weinland weit verbreitet. Sie gelten als Wahrzeichen in der Weinregion.

Carnuntum: Die schweren Böden der Weinberge bei Prellenkirchen sind ideal für rote Reben wie Blaufränkisch, Zweigelt, aber auch Merlot und Cabernet.

Burgenland: Süßes Gold aus Rust-Ausbruch

Neue und alte Bekanntschaften

Hitzberger, Spitz, **Wachau**
· *Singerriedel, Riesling, Smaragd*

Jamek, Joching, **Wachau**
· *Klaus, Riesling, Federspiel*

Nikolaihof, Mautern, **Wachau**
· *„Hefeabzug", Grüner Veltliner*

Rudi Pichler, Wösendorf, **Wachau**
· *Achleiten, Riesling, Smaragd*

Geyerhof, Furth, **Kremstal**
· *Gaisberg, Grüner Veltliner, 1ÖTW*

Bernhard Ott, Feuersbrunn, **Wagram**
· *„Fass 4", Grüner Veltliner, 1ÖTW*

Ebner-Ebenauer, Poysdorf, **Weinviertel**
· *Chardonnay, Black Edition*

Fritz Wieninger, **Wien**
· *Rosengartl, Wiener Gemischter Satz, Alte Reben*

Johannes Trappl, Stixneusiedl, **Carnuntum**
· *Kirchberg, Syrah*

Alphart, Traiskirchen, **Thermenregion**
· *Rodauner, Rotgipfler*

Schwarz, Andau, **Burgenland**
· *Schwarz Rot, Cuvée*

Uwe Schiefer, Purbach, **Burgenland**
· *Blaufränkisch „Reihburg"*

Weinlaubenhof Kracher, Illmitz, **Burgenland**
· *TBA No. 10 Scheurebe „Zwischen den Seen"*

Ernst Triebaumer, Rust, **Neusiedlersee-Hügelland**
· *Blaufränkisch, Mariental*

Kollwentz, Großhöflein, **Neusiedlersee-Hügelland**
· *Steinzeiler Cuvée*

Moric, Roland Velich, Großhöflein, **Neusiedlersee**
· *Moric, Alte Reben*

Alois Gross, Ratsch, **Südsteiermark**
· *Ratscher Nussberg, Sauvignon Blanc, Große STK*

Ewald Zweytick, Ratsch, **Südsteiermark**
· *„Don't Cry" Sauvignon Blanc*

Sattlerhof, Gamlitz, **Südsteiermark**
· *„Privat" Sauvignon Blanc*

Tement, Berghausen, **Südsteiermark**
· *Zieregg, Sauvignon Blanc, Große STK*

Schweiz

Die Schweiz verdient hier ein Kapitel, auch wenn sie eindeutig nicht zum Kreis der wichtigsten Weinproduktionsländer der Welt gezählt werden kann. Für mich sind die Schweizer Weinlandschaften, allein das Wallis, das Waadtland und das Tessin, so malerisch schön und einzigartig und ich bewundere die Menschen, die in diesen halsbrecherisch steilen terrassierten Weinbergen ihr anstrengendes Tagwerk verrichten. Die meisten unter ihnen könnten für einen guten Preis ihre begehrten Flächen an Grundstücksmakler verkaufen und sich für den Rest ihres Lebens auf die faule Haut legen, anstatt Tag für Tag in den unwegsamen Terrassen zu schuften. Für mich ist das neben den Spezialitäten bei den Rebsorten und der gesteigerten Qualität Grund genug, die kleine Welt der Schweizer Weinbauern zu erwähnen. Sie haben ja noch weitere Hürden wie den Weinmarkt und dessen Preise oder etwa die Wahrnehmung des Schweizer Weines im Vergleich mit anderen Weinländern zu überwinden. Wer nicht in die Welt hinauszieht, sich umsieht und vergleicht, kann nichts gewinnen, aber viel verlieren.

IN ZAHLEN
Rebfläche 2016: *14.800 ha*
Rebfläche 2000: *15.000 ha*
Produktion 2016: *0,9 Mio. hl*
Anteil Weiß: *43 %*
Anteil Rot: *57 %*
Wichtige Rebsorten weiß: *Chasselas 26 %, Müller-Thurgau 3,2 %, Chardonnay 2,5 %, Silvaner 1,7 %*
Wichtige Rebsorten rot: *Pinot Noir 28 %, Gamay 9 %, Merlot 8 %, Gamaret 2,9 %*
Exportanteil: *1,4 %*

ENTWICKLUNGEN IM SCHWEIZER WEINBAU

Wenn auch die Schweiz seit Jahren mit 98 Prozent der produzierten Menge den höchsten Eigenkonsum hat und man einen überdurchschnittlich hohen Pro-Kopf-Konsum von 33 Litern vorweisen kann, ist der Konkurrenzkampf in der Vermarktung ein Problem. Seit die Eidgenossen ihre Grenzen für den Import ausländischer Weine geöffnet haben, im Speziellen für die Weißen, werden mittlerweile über 60 Prozent der konsumierten Weine importiert. Deshalb wird es für die Weinbauern immer schwerer, ihre eigene Produktion zu den hohen Preisen zu verkaufen, die nötig und teilweise gerechtfertigt sind angesichts des enorm hohen Zeitaufwands in den steilen Weinbergen. Leider werden die besten Weine aber bis auf wenige Ausnahmen immer noch in der Schweiz selbst konsumiert, was dazu führt, dass die Weine weltweit so gut wie nicht wahrgenommen werden und deshalb auch nicht bekannt werden können. Die Zeiten von Dôle und Fendant sind zumindest im Topsegment des Fachhandels und der Gastronomie so gut wie vorbei, der Markt verlangt mehr. Dass die Schweiz dem gerecht werden kann, ist vor allem den erstklassigen kleinen Produzenten zu verdanken, die den Schweizer Weinbau im letzten Vierteljahrhundert revolutionierten. Dazugekommen ist, wie in allen anderen Weinnationen auch, die nachfolgende Generation, die gut ausgebildet und weit gereist ist. Die jungen Weinmacher und Önologen legen noch mehr Wert auf Qualität statt Quantität, verkaufen ihre Weine in den besten Weinhandlungen und Restaurants der Welt und machen damit deutlich, dass die Schweiz auch Wein kann – wenig zwar, aber in durchaus feinen Qualitäten.
Was die Schweizer in Summe aber noch nicht beherrschen, ist, mehr aus ihren Weinen zu machen. In der Vermarktung, Selbstdarstellung und darin, sich im Vergleich mit den Besten der Welt zu präsentieren oder aus vorhandenen Qualitäten noch Besseres zu machen, kann

Wallis: Geologische und klimatische Voraussetzungen machen das größte Weinanbaugebiet der Schweiz mit halsbrecherischen Lagen zu einer außergewöhnlichen Weinregion.

man noch zulegen. Das könnten Ziele für die Schweizer Weinbauern, vor allem aber für die zuständigen Marketingunternehmen sein.
Zu dem kleinen Kreis, der sie schon erreicht hat, zählen allen voran der Grandseigneur Louis-Philippe Bovard mit seinen Chasselas, Marie-Thérèse Chappaz, die unermüdliche Rebenflüsterin des Wallis, Daniel und Martha Gantenbein mit Chardonnay und Pinot Noir, Jean-René Germanier mit Cayas (Syrah), Christian Zündel mit Orizzonte Merlot oder Zanini mit seinem Bordeaux-Blend „Castello Luigi".
In den letzten Jahren wurde schon einiges bewegt, von der Weinwirtschaft selbst, von Verbänden (insbesondere der Swiss Wine), dem kleinen Kreis der schreibenden Zunft und nicht zuletzt von den Produzenten. Die Zeichen stehen also gut für mehr Präsenz der Schweizer Weine in der weiten Weinwelt.

Besonderheiten und Gründe, die für Schweizer Weine sprechen

- Ein Paradies der unbekannten Rebsorten – viele autochthone Spezialitäten, die nur noch hier gepflegt werden, oft auf weniger als einem Hektar Rebfläche
- Geologische Vielfalt mit großem Spektrum an Weinen, die in steinreichen Höhenlagen wachsen und von dort eine großartige Mineralität mitbringen
- Authentische Weine, die ihren unverwechselbaren Stil haben
- Eigene Charakteristik im Duft und Gaumen, geprägt von einer Stoffigkeit, Sanftheit und tiefen Mineralität

ANBAUGEBIETE UND REGIONEN

Die Schweiz ist in ihrer Einteilung der Weinregionen präzise und leicht verständlich. Die sechs Weinregionen ordnen sich nach ihrer Größe wie folgt: Wallis (Valais), Waadt (Vaud), alle Kantone der Deutschschweiz mit Ausnahme des Kantons Bern, Genf, Tessin (Ticino) und die Drei-Seen-Region, die sich aus Neuburg, Vully, dem Bielerseeufer und dem Jura zusammensetzt. Mehr als drei Viertel der Flächen liegen im französischsprachigen Teil. Neben den drei Mega-Playern unter den Rebsorten, Chasselas, Blauburgunder und Gamay, gibt es eine Fülle an besonderen Varietäten.

Wallis

Im größten Weinkanton, dem Wallis, in dem ein Drittel des Schweizer Weins hergestellt wird (62 % Rot, 38 % Weiß), gibt es teilweise extrem steile Weinlagen mit Höhen bis 1100 Meter über dem Meeresspiegel. Von Westen nach Osten auf beiden Seiten an der Rhône entlang, etwa 100 Kilometer bis nach Visperterminen im Oberwallis, wo mit die höchsten Rebberge in Europa zu entdecken sind. Hier pflegt die Familie Chanton einmalige Rebschätze wie Gwäss, Lafnetscha, Himbertscha, die für jeden Weinkenner eine Neuentdeckung sein könnten. Unvorstellbar, was hier geboten wird, unvergesslich die geschmackliche Vielfalt.

Pinot Noir und Chasselas sind im Wallis die wichtigsten Akteure. Humagne Rouge und Cornalin sind rote Spezialitäten, die weißen Petite Arvine und Savagnin befinden sich in erfreulichem Aufschwung. Und mitten unter ihnen ist die Königin der Walliser Weine zu Hause, Marie-Thérèse Chappaz. Sie hat mir dank Chandra Kurt, die beeindruckendste Weinprobe der letzten Jahre, inklusive einer Tour durch die Steilterrassen, geschenkt. Wenn ich daran denke, bekomme ich Gänsehaut. Merci, Marie-Thérèse!

Waadt

Das Waadt ist grob in die Regionen La Côte, Lavaux, Chablais und Côtes-de-l'Orbe eingeteilt. Die Weinorte ziehen sich wie Perlen am Ufer des Genfer Sees entlang. Links wie rechts von Lausanne liegen Orte wie Vinzel, Féchy, Morges, Epesses, Dézaley, St Saphorin, Aigle oder Yvorne – alles klingende Namen, die an die gleichnamigen Weinsorten denken lassen. Ein Paradies für Chasselas. Hier steht die Weinwelt still, alles bleibt beim Alten. Die Weißweine werden von Touristen ebenso wie von Einheimischen geschätzt und geliebt. Von den Flaschenpreisen träumen Weinmacher im Markgräflerland.

Tessin

Tessin, Locarno, Bellinzona und Lugano bilden das magische Dreieck in der italienischsprachigen Schweiz,

Waadtland, Epesses: Wie Perlen an einer Kette reihen sich die Spitzenlagen und Weindörfer am Genfer See entlang.

Lavaux: Das Château Aigle thront in märchenhafter Lage inmitten der Chasselas-Reben. Hier finden viele weinkulturelle Events statt.

das von sonnigem Klima und dem Mittelmeer beeinflusst ist. Merlot ist hier die Signaturrebe der Region, die von Vorzeigewinzern wie Zündel, Werner Stucky und Sohn Simon oder dem Ehepaar Klausener angebaut wird. Die Klauseners widmen sich auf 2 Hektar ganz und gar dem Merlot. Wer die Weine dieser zwei Miniweingüter kennt, weiß, wie Weine aus dem Tessin schmecken sollten.

Deutschschweiz

Im Anbaugebiet Deutschschweiz sind die Kantone Zürich, Schaffhausen, Graubünden, Aargau, Thurgau, St. Gallen, Baselland, Luzern, Schwyz und Bern vereint. Graubünden stellt qualitativ wohl die Spitze dar. Ein paar kleine, feine, weltweit bekannte Weingüter mit ganz großartigen Weinen, vor allem aus Chardonnay und Pinot Noir, geben den Ton an. Allen voran stehen Martha und Daniel Gantenbein. Sie mischen überall dort mit, wo aus diesen zwei Rebsorten beste Weine gemacht oder aufgetischt werden. Aus dem Aargau schätze ich Tom Litwan (siehe Seite 79).

Meine Favoriten

Chanton, Visp, **Wallis**
· *Gwäss*
· *Himbertscha*
· *Humagne rouge*

Jean-René Germanier, Vétroz, **Wallis**
· *Cayas (Syrah)*
· *Humagne rouge*

Marie-Thérèse Chappaz, Fully, **Wallis**
· *Ermitage*
· *Petit Arvine*
· *Petit Arvine Grain Noble ConfidenCiel*
· *Marsanne Grain Noble ConfidenCiel*
· *Humagne rouge*

Provins, Sion, **Wallis**
· *Petite Arvine*

Simon Maye & Fils, St. Pierre-de-Clages, **Wallis**
· *Vieilles Vignes*
· *Syrah*

Domaine Louis Bovard, Lavaux, **Waadt**
· *Dézaley Médinette (Chasselas)*

Christian Zündel, Beride, **Tessin**
· *Orizzonte (Merlot)*
· *Terrafarma (Merlot)*

Klausener Eric und Fabienne, Purasca, **Tessin**
· *Merlot Gran Risavier*

Donatsch, Malans, **Deutschschweiz**
· *Cuvée „Chardignon"*
· *Completer*

Gantenbein, Fläsch, **Deutschschweiz**
· *Chardonnay*
· *Pinot Noir*

Georg Fromm, Malans, **Deutschschweiz**
· *Pinot Noir „Schöpfwingert" Barrique*

Frankreich

Frankreich, La Grande Nation, liegt mit 786.000 Hektar Rebfläche für vinifizierte Trauben derzeit auf dem zweiten Platz der Weltrangliste. Es gab auch Jahre, in denen Italien eine größere Rebfläche hatte und man sich mit Platz drei zufriedengeben musste. Was aber bedeutet in diesem Zusammenhang „vinifizierte Trauben"? In den meisten Statistiken wird dieser Anteil selten präzisiert, sondern die Rebfläche für Trauben insgesamt bewertet. So werden teilweise riesige Anbauflächen der Trauben mitgezählt, die für Rosinen, Industriealkohol und Spirituosen verwendet werden. Als Folge ist dann das Gesamtergebnis in Bezug auf die Weine in vielen Märkten verfälscht und ein Vergleich eigentlich nicht möglich.
Frankreich hat zwar „nur" ca. 6 Prozent Chardonnay im Anbau, aber in Bezug auf eine 786.000 Hektar große Gesamtfläche bedeutet das 48.000 Hektar. Im Vergleich ist dieser Anteil so groß wie die gesamte Rebfläche Österreichs. Cabernet Sauvignon dagegen ist mit 50.000 Hektar etwa so groß wie die Gesamtfläche der vinifizierten Reben Griechenlands. Zählt man noch die etwa 115.000 Hektar Merlot dazu, erreicht Frankreich allein mit diesen drei Sorten eine Fläche, die so groß ist wie die Deutschlands, Österreichs, Griechenlands und der Schweiz zusammen.
Frankreich ist schon seit Jahrzehnten im Bereich Wein das Land, an dem sich die internationalen Standards orientieren. Das Bordelais, die Bourgogne, die Champagne und die Loire oder das Rhônetal wurden spätestens in den 1980er-Jahren Anziehungspunkte mit magnetischen Kräften.
Seit einigen Jahren sind Veränderungen in den Regionen zu beobachten. Es gibt Entwicklungen, die nicht auf einen Schlag im ganzen Land stattfinden, man orientiert sich regional, passt sich an und lässt Neues zu. Man hat erkannt, dass die einfachen Zeiten vorbei sind und sich durch die verstärkte internationale Konkurrenz der Markt bedrohlich ändern kann. Ohne Anpassung und Veränderung wird die Zukunft nicht erfolgreich werden und man wird im Elsass oder Beaujolais keine verlorenen Märkte, etwa für Chablis und Muscadet, zurückgewinnen. Vor mehr als 80 Jahren wurde ganz Frankreich in gesetzlich genau festgelegte Regionen, Anbaugebiete als Herkunftsbestimmung, eingeteilt. So kam es zur Summe von schier unvorstellbaren 300 Anbaugebieten, mehr als 1000 kontrollierten Ursprungsbezeichnungen auf etwa 50 Prozent der Rebflächen, die andere Hälfte wird als Vin de France, früher als Tafelwein bekannt, vermarktet.

IN ZAHLEN
Rebfläche 2015: *786.000 ha*
Rebfläche 2000: *872.000 ha*
Produktion 2015: *43,5 Mio. hl/Jahr*
Anteil Weiß: *34 %*
Anteil Rot: *66 %*
Wichtige Rebsorten weiß: *Ugni blanc 11 %, Chardonnay 6 %, Sauvignon Blanc 4 %, Pinot, Meunier 1 %*
Wichtige Rebsorten rot: *Merlot 14 %, Grenache 11 %, Syrah 8 %, Cabernet, Sauvignon 6 %, Carignan 4 %, Cabernet Franc 4 %, Pinot Noir 4 %, Gamay 3 %*
Exportanteil: *32 %*

ANBAUGEBIETE UND REGIONEN

Elsass

Die Weinregion knabbert immer noch an ihrem Imageschaden der Edelzwickerzeit der 1970er- und 1980er-Jahre. Früher vermittelten Wein und Küche den Besuchern eine legere, französische, teils auch deutsche Lebensart. Irgendwann schien das alles auf einen Schlag vorbei zu sein, die Weine aus dem Elsass blieben wie Blei in den Kellern der Gastronomie und

Rhône: Alte Reben in typischer steinreicher Lage in Châteauneuf-du-Pape. Im Hintergrund zu sehen das Pope John XXII's Castle und Notre-Dame de l'Assomption.

des Handels liegen. So schade das ist, es tragen ebenso die Winzer selbst einen Teil der Verantwortung. Auch wenn es den Weinen teils nicht an Originalität und Charakter fehlte, haftet das plüschige, schwülstige Image sogar noch an den großen Namen: wenig Identität, zu süß, langweilig, fett und alkoholisch.

Mit den Jahren und der jungen Winzergeneration kommen weniger mächtige, dafür frische und saftige Weintypen zu den Klassikern hinzu, die in erster Linie trocken, aber auch im süßen Bereich jugendlicher sind und dem Zeitgeist entsprechen, das sind keine Auslaufmodelle mehr. Darüber hinaus stehen vorbildlich biodynamisch orientierte Weingüter für höchstes Qualitätsniveau. Die Hektarhöchsterträge werden reduziert, die einst besten Weißweine Frankreichs haben wieder Oberwasser. Es herrscht Aufbruchstimmung im Elsass!

Bei der Selektion von Toprebsorten unterscheidet man sich übrigens wenig von der deutschen Nachbarschaft Baden. Riesling, Silvaner, Pinot Blanc, Pinot Gris und Pinot Noir sind typisch, Gewürztraminer als Vendage Tardive ist hier eine Spezialität. Die Rieslinge in besten Lagen haben teils Weltklasseniveau. Silvaner, Auxerrois, auch Muscat werden in kleinen Mengen erzeugt. Der frühere Renner Edelzwicker hat seine Zeit hinter sich – und das zu Recht!

Champagne

Die Champagne ist Frankreichs nördlichstes Anbaugebiet und großflächig in die Gebiete Marne, Aube, Aisne und Haute-Marne eingeteilt. Die Rebfläche verteilt sich auf fünf Regionen, die sich erheblich in ihrem Terroir unterscheiden: Montagne de Reims, Vallée de la Marne, Côte des Blancs, Côte de Sézanne und Côte des Bar.

Es gibt wohl keine andere Region im Land, die sich in den letzten Jahren so dynamisch aus sich selbst heraus weiterentwickelte wie die Champagne. Die festgetretenen Pfade der großen Champagnerhäuser, der sogenannten Grandes Marques, schienen im System gefangen, weshalb hier keiner mit großartigen Veränderungen gerechnet hatte. Die zahlreichen kleinen Traubenproduzenten sind Besitzer von etwa 90 Prozent der Rebflächen, sie sind es, die ihre Ware an die Big Players, die großen Markenhäuser, liefern. Dafür bekommen sie einen ordentlichen Preis. Das schien lange Zeit gut so, war es aber nicht ganz und brachte so in jüngsten Jahren mit den laut vermarkteten „Winzerchampagnern" reichlich Bewegung und einige Veränderungen (mehr dazu siehe Seite 137).

Zu 99 Prozent wird Champagner, das wohl begehrteste Getränk der Welt, aus den drei Rebsorten Chardonnay, Pinot Noir und Pinot Meunier hergestellt. Seit kurzem wurden zusätzlich einige uralte Sorten wiederentdeckt. Allen anderen Schaumweinen zum Trotz, Champagner darf bei keinem Anlass von Bedeutung fehlen. Er wird inzwischen aber auch bei vielen anderen, völlig bedeutungslosen Situationen eingeschenkt, was für den guten Ruf nicht immer förderlich ist.

Loire

Die Loire ist mit 1220 Kilometern Frankreichs längster Fluss, der auf seinem Weg entlang des Zentralmassivs bis zum Atlantik die herrschaftlichen Schlösser des Loiretals passiert und die Schönheit von Gärten und Natur zur Vollendung bringt. Obwohl man sich dort schon der landschaftlichen Reize wegen wie im Paradies fühlen kann, lieben Weintrinker die Region auch wegen ihrer Vielfalt und Spezialitäten. Angefangen beim knackigen Muscadet sur lie, der auf der Hefe reift, dem duftigen Sancerre und rauchigen Pouilly-Fumé, dem knalltrockenen Saumur, Rosé d'Anjou, dem kernigen Chinon oder rotbeerigen Bourgueil bis zum zart perlenden Vouvray. Ob weiß, rosé, rot, trocken, lieblich, süß, still oder perlend, Frankreichs Garten Eden entlang der Loire hat viel zu bieten. Zu den weißen Reben Sauvignon Blanc, Chenin Blanc und Melon (Muscadet) gesellen sich die roten Pinot Noir, Cabernet Franc, Cabernet Sauvignon, Gamay, Grolleau und Malbec. Die Qualitäten dieser Weine sind bei uns immer noch weniger bekannt, sie gelten als unterbewertet.

Die Stars in der deutschen Gastronomie aus den späten 1990er-Jahren, Muscadet, Sancerre und Pouilly-Fumé, haben deutlich an Bedeutung verloren. Die unterschätzten Rotweine wie Cabernet Franc, die mit ihrem wilden Bouquet, der festen Textur und den kernigen Tanninen ihre Freunde haben und deren Fangemeinde wächst, ist aber noch lange nicht groß genug bei so viel Potenzial zu besten Preisen. Der Fachhandel hat hier viele interessante Weine.

Kaufen Sie doch mal wieder Bordeaux. 2016 war ein unvergleichlicher und erstklassiger Jahrgang: früh genussreif und zum Hinlegen.

Bordeaux: Der Turm (La Tour) ist das Wahrzeichen von Château Latour, Premier Grand Cru Classé, Pauillac.

Burgund

Burgund ist ein Weinreich für sich, das auch schwer zu erobern ist. Die ganze Region liebt es geheimnisvoll, lässt viele Fragen offen, wenn es um die Einteilung der Weinberge in das vierstufige AOC-System geht. Eine große Herausforderung ist nicht das Auswendiglernen der einzelnen Lagen, vom Premier Cru bis zum Grand Cru, sondern das Erkennen, Riechen und Schmecken dieser Details, Lagen und Produzenten. Vordergründig scheint das alles einfach, da es ja nur vier Rebsorten gibt: Chardonnay, Aligoté, Pinot Noir und Gamay.

An der Qualitätsschraube für die preisgünstigeren Basisweine wurde in letzter Zeit viel gedreht. Eine Weinprobe mit sehr guten Lagenweinen kann allerdings schnell ein sündhaft teures Vergnügen werden, denn von hier kommen hochpreisige, sogar die teuersten trockenen Weißweine der Welt. Ganz oben auf dieser Liste stehen der weiße Le Montrachet und sein rotes Pendant Romanée Conti aus der weltbekannten Domaine de la Romanée Conti, deren Mythos die Weine zu den gesuchtesten weltweit macht.

Geografisch zieht sich das Gebiet von Dijon im Norden bis quasi nach Lyon im Süden. Die bekannte Côte d'Or mit den Anbaugebieten Côte de Nuits und Côte de Beaune geht über Chalon-sur-Saône bis nach Macon und ins Beaujolais, dessen Weine zu Unrecht bei uns so gut wie vergessen sind. Oben im Norden liegt das einst geschätzte Chablis mit seinen mineralisch-salzigen und kühlen Chardonnays. Erwarten Sie in Burgund keine Trends (siehe Seite 96), keine weltbewegende Veränderung, es bleibt nahezu, wie es ist. Freiwillig verkauft wurde seit langem nicht ein Meter der kostbaren Erde. Wenn, dann geschah das aufgrund unglücklicher familiärer Umstände, wie bei der ehemaligen Domaine René Engel, heute Domaine d'Eugénie, oder bei Clos des Lambrays und vor kurzem bei Bonneau du Martray, deren Verkauf jeweils ein mittleres Beben in Frankreich auslöste.

Bordeaux

Vom nördlich gelegenen Médoc bis zum Sauternes gibt es 37 Regionen. Die Weingüter beziehungsweise Châteaux sind ihrer Klassifizierung nach fest in Qualitätsstufen eingeteilt, an denen sich auch ihre Preise orientieren. Die Nachfrage und das Preisniveau hat hier seit 1985 keiner mehr beeinflusst als Robert Parker mit seinem „The Wine Advocate" und dessen Punktesystem, dem Maßstab für alle Weinbewertungen. Daran haben sich Bordeaux und der Rest der Welt orientiert und tun das noch immer. In Summe haben sich die Stadt und Region Bordeaux in den letzten vier Jahrzehnten sehr verändert, modernisiert und wurden zum Treffpunkt des Weines in Frankreich, wenn auch viele kleine Weingüter und ihre Besitzer ums nackte Überleben kämpfen müssen.

Merlot ist mit mehr als 50 Prozent längst Platzhirsch unter den Rebsorten. Cabernet Franc, Petit Verdot und neuerdings wieder etwas Malbec sind die treuen Begleiter in den Cuvées. Seltenheitswert behalten Solisten (reinsortig ausgebaute Weine) wie etwa Pétrus aus Merlot. Bei den trockenen Weißen spielt Sauvignon Blanc die erste Geige, in Sauternes hat Sémillon die Nase vorn. Zur Preisentwicklung und Qualität von 2015 und 2016 habe ich einen Tipp: Kaufen Sie so viel Sie möchten, aber kaufen Sie. Zum Trinken und Lagern, von 10 Euro bis Summe X, die Weine sind erstklassig, in 2016 sogar einzigartig, auch im Vergleich mit großen Jahren wie 2010, 2009, 2005 und 2000.

Rhône

Lange waren die Weine der Côtes du Rhône, von einigen Ausnahmen abgesehen, als billige Alltagsweine nicht nur bei uns bekannt. Ein schnelles Glas süffelte man an der Theke nebenbei, quasi ohne ihn wahrzunehmen. In den frühen 1990ern hat man dann erkannt, dass auch hier beachtliche, sogar großartige Weine produziert wurden. Es kam, wie es kommen musste, bei Weinen aus besten Lagen explodierten die Preise.

Die Syrah hat es mir hier angetan, am liebsten im roten Hermitage. Die Nachbarschaft Côte-Rôtie hat etwas mehr Rauch, mit der Würze von Schiefer und Granit, eine Syrah-Typizität auf höchstem Niveau. Seit Robert Parker sind Weine aus Châteauneuf-du-Pape wieder berühmt, die besten leider aber unsäglich teuer geworden. Weniger bekannte Regionen wie Cornas, St. Joseph oder Gigondas haben inzwischen auch Weine, die es mit den Stars nebenan aufnehmen können, die Preise haben sich multipliziert. Bei den weißen Weinen locken mich die raren Condrieus aus der Rebsorte Viognier völlig aus

Wenn Sie gehaltvolle, stoffige und säurearme Weißweine mögen, probieren Sie Condrieu oder einmal Châteauneuf-du-Pape.

der Reserve. Ganz im Süden liegt Châteauneuf-du-Pape. Bis zu 13 Rebsorten dürfen für diesen Wein verwendet werden, wobei Grenache häufig dominiert. Château Rayas hingegen hat Grenache schon immer reinsortig ausgebaut, das ist die Ikone der Appellation, man hat damit einige Nachahmer gefunden.

Provence

Seit dem Boom der Rosé Champagner und Weine erlebt die Provence wieder bessere Zeiten. Man ist motiviert und achtet noch mehr auf Qualität in den Betrieben. Der angestaubte Ruf wird mit eigenständigen, blassfarbigen Roséweinen aufpoliert. Die dunklen, leicht roten Sorten haben vorerst ausgedient, denn hier werden Roséweine ja nicht als verunglücktes Nebenprodukt der Rotweinherstellung erzeugt, sondern als anspruchsvolle Weine aus Cinsault und Syrah oder Mourvèdre und Cabernet Sauvignon. Bandol und Aix-en-Provence sind die bekanntesten Regionen und nicht nur bei den Reichen und Schönen beliebt.

Languedoc-Roussillon

Die Traumregion von Narbonne bis Montpellier war lange berüchtigt wegen billiger, schlechter Verschnittweine. Das riesige Gebiet scheint unüberschaubar, es gibt sehr viele regionale Appellationen, die hierzulande wenig bekannt sind. Ausnahmen sind zum Beispiel Minervois, Faugères, St. Chinian oder La Clape. Der Run auf die überteuerten Weine scheint vorbei, erstklassige Produzenten werten das Gebiet mit mediterranen, gut strukturierten Weinen zu fairen Kursen auf. Hier bleibt ein großes Feld zu entdecken.

Rhône: Ein seltener Blick wird uns in den Keller des legendären Weinguts Château Rayas in Châteauneuf-du-Pape gegönnt.

Rhône: Grenache blanc mit den Galets roulés, den typisch runden Steinen aus Châteauneuf-du-Pape.

Treue Begleiter

Domaine Josmeyer, **Elsass**
· *Pinot Auxerrois „H" Vieilles Vignes*

Trimbach, **Elsass**
· *Riesling Cuvée „Frédéric Emile"*

Zind-Humbrecht, **Elsass**
· *Pinot Gris, Rangen de Thann Clos-Saint Urbain*

Jacques Selosse, **Champagne**
· *Brut Initial*
· *Brut Rosé*

Pierre Gimonnet & Fils, **Champagne**
· *Brut Grand Cru*
· *Special Club Millesime, Blanc de Blancs*

Pol Roger, **Champagne**
· *Brut Réserve*
· *Cuvée Sir Winston Churchill, Brut*

Clos Rougeard, **Loire**
· *Saumur „Breze"*
· *Saumur-Champigny „Le Clos"*

Domaine Philippe Alliet, **Loire**
· *Coteau de Noiré, Chinon*

François Cotat, **Loire**
· *Sancerre „La Grande Cote"*

Pithon-Paillé, **Loire**
· *Coteau des Treilles, Anjou blanc*
· *La Fresnaye, Anjou Rouge*

Domaine Chignard, Beaujolais, **Burgund**
· *Fleurie „Les Moiriers"*

Domaine d'Eugénie, Côtes de Nuits, **Burgund**
· *Echezeaux, Grand Cru*

Domaine François Raveneaud, Chablis, **Burgund**
· *Chablis, Grand Cru „Le Clos"*

Domaine Jean-Marc Roulot, Côte de Beaune, **Burgund**
· *Meursault, Les Tesson „Clos de Mon Plaisier"*

Domaine Joblot, Maconnaise, **Burgund**
· *Givry 1er Cru „Clos Marole"*

Domaine Leflaive, Côte de Beaune, **Burgund**
· *Puligny-Montrachet, 1er Cru „Les Pucelles"*

Jean-Paul et Benoît Droin, Chablis, **Burgund**
· *Chablis, Grand Cru „Grenouilles"*

Château Canon La Gaffelière, **St. Émilion, Bordeaux**

Château Haut-Bailly, **Pessac-Léognan, Bordeaux**

Château Haut-Marbuzet, **Saint-Estéphe, Bordeaux**

Château Latour, **Pauillac, Bordeaux**

Château Léoville Barton, **St. Julien, Bordeaux**

Château de Saint Cosme, Gigondas, **Rhône**

Château Rayas, Châteauneuf-du-Pape, **Rhône**

Clos de Papes, Châteauneuf-du-Pape, **Rhône**

Jean Louis Chave, Hermitage, **Rhône**

Yves Cuilleron, Condrieu, **Rhône**

Château la Tour de l'Évêque, Côtes de Provence, **Provence**
· *Pétale de Rose (rosé)*

Domaine de Trévallon, Pays des Bouches du Rhône, **Provence**
· *Domaine de Trévallon Blanc*
· *Domaine de Trévallon Rouge*

Domaine La Suffréne, Bandol, **Provence**
· *Babdol Rosé*

Château d'Oupia, Minervois, **Languedoc-Roussillon**
· *Minervois Cuvée „Nobilis"*

Château Mansenoble, Corbières, **Languedoc-Roussillon**
· *Cuvée Marie-Annick, Rouge*

Château Negly, La Clape, **Languedoc-Roussillon**
· *La Negly „Clos des Truffiers"*

Domaine des Aires Hautes, **Languedoc-Roussillon**
· *Minervois „La Livinière"*

Domaine Saint Antonin, Faugères, **Languedoc-Roussillon**
· *„Les Jardins de Saint Antonin" Rouge*

Tariquet, Südwest, **Languedoc-Roussillon**
· *Sauvignon Blanc*

Domaine A. et M. Tissot, **Jura**
· *Arbois, Vin de Paille*

Patrick Ducourneau, **Madiran**
· *Chapelle Lenclos*

Domaine Cauhape, **Cahors**
· *Jurancon, sec*

Italien

Der „Gambero Rosso" ist die Weinbibel jeden Italieners, der sich mit Wein beschäftigt, und sei es nur, dass er ihn trinkt. Weinkenner, Macher, Verkäufer – alle kennen dieses rote Buch mit seinen Bicchieri(Gläser)-Bewertungen, die Höchstnote sind drei davon. Wer die für seinen Wein bekommt, ist schon mal safe – wer ihn trinken möchte, zahlt automatisch für das dritte Glaserl mit. Wer nur zwei bekommen hat, muss noch daran arbeiten. Trotz Lob und sehr viel Kritik hat er sich gut gehalten, der „Gambero", feiert er doch in diesem Jahr seine 30. Ausgabe. Und es gibt ihn jetzt auch auf Chinesisch, Glückwunsch!

Ohne den „Gambero" hätten dem italienischen Wein und seinen Machern sicher teilweise die energiegeladene Spannung, die Motivation und der Antrieb gefehlt. So hat sich die italienische Weinwirtschaft insbesondere dank dieser kleinen Bibel angetrieben und in den letzten drei Jahrzehnten ganz viele wunderbare Weine produziert. Weiße wie rote, tanti tres bicchieri (viele drei Gläser Wein), für jeden Tag und für viele Festtage, je nach finanzieller Lage.

ENTWICKLUNGEN IM ITALIENISCHEN WEINBAU

Denke ich an italienischen Wein, werde ich das Gefühl nicht los, dass er in der Welt der Weintrinker wie kein anderer beliebt ist, sozusagen Everybody's Darling. Wie sonst ließe sich nach dem Toskana-, Chianti- oder dem piemontesischen Barolo-Boom der gigantische Erfolg des Prosecco, Lugana und Co. erklären? Trotzdem ist auch hier, wie übrigens in anderen europäischen Ländern auch, eine gravierende Reduzierung von einfachen Massenweinen zu Gunsten von Qualitäten aus geschützten Ursprungsgebieten, DOC und DOCG sowie IGT, zu beobachten. Mehr Klasse statt Masse ist der Trend. Der deutliche Rückgang von kleinsten Weinbaubetrieben bleibt allerdings nicht unbemerkt und wird mit großer Sorge betrachtet.

IN ZAHLEN
Rebfläche 2015: *638.000 ha*
Rebfläche 2000: *908.000 ha*
Produktion 2016: *51 Mio. hl*
Anteil Weiß: *45 %*
Anteil Rot: *55 %*
Wichtige Rebsorten weiß: *Catarratto 5 %, Glera 4 %, Pinot Grigio 4 %, Trebbiano Toscano 3 %, Trebbiano Romagnolo 3%, Chardonnay 3 %*
Wichtige Rebsorten rot: *Sangiovese 8 %, Montepulciano 4 %, Merlot 4 %, Barbera 3 %, Negroamaro 3 %*
Exportanteil: *40 %*

Die neuesten Entwicklungen in einzelnen Gebieten, wie am Ätna, oder die seit Jahren zu beobachtende dezente Erweiterung von Rebflächen in Südtirol sind allerdings sehr erfreulich. Selbst in weniger berühmten Regionen wie Apulien und Umbrien wird investiert. In Italiens Weinwirtschaft bewegt sich mit der wirtschaftlichen Krise viel. Wenn es auch nicht in allen Regionen steil bergauf geht, an Resignation denkt hier zum Glück keiner.

ANBAUGEBIETE UND REGIONEN

Geht man von den Rebflächen aus, steht Italien im europäischen Weinanbau hinter Spanien und Frankreich an dritter Stelle. Darüber mag man sich wundern, wenn man bedenkt, wo überall italienischer Wein ausgeschenkt und getrunken wird. Danach gebührt ihm in der Skala der Beliebtheit sicher Platz eins. Und darauf kommt es den Italienern vermutlich auch an, dass ihre Weine geschätzt und geliebt werden. Wie dem auch sei, die Bedeutung des dritten Platzes in der weltweiten

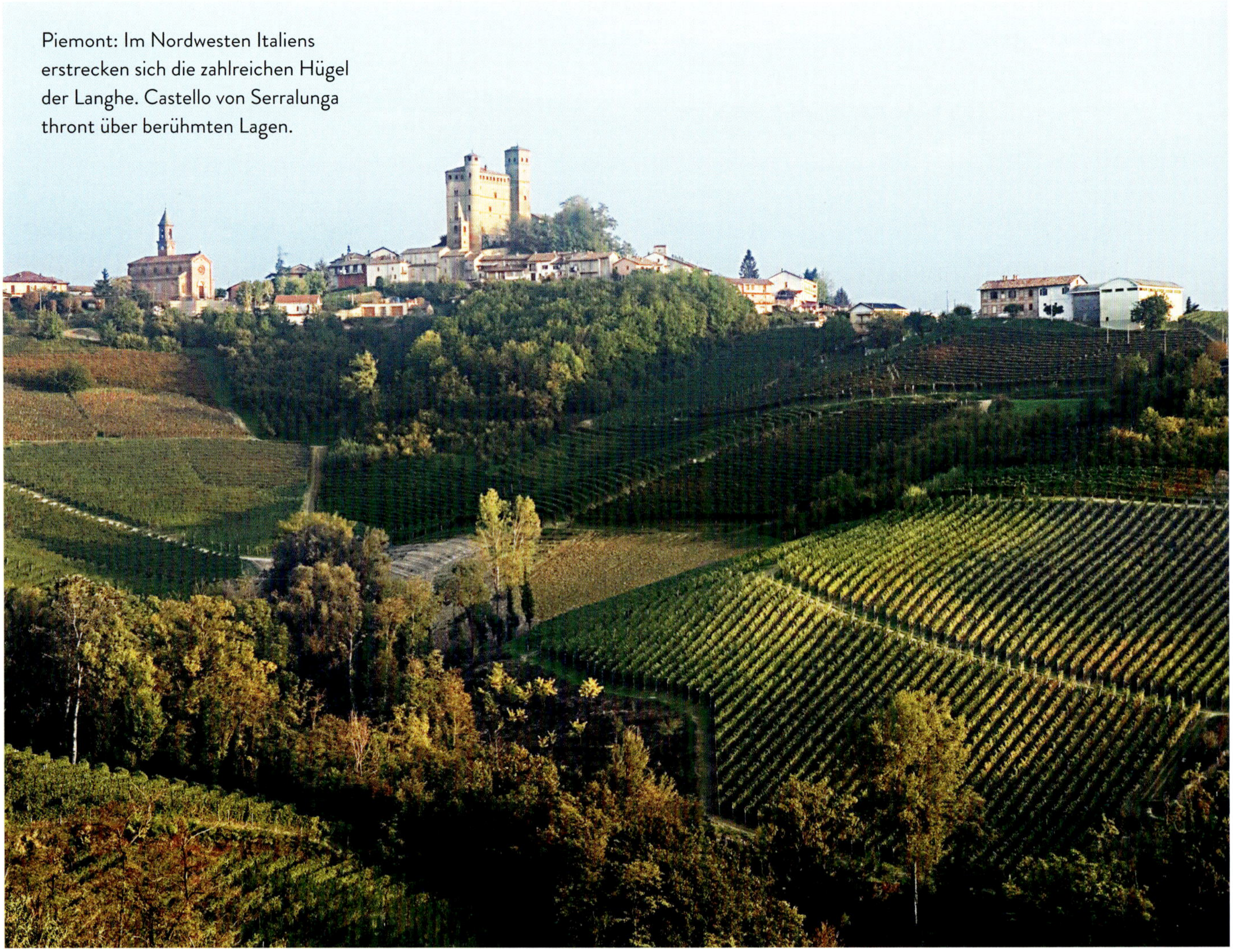

Piemont: Im Nordwesten Italiens erstrecken sich die zahlreichen Hügel der Langhe. Castello von Serralunga thront über berühmten Lagen.

Weinproduktion hat weder etwas mit der Qualität noch Beliebtheit zu tun, hier geht es nur um Größe der Rebflächen – Statistik eben und damit nehmen es die Italiener nicht so genau.

Die Weingeschichte Italiens der letzten 40 Jahre haben die Regionen Toskana mit Chianti und Brunello, Piemont mit Barolo, das Friaul und Südtirol mit seinen Weißweinen geschrieben. In Venetien entwickelte sich die unvergleichliche Erfolgsstory des Prosecco, obwohl dessen Qualität im Vergleich mit dem sehr viel anspruchsvolleren Franciacorta einfacher gestrickt ist. Und genau dieser Tatsache mag der große Erfolg geschuldet sein: die Einfachheit im Genuss. Darauf

Probieren Sie anstatt eines Prosecco doch einmal einen Franciacorta Brut, der ist eine sprudelnde Klasse für sich.

setzen Italiens Weinmacher schon lange, das kommt bei den Kunden gut an. Zukünftige Erfolgsbeispiele würde ich in Apulien, Umbrien und den Marken sehen. Sehr gute Weine habe ich dort jedenfalls häufig probiert. Man darf neugierig sein, wie es weiter geht mit „Bella Italia".

Südtirol

Im nördlichsten Teil Italiens stehen oben im Eisacktal hauptsächlich Müller-Thurgau, Silvaner und Weißburgunder. Lange Jahre wurden sie weniger geschätzt, heute ist man froh, wenn die Mengen bis zum nächsten Jahrgang ausreichend sind. Vorbei sind die Tage am Rande der Weingesellschaft Italiens – Typen wie Manni Nössing oder der Neustifter Klosterkellerei sei Dank.
Südtirols Weinbau wurde lange vom Rest Italiens belächelt, Vernatsch und Co. wurden nicht ernst genommen, sie waren ja viel zu dünn. Und dann hat Südtirol aus dem Stand losgelegt und es allen gezeigt, mittlerweile ist die Region längst anerkannt. Das fleißige Bergvolk hat sich vor 30 Jahren selbst mobilisiert und die Winzer im Friaul mit den übertriebenen Preisen vom hohen Ross gestoßen. Weißweine aus Pinot Bianco, Chardonnay bis Sauvignon Blanc sind längst etabliert und symbolisieren seit über 20 Jahren die leuchtenden Sterne am Weißweinhimmel Italiens! Als heimatliche Typen kennt man unter den Roten Vernatsch und Lagrein. Mitverantwortlich für den durchschlagenden und nachhaltigen Erfolg in der Gastronomie ist für mich ohne Zweifel Alois Lageder, der Doyen Südtirols. Er ist ein Macher und Impulsgeber für die vielen erstklassigen Kellereien und Kollegen, meiner Meinung nach sogar für Südtirol.

Trentino

In der Nachbarschaft, im Trentino, glänzen Klassiker wie Foradoris Teroldego seit 30 Jahren und Pojer & Sandri punktet bis heute mit einer makellosen Weißweinlinie. Dafür steht das Trentino überhaupt, gilt es doch als die bedeutendste Region Italiens für Chardonnay und Pinot Grigio. Und der Rotwein San Leonardo ist seit 1982 für Italien der Bordeaux-Blend schlechthin. Die vielen Genossenschaften sind für das Gemeinschaftssystem mit ihren oft makellosen Weinen vorbildlich.

Südtirol: In der Heimat von Vernatsch wie Kalterer See und St. Magdalener dominieren heute noble Sorten wie Cabernet und Lagrein, Grauburgunder, Sauvignon oder auch Gewürztraminer.

Südtirol: Gewürztraminer zählt trotz seiner rot-bläulichen Farbe der Trauben zu den weißen Rebsorten und hat in Südtirol eine lange Tradition.

Venetien

Am Lago di Garda vorbei, Lugana lässt grüßen, geht's ins Veneto. Die schöne Region rund um Verona produziert jede Menge Konsumweine, Technotypen für den Durst mit wenig Anspruch. Das trifft auch auf den einstigen Kneipenwein Soave zu, den früher niemand trinken wollte. Das galt auch für die brillanten Weine von Pieropan, die ich sogar im Tantris einführte. Heute hat sich das zum Glück nachhaltig geändert, man findet die saftigen Weißweine selbst bei besten Adressen. Amarone, der starke Bruder des Valpolicella, war früher oft verschmäht, inzwischen werden die besten zum fünffachen Preis angeboten – den sie leider oft nicht wert sind. Allegrini Masi, Quintarelli und Dal Forno leben hoch. Vom Aufstieg des Prosecco lesen Sie auf Seite 142.

Friaul

Zwischen 1990 und 2000 blühte der Weinmarkt des Friaul dank Produzenten wie Mario Schiopetto, Marco Felluga, Villa Russiz, Silvio Jermann und zahlreicher anderer. Weiße Sorten von Pinot Grigio, Sauvignon, Pinot Bianco, Ribolla, Malvasia bis Tocai standen bei den Weinfans ebenso hoch im Kurs wie die roten Sorten Schioppettino, Merlot oder Refosco. Dann wurde es aufgrund der Preispolitik über Jahre hinweg ruhiger. Josko Gravner erschien als einer der wenigen wie ein Fels in der Brandung mit immer neuen Ideen. Er kam vom Barrique-Ausbau zu den Amphoren und langen Gärzeiten, verzichtete auf Schwefel und setzte auf 100 Prozent Natur. Die neuesten Marketingaktionen zeigen das hohe Potenzial der Weinregion und die Weinqualitäten entsprechen wieder ihrem Preisniveau. Seit 2009 zählt Friaul auch zum Prosecco-Anbaugebiet.

Lombardei

Die vier Subregionen der Lombardei sind die Franciacorta, Oltrepò Pavese, Lugana und Valtelina. Sie alle verdanken ihren wirtschaftlichen Erfolg vor allem der pulsierenden Metropole Mailand. In der Region Franciacorta produziert man Italiens beste Schaumweine aus Chardonnay und Pinot Nero. Daneben werden einige Stillweine hergestellt, die man Curtefranca nennt. Mehr über Franciacorta lesen Sie auf Seite 144–145.

Piemont

Ohne Einschränkung kann man das Piemont zu den besten Weinregionen der Welt zählen. Aus Nebbiolo-Trauben werden die eleganten, feingeschliffenen, aber auch kraftvollen Barolo und Barbareso hergestellt. In den letzten drei, vier Jahrzehnten hat sich dort so etwas wie ein mittleres Erdbeben ereignet. Man kann nicht sagen, kein Stein stehe mehr auf dem anderen, aber der Vergleich ist nicht schlecht. Neben den Weinbau-Traditionalisten haben sich moderne Techniken eingebürgert, sodass heute wieder mehr Einheit herrscht. Ich glaube, es gab noch nie so viele erstklassige Weine mit Feinschliff, im neuen wie im traditionellen Stil. Man kennt sie, die ganz großen Barolisti des Piemont, die zu Italien gehören wie das Salz in der Suppe: Elio Altare, Bruno Giacosa, Aldo Conterno, Elio Grasso, Giuseppe Mascarello, Luciano Sandrone und den Erneuerer schlechthin, Angelo Gaja. Und ohne Giacomo Bologna vom Weingut Braida hätte es das Piemont mit Barbera besonders schwer gehabt. Die zwei Weißweinklassiker Arneis und Gavi haben es erfolgreich auf die besten Weinkarten geschafft.

Emilia Romagna

In der Emilia Romagna war es lange ruhig und die Lambrusco-Produktion lag am Boden. Ähnlich wie im Beaujolais gibt es heute wieder fantastische Qualitäten – die gab es übrigens immer, aber jetzt werden sie wieder ausgegraben.

Toskana

Der toskanische Küstenstreifen ist nicht nur landschaftlich wunderschön, er beherbergt auch unzählige Spitzenweingüter, die in den vergangenen Jahren neu gegründet wurden. Der erste Vino da Tavola, Sassicaia, hat viele Nachfolger angezogen. „Super Tuscans" werden die Weine genannt: Ornellaia, Masseto, Solaia, Cepparello und viele mehr. Aber was wäre Italien ohne Sangiovese und Chianti. Ein Drama, denn die frische Kirschsäure und Aromatik, gepaart mit großer Finesse, sind Werte, die kein Italienfan missen möchte. Sangiovese ist nicht nur flächenmäßig die Rebsorte Italiens, sie ist der Star in der Toskana. Siro Pacenti und Palmucci sind nur zwei Paradewinzer aus der enorm gewachsenen Region, die ganze Bände füllen würde.

Toskana: Morgenstimmung in der Hügellandschaft um Montalcino, der Heimat des international begehrten Brunello di Montalcino aus der Rebsorte Sangiovese.

Marken

Aus den Marken, an der Küste der Adria gelegen, kommt der einst beliebte Wein aus den grünen Amphorenflaschen, den heute keiner wiedererkennen würde – Verdicchio. Santa Barbara ist ein Beispiel für Umbruch und Aufbau in einer Region, die viele Jahre vom Massentourismus geprägt wurde. Schade, dass die Weine bei uns fast nur in italienischen Restaurants zu finden sind.

Abruzzen

Montepulciano und Trebbiano stehen für die Abruzzen wie Chianti für die Toskana. Es gibt hier viel Wein, zu viel, und nicht genug Bewegung in der Szene. Masciarelli steht für die neue Zeit und Entwicklung, unvergessen „Villa Gemma" und Marina Cvetic. Wenn man von Mengenreduzierung in einem Weingut sprechen kann, trifft das auf keines besser zu als auf Valentini. In Handarbeit werden mit großer Sorgfalt 100 Hektar Reben auf 30.000 Flaschen Produktion reduziert. Kein Wunder also, dass ich nach zwei Stunden in Erwartung das Haus ohne ein Probeschlückchen verlassen habe. Dennoch, Valentini macht unvergessliche Weine.

Kampanien

Kampanien ist in vielerlei Hinsicht einen Besuch wert, die herrliche Landschaft entlang der Küste vermittelt bei jedem Wetter eine einzigartige Naturschönheit. Die mediterrane Küche hat viel zu bieten und die Weine, deren Reben buchstäblich aus den Felsen wachsen, sind ein Naturschauspiel und Geschmackswunder zugleich. Marisa Cuomo, direkt an der Amalfiküste, ist für mich die beste Adresse. Im Hinterland zählen die Weine von Luigi Maffini seit Jahren zur Spitze, allen

Apulien: Im Itria-Tal bei Martina Franca nahe Alberobello stehen zahlreiche weißgetünchte Trulli wie Zipfelmützenhäuschen in den Reben.

Probieren Sie: Five Roses, Salento Rosato von Leone Castris – der erste in Italien abgefüllte Roséwein. Sein Himbeer-Erdbeeraroma verzaubert jeden Urlaub.

voran der weiße Pietraincatenata. Die Weine von Taurasi und Salvatore Molettieri sind ebenfalls seit Jahren überzeugend.

Apulien

Die Weinwirtschaft Apuliens befindet sich schon lange im Aufwind und beweist mit klasse Weinen, besonders den roten, dass hier viel Potenzial steckt, wenn man nur will. Schade ist, dass die Verbraucher nicht wirklich wollen, denn sie sind nicht gewillt, auch nur einen Euro mehr pro Flasche für Weine aus dieser Region auszugeben. Und so finden wir die besten Weine meistens nur im gutsortierten Fachhandel, misstrauen aber dort den so günstigen Preisen, was fatal ist. Hier rate ich zu „mehr Mut zur Lücke" und empfehle eine Reise ins Land der Trulli. Viele der Landgüter, auch Masserien genannt, sind heute schmucke, oft luxuriöse Hotels, die im Landesinneren oder gleich in Meernähe erholsame Urlaube mit regionalem Charakter bieten. Auch auf der Seite des Genusses lässt sich viel entdecken.

Sizilien

Was sich in Sizilien im Weinbau innerhalb von zwei Jahrzehnten getan hat, ist mehr als nur bemerkenswert. Wiederholt stellte ich fest, dass trotz der neuesten Bewegung am Ätna die Mitte wie der Westen der Insel vom Weinbaufieber der neuen Generation infiziert wurden. Die einst riesige Marsala-Produktion wurde auf ein Minimum reduziert, man setzte auf traditionelle wie internationale Rebsorten. Die Entwicklung im Süßweinbereich auf Pantelleria und Lipari ist der Verdienst von Carlo Hauner und Donnafugata.

Sardinien

Sardinien ist nicht nur eine Insel für Reiche und Schöne, das hat man mir schon in den frühen 1990er-Jahren versichert, Sardinien ist auch eine Insel der Genüsse. Zuletzt konnte ich mich wieder in 2016 davon überzeugen, dass neben den mediterranen Weißweinen aus Vermentino Malvasia Nera die Roweine aus Cannonau, Nuragus, Malvasia und Carignano von der Basis bis zur Spitze am überzeugendsten bei Argiolas und Cantina Santadi waren und immer noch sind. Die riesigen Investitionen lohnten sich.

Venetien: Im Weingut Pieropan werden besonders reife Garganega- und Trebbianotrauben auf Strohmatten zur Dessertweinproduktion für Recioto di Soave getrocknet.

Meine Empfehlungen

Alois Lageder, Margreid, **Südtirol**
· *Cor Römigberg*

St. Michael-Eppan, Eppan, **Südtirol**
· *St. Valentin, Sauvignon Blanc*

Foradori, Mezzolombardo, **Trentino**
· *Granato*

Tenuta San Leonardo, Borghetto d'Avio, **Trentino**
· *San Leonardo*

Pieropan, Soave, **Venetien**
· *Soave, Calvarino*

Dal Forno Romano, Cellore d'Illasi, **Venetien**
· *Amarone della Valpolicella*

Costaripa, Mattia Vezzola, **Venetien**
· *Brut Rosé, Metodo Classico dal 1973*

Josko Gravner, Gorizia, **Friaul**
· *Ribolla*
· *Rosso Gravner*

Mario Schiopetto, Capriva del Friuli, **Friaul**
· *Friulano*

Villa Russiz, Capriva del Friuli, **Friaul**
· *Graf de La Tour*

Braida, Rocchetta Tanaro, **Piemont**
· *Barbera d'Asti, Bricco dell' Uccellone*

Bruno Giacosa, Borgonovo, **Piemont**
· *Barolo, Santo Stefano*

Damilano, Barolo, **Piemont**
· *Barolo, Cannubi*

La Zerba, Tassarolo, **Piemont**
· *Gavi „Terrarossa"*

Poderi Aldo Conterno, Monforte d'Alba, **Piemont**
· *Barolo, Bussia*

Roberto Voerzio, La Morra, **Piemont**
· *Lange Nebbiolo*

Vietti, Castiglione Falletto, **Piemont**
· *Arneis*

Cantina della Volta, Bomporto, **Emilia Romagna**
· *Lambrusco di Sorbara*

Castello di Querceto, Greve, **Toskana**
· *Chianti Classico Riserva*

Frescobaldi, Florenz, **Toskana**
· *Masseto (Merlot)*

Selvapiana, Rufina, **Toskana**
· *Chianti Classico*

Siro Pacenti, Montalcino, **Toskana**
· *Rosso & Brunello di Montalcino*

Tenuta di Trinoro, Chianciano, **Toskana**
· *Rosso di Toscano*

Tenute Silvio Nardi, Montalcino, **Toskana**
· *Brunello di Montalcino*

Santa Barbara, Barbara, **Marken**
· *Verdicchio „Le Vaglie"*
· *Mossone Merlot*

Masciarelli, San Martino Sulla Marrucina, **Abruzzen**
· *Trebbiano d'Abruzzo Marina Cvetic*

Feudi di San Gregorio, Irpinia, **Kampanien**
· *Taurasi Piano di Montevergine*
· *Grecco di Tufo*

Luigi Maffini, Giungano, **Kampanien**
· *Kratos*
· *Pietraincatenata*

Marisa Cuomo, Furore, **Kampanien**
· *Fiorduva, Costa Amalfi*

Tenuta Cocevola, Castel del Monte, **Apulien**
· *Castel del Monte*
· *Vandolo*

Donnafugata, Marsala, **Sizilien**
· *Mille e una Notte*

Planeta, Menfi, **Sizilien**
· *Cometa (Fiano)*

Vini Gulfi, Chiaramonte, **Sizilien**
· *Nero Baronj*
· *Nero d'Avola*

Cantina di Santadi, Carbonia-Iglesias, **Sardinien**
· *Rocca Rubia*
· *Terre Brune*

Argiolas, Serdiana, **Sardinien**
· *Vermentino*
· *Turriga*

Cantine due Palme, **Apulien**
· *Serre Susumaniello Salento*
· *1943 Salento Rosso IGP*

Spanien

Das Spanien von heute ist in unseren Köpfen längst nicht mehr nur Stierkampf, Brandy, Sherry, Paella oder Sandstrand. Auch bei der Weinauswahl sind die Zeiten vorbei, als Rioja die einzige Antwort war. Nicht weil Rioja schlechter geworden wäre, sondern weil zwischenzeitlich die vielen anderen Regionen (es gibt heute über 70 geschützte Herkunftsregionen, die sogenannten D.O.) auch entdeckt werden wollten. Da vergisst man im Eifer des Gefechtes schnell alte Bekannte. Gleiches passierte in Italien mit dem Chianti, in Burgund mit Chablis oder an der Loire mit dem Muscadet.

ENTWICKLUNGEN IM SPANISCHEN WEINBAU

Seit dem Beitritt zur vormaligen EG 1986 hat sich in Spaniens Weinwelt wahnsinnig viel verändert. Allein von 1987 bis 2007 wurden durch die Qualitätssteigerung und Förderung kleinerer Regionen 35 neue D.O.-Gebiete als geschützte Herkunftsgebiete anerkannt. Traditionelle Traubensorten, die in Vergessenheit geraten waren, wurden vor dem Verschwinden gerettet. In moderne Technik und Anlagen wurde dank der schier unendlichen Zuwendungen der EU ebenso investiert wie in die Neubepflanzung von Rebanlagen. Spanien hat derzeit die größte bepflanzte Rebfläche weltweit.
Unter dem Motto „Auf zu Spaniens neuen Regionen" plante ich 1994 meine erste ausgedehnte Reise ins Ribera del Duero und nach Navarra, die mich dazu bewegte, in den folgenden Jahren regelmäßig wiederzukommen. Es gab so viele neue Betriebe, Weinmacher und Weine zu entdecken, die in Deutschland von den Fachhändlern mit Lobgesängen und geradezu idealen Weinpreisen angeboten wurden. Im Toplevel agierte Spaniens Weinikone Vega Sicilia, kurze Zeit später folgte Pingus mit Weinen, die in Deutschland nur wenigen Weinfreaks bekannt waren. Auch Alejandro Fernández, stolzer Besitzer der Bodega Pesquera, versuchte sich auf dem deutschen Markt, der Fachhandel schwärmte von den ersten Parker-Punkten. Teófilo Reyes, der langjährige Önologe bei Pesquera, startete in einer schuppenähnlichen Halle mit dem Jahrgang 1994 seinen ersten eigenen Wein, der in Kürze die Presse begeisterte. Viña Pedrosa hatte zur gleichen Zeit schon eine nagelneue Kellerei, alles nur vom Feinsten.
Unvergesslich war mein erster Besuch bei Vega Sicilia. An einem Samstag, also am Wochenende, wurde ich vom Besitzer und Hausherren, Pablo Álvarez, persönlich durch die Bodega geführt und dort zum Lunch eingeladen. Es war Spargelzeit und dieser wurde auch in bester Qualität zu etlichen exzellenten Jahrgängen des Vega Sicilia serviert. Das klingt verrückt und heute wie ein Märchen, dennoch war es ein großes Erlebnis.
Peter Sisseck stand damals noch am Anfang seiner Karriere. Er führte selbst durch die Bodega Hacienda Monasterio und auch durch die anschließende Probe. Stolz präsentierte er zum Ende eine Fassprobe vom ersten Jahrgang 1995 Pingus, den er später in Deutschland im Tantris lancierte. Im Navarra war der Merlot-Pionier

IN ZAHLEN
Rebfläche 2015: *957.500 ha*
Rebfläche 2000: *1124.233 ha*
Produktion 2015: *39,3 Mio. hl*
Anteil Weiß: *47 %*
Anteil Rot: *53 %*
Wichtige Rebsorten weiß: *Arién 22,5 %, Macabeo 4,9 %, Verdejo 2 %, u.a. Albariño, Godello, Parellada, Pedro Ximénez, Viura*
Wichtige Rebsorten rot: *Tempranillo 21 %, Garnacha Tinta 6 %, Bobal 6 %, u.a. Mencía, Cabernet Sauvignon, Cariñena*
Exportanteil: *57 %*

Spaniens, Juan Magaña, mein Ziel. Seine ersten Rebsetzlinge Merlot und Cabernet Sauvignon wurden von einer Baumschule aus Frankreich angeliefert.
Die erste Spanienreise wurde erfolgreich abgeschlossen, danach gab es neue Reiseziele, vom Penedès, Somontano, Priorat, Montsant, Jerez, den Kanaren, Mallorca, Toro bis nach Galicien – ein unerschöpfliches Land. Spaniens Weine wurden zusammen mit der unglaublichen, großartigen Gastronomie zu den Stars in Europa. Die architektonischen, futuristisch anmutenden Kellereien vermehrten sich in einem beängstigenden Tempo. Ich staunte nicht schlecht bei manchem Anblick, als die Gebäude interessanter erschienen als die Weine.
Allerdings kam es auch, wie es kommen musste. Die Preise stiegen für alle Qualitäten, vom einfachen Alltagswein bis in den mittleren Bereich und ganz besonders im Topsegment. Über wenige Jahre haben sie sich verdoppelt, teils verdreifacht und Spitzenweine wie beispielsweise Pingus steht mit Faktor vier bis fünf (700 Euro plus) mit an höchster Stelle. Die Jahrgänge 2004 und 2012 wurden von Robert Parker mit 100 Punkten bewertet und werden ab 1200 Euro zu Liebhaberpreisen gehandelt. Wer hätte das je gedacht.
Doch der Markt regelt die Preise selbst. Die Situation scheint heute, bis auf die bekannten Blue Chips und einige traditionelle Marken, auch in Spanien nicht mehr so rosig zu sein. Auf dem Billigweinmarkt steht Spanien mit seinen Low-Price-Weinen in Europa derzeit an erster Stelle. Die Situation ist sicher auch der Rebflächengröße und den daraus resultierenden großen

Priorat: Das erste Kloster Spaniens, die Scala Dei von 1163, wurde zu einer Weinkellerei umfunktioniert. Auch Weinevents und Präsentationen werden hier veranstaltet.

Mengen Wein geschuldet. Obwohl eine Preisreduzierung im Allgemeinen ja erfreulich ist, hat sie doch oft auch einen leicht bitteren Beigeschmack, denn man fragt sich, ob die Qualität noch so gut ist, wie sie war.
Ich suchte eine Antwort bei den am höchsten bewerteten Weinen im neuen „Guía Peñín 2017", dem führenden Wein-Guide in Spanien, wurde aber letztlich nicht fündig. Mit 99 Punkten stehen zum Beispiel ein Cava von der Bodega Gramona und ein Sherry von Bodegas Barbadillo ganz vorne. Ich kenne beide und kann die Bewertung für mich nachvollziehen. Die Frage aber, weshalb all die Rotweinstars und Blue Chips aus den letzten Jahren in der Bewertung erst danach folgen, ist hier nicht zu klären. Interessant fand ich allerdings, dass es auch Weine zu vernünftigen Preisen bis nach oben geschafft haben: Domino do Bibei mit 2013 „La Cima" zum Beispiel, ein Rotwein aus einer kleinen Zone, nämlich Ribeira Sacra in Galicien, Spaniens Weißweinregion schlechthin. Mit 2013 „La Dama" aus Navarra von der Domaines Lupier wurde ein Wein mit 96 Punkten bewertet, was durchaus einem Ritterschlag gleichkommt, denn man kann sich zur Crème de la Crème der spanischen Weine zählen.
Neben vielen anderen solcher Beispiele frage ich mich, ob der „Guía Peñin" nicht auch zur Normalität bei den Preisen zurückkehrt, ohne die berühmten, weltweit gesuchten Weine abzuwerten. Ein Zufall kann das nicht sein, denn die Tendenz in diese Richtung war schon in der Ausgabe 2015 erkennbar. Die Reise geht weiter, Spaniens Weinwelt hat viel zu bieten das man noch neu entdecken kann. Lesen Sie dazu Seite 86–88.

ANBAUGEBIETE UND REGIONEN

Spanien steht mit seinen mehr als 957.000 Hektar vinifizierter Rebflächen weltweit an erster Stelle und beherbergt inzwischen 70 D.O.-Gebiete. Auch hier war die Mitgliedschaft in der EU wirkungsvoll, die Weinexporte verdoppelten sich innerhalb von zehn Jahren. Das Terroir ist vielfältig, es gibt Weinberge von der Küste bis hoch in die Berge und fruchtbare Böden bis zur Granitsteinwüste im Priorat. Hier ist meine persönliche kleine Auswahl aus Regionen, Weingütern und Weinen, ganz bewusst auch mal jenseits der bekannt-berühmten Regionen.

Rioja: Im Hof der Bodega López de Heredia Viña Tondonia von Haro warten gereinigte Fässer auf die nächste Befüllung.

Unter den roten Rebsorten Spaniens nimmt Tempranillo den ersten Platz ein.

Conca de Barberà: Die niedrigen Temperaturen in der Provinz Tarragona sind ideal für den gleichnamigen Chardonnay, den die Familie Torres auf ihrem Estate Milmanda keltern lässt.

Penedès

Penedès ist ein begehrtes Hügelland, das zwischen Barcelona und Tarragona entlang der Küste liegt. Neben der Herstellung von erfrischenden duftigen Weißweinen findet sich hier das Herz der Cavaproduktion Spaniens. Zu beachten ist: Cava ist keine Region, sondern die Bezeichnung für spanische Schaumweine. 2016 wurden die erneuerten, gesetzlich geregelten Statuten eingeführt. Wenn auch der Löwenanteil aus Katalonien kommt, die erlaubten Produktionszonen sind weit verstreut. Cava wurde zum Erfolgsgetränk, nicht nur in Spanien. Mein Favorit ist immer noch Gramona.

Priorat

Die Erfolgsgeschichte des heute weltweit bekannten Priorat begann in Porrera, einem kleinen, armen Bergdorf, mit dem Önologieprofessor José Luiz Pérez und dem Folksänger Lluís Llach. Diese beiden lenkten die Cooperativa, eine Winzergenossenschaft, wo sie den ersten Jahrgang 1996 des Cims de Porrera kelterten. Dank ihrer in die Tat umgesetzten Ideen erlangten das Dorf und die gesamte Region mit den kostbaren Rotweinen aus Garnacha und Cariñena Weltruf und ebensolche Preise. Clos Mogador und Cims de Porrera bekamen bald nachbarlichen Zuwachs, Rebberge mit wertvollen alten Stöcken waren ja in Fülle vorhanden. Klingende Namen von René Barbier mit Clos Mogador, Alvaro Palacio mit L'Ermita, Carlos Pastrana mit Clos de L'Obac, Mas Doix oder der Münchner Dominik Huber mit Terroir al Limit und viele andere folgten. Die Existenzängste um die Region und seine Bewohner sind vergessen.

Bierzo

Bierzo ist eine aufstrebende, noch sehr jungfräuliche Region in der Provinz León, weit weg, das heißt abseits von den berühmten Lagen. Mit vielen neuen Bodegas ist sie ein Eldorado für Neugierige. Die rote Mencía-Traube findet hier auf den harten Granit- und Schieferböden ein ideales Terroir und die Rebsorte Godello ist unter den weißen Sorten eine Prinzessin mit vielen bunten Kleidern aus Früchten und Kräutern.

Costers del Segre

Costers del Serge gehört im Nordosten Spaniens zur Provinz Lérida in Katalonien. Die alljährliche Trockenheit im Sommer und die eiskalten Winter machen es den Winzern nicht gerade einfach. Der Rebsortenmix ist daher bunt, mit regionalen und internationalen Sorten. Die Rotweine von hier haben eine herrlich kräftige Textur und Würze. Zu meinen ersten Bekanntschaften hier zählen Castell del Remei und de Raimat.

Montsant

Montsant schmiegt sich wie ein Schal um das weitaus bekanntere Gebiet Priorat – einem Schutzmantel gleich umhüllt es fast liebevoll die weltberühmte katalanische Region, die im Nordosten, im Hinterland von Barcelona, liegt und bis 2001 Falset hieß. Die Hauptakteure auf den harten, steinreichen Böden sind hier die beiden roten Rebsorten Garnacha und Cariñena. Für den großen Erfolg dieses Anbaugebiets ist in erster Linie die Genossenschaftskellerei Celler de Capçanes verantwortlich. Sie bringt erstaunlich gute bis großartige Weine auf den Markt. Generell gibt es hier nicht etwa die billigeren Doubles des Priorats, sondern eigenständige Charakterweine mit sehr viel Charme. Ebenso finden sich dort ein paar bemerkenswerte neue Kellereien.

Navarra

Navarra im Nordwesten liegt günstig auf der Route der Pilger, dem Jakobsweg. Das Anbaugebiet ist sehr unterschiedlich, was Klima oder Böden anbelangt, daher wird es auch in fünf verschiedene Regionen eingeteilt. In den kühleren Zonen findet man weiße Sorten von Sauvignon Blanc, Chardonnay und Malvasía bis Viura. Rote Klassiker sind neben der heimischen Sorte Garnacha, Merlot und Cabernet Sauvignon. Nach einer Phase der Identitätssuche hat die Region den Weg zu einer beachtlichen Qualität gefunden. Es gibt jetzt viel mehr gute Weine, nicht nur Rosé. Castillo de Monjardin ist für mich immer noch eine Entdeckung. Chivite und Guelbenzu zählen zu den Klassikern, während der moderne Keller von Otazu allein wegen seiner Innenarchitektur eine Augenweide ist. Navarra hat ein unglaubliches, nahezu unverständlich günstiges Preisniveau und das trotz der sehr guten Qualitäten.

Navarra: Beeindruckende Innenarchitektur in der modernen Kellerei von Otazu.

Domino de Valdepusa

Domino de Valdepusa liegt 50 Kilometer entfernt von Toledo in Malpica de Tajo. Carlos Falcó hat hier mit der Estates Marqués de Griñón sein Lebenswerk geschaffen. „In the middle of nowhere" erreichte Falcó für seine Kellerei den ersten Status einer D.O.-Einzellage „Vino de Pago". Er pflanzte Rebsorten wie Petit Verdot, Cabernet, Syrah bis Graciano ohne jegliche Grenzen und erhielt dafür quasi seine eigene Herkunftsbezeichnung. Ein großer Verdienst, von dem heute viele profitieren. Die Weine sprechen für sich!

Jerez/Xérès

Den Wein aus der gleichnamigen Region kennen viele. Entscheidend dabei ist nur: in welcher Qualität? Wird doch bei fast jeder Frage nach dem Aperitif im Restaurant auch Sherry genannt. Die Vielfalt und das Geheimnis des stark unterschätzten Sherry sind enorm und reichen von jung zu gereift, von trocken zu süß. Die hauptsächlich verwendete Palomino-Traube für die Finos und Olorosos liebt die weißen, einmaligen Albariza-Böden. Pedro Ximénez und Moscatel kommen den süßen Sherrys zugute.

Jerez: Weiße, kalkreiche Albarizas-Böden liefern bei geringerer Ausbeute beste Qualität für die Weine aus dem andalusischen Jerez/Xérès.

Meine Empfehlungen

Augustus Forum, **Penedès**
· *Chardonnay*

Gramona, **Penedès**
· *Cava, III Lustros, Brut Nature Gran Reserva*

Jané Ventura, **Penedès**
· *Cava Brut Nature Reserva*

Terroir al Limi, **Priorat**
· *Terra de Cuques*
· *Les Manyes Vi d'Altura*

Decendientes de J. Palacios, **Bierzo**
· *Pétalos del Bierzo*

Losada Vinos de Finca, **Bierzo**
· *Losada (Mencía)*

Mas Blanch i Jové, **Costers del Segre**
· *Saó Abrivat (Cuvée Cabernet, Garnacha, Tempranillo u.a.)*

Celler de Capçanes, **Montsant**
· *2 Pájaros (Cariñena)*
· *La nit Llicorella (Garnacha)*

Celler Laurona, **Montsant**
· *Laurona Plini (Garnacha, Cariñena, Syrah)*

Domaines Lupier, **Navarra**
· *La Dama (Garnacha)*

Malumbres, **Navarra**
· *Crianza und Primeros Viñedos (Garnacha)*

Marqués de Griñon, **Domino de Valdepusa**
· *Eméritus, Domino de Valdepusa*

Bodegas Barbadillo, Sanlúcar de Barrameda, **Jerez/Xérès**
· *Barbadillo dry Fino*

Bodegas Emilio Hidalgo, Sanlúcar de Barrameda, **Jerez/Xérès**
· *Amontillado seco, El Tresillo*

Menade, **Rueda**
· *Verdejo*

Valdesil, **Valdeorras**
· *Godello Sobre Lías*
· *Valderroa (Mencía)*

Domino do Bibei, **Ribeira Sacra**
· *Lacima (Mencía)*

Aalto, **Ribera del Duero**
· *Aalto PS*

Portugal

Beim Schreiben dieses Kapitels wurde so manche Erinnerung an meine ersten Reiseerlebnisse in Portugal von 1979 in mir wach. Die schönsten und lustigsten haben mit meinem Traum von der Seefahrt und der beginnenden Freude am Wein zu tun. Wein war schon damals meine Leidenschaft. Portweine, manchmal auch Madeira, ganz selten ein Roter oder Rosé. Und wenn es mal mehr Wein sein sollte, dann waren es die weißen Vinho Verde, leicht, knackig, frisch für die Party an Bord, nicht nur am Strand.

IN ZAHLEN
Rebfläche 2015: *194.000 ha*
Rebfläche 2000: *238.100 ha*
Produktion 2016: *6,0 Mio. hl*
Anteil Weiß: *33 %*
Anteil Rot: *67 %*
Wichtige Rebsorten weiß: *Fernão Pires 7 %, Síria (Códega) 3 %, Arinto 3 %, Loureiro 3 %, Alvarinho 2 %*
Wichtige Rebsorten rot: *Aragonez (Tempranillo) 9 %, Touriga Franca 8 %, Periquita 7 %, Touriga Nacional 6 %, Trincadeira 6 %, Baga 4 %*
Exportanteil: *47 %*

ENTWICKLUNGEN IM PORTUGIESISCHEN WEINBAU

Außer der Touristenattraktion Mateus Rosé waren Weine aus Portugal, weiß oder rot, außerhalb der Landesgrenzen vor 30 Jahren noch kein Thema. Die Portugiesen lebten innerhalb Europas lange für sich, zurückgezogen, ohne große Teilnahme am Marktgeschehen. Nach dem Beitritt Portugals zur EU 1986 kam die große Freiheit, zunächst im Douro. Hier durften die Quintas endlich ihre eigenen Weine herstellen und mussten ihre Produktion nicht mehr an die Portweinhersteller verkaufen. Es dauerte weitere knappe zehn Jahre, bis sich dann in der Weinbranche die enormen Summen an Fördergeldern und Investitionen bemerkbar machten, mit denen Topkellereien – beispielsweise im Alentejo – gebaut und großflächig neue Weinberge angepflanzt wurden. Dann allerdings ging alles im Aufbau sehr schnell.
Ich führe die rasante Entwicklung darauf zurück, dass im Grunde ja nur die Hardware, wie Keller, Ausrüstung und die zeitgemäße Technik, gefehlt hat oder entsprechend ersetzt werden musste. Das Wichtigste, die Weinberge mit ihren vielen autochthonen Rebsorten, war da, jedenfalls ein großer Teil. Die neu angelegten Flächen mit internationalen Rebsorten von Chardonnay bis Cabernet wurden recht schnell als weniger individuell erkannt. Vom Dâo bis an die Algarve wurde rasch klar, dass die mehr als 250 heimischen Rebsorten – man hat nicht genau gezählt und viele sind unbekannt – doch der wahre Reichtum des Landes sind. Bei dieser Erkenntnis ist es zum Glück auch geblieben. Eine Besonderheit sind die im Gemischten Satz gepflanzten Reben (das heißt alle Sorten wurden in einem Weinberg gepflanzt), weiße und rote, frühreife oder Nachzügler. Sie haben zwar den Nachteil der Mehrarbeit, aber auch Vorteile, denn bei durch Wetterkapriolen verursachten Ernteausfällen einzelner Sorten gab es als Ersatz dann die anderen.
Eine bedeutende Kleinigkeit fehlte noch: die Menschen, die am Ende die Erfolgsgeschichte des portugiesischen Weines initiiert, vorangebracht, geprägt und mitgeschrieben haben, Weine in Topqualitäten produzierten und bis heute noch nicht stillstehen. Sie baden nicht in ihrem Erfolg, sie machen weiter und geben weiter, was sie erreicht haben.
Stellvertretend für alle sei an dieser Stelle Dirk van der Niepoort genannt. Wir kennen uns seit 1994, aus der Zeit seiner Anfänge im Familienunternehmen, das als Spitzenerzeuger für Portweine bekannt ist. Inzwischen

Porto: Die Kapitale der Portweinherstellung beherbergt in den weitläufigen Untiefen ihrer Keller den langlebigsten Wein der Welt – Portwein.

Douro: Weit ab vom Schuss, oft auf hohen Gipfeln, thronen kleine Dörfer im Dourotal.

ist die angesehene Portweinquinta zu einem Betrieb mit mehreren Weingütern und Projekten herangewachsen, auch dank Dirks Visionen und Fähigkeiten, Menschen zusammenzubringen. Aber nicht nur im Douro, sondern auch in der Bairrada und im Dão ist Niepoort mit zwei weiteren Weingutsprojekten engagiert. Wegen seiner Unterstützung und seines Ideenreichtums sind einige neue Weingüter und Projekte entstanden, die zu den Vorzeigebetrieben in Portugal zählen. Mit den „Douro Boys" sind mit van der Niepoort fünf Weingüter unter einen Hut gebracht worden, die für die Region und für Portugal als beste Weinbotschafter zu sehen sind.

Eine weitere bemerkenswerte Tatsache ist, dass es in Portugal neben interessanten Gemeinschaftsprojekten auffallend viele führende weibliche Weinmacher gibt. Sie haben eine stetige, wachsende Bedeutung.

Besonderheiten oder Gründe, die für Wein aus Portugal sprechen

- Eine junge Generation von selbstbewussten Winzern und Winzerinnen bringen viel Dynamik in die Betriebe und die Vielfalt der Weine
- Großer Reichtum an autochthonen Rebsorten
- Uniformität sucht man hier vergebens
- Breites Angebot an Charakterweinen vom leichten Vinho Verde bis zu mächtigen Rotweinen aus dem Douro, Dão und Bairrada mit ungewöhnlichen, nicht alltäglichen Geschmacksbildern
- Viele neue Weinprojekte mit erstklassigen Weiß- und Rotweinnovitäten
- Sensationelle Portweine, die langlebigsten Weine der Welt

TIPP

Weitere Regionen, die es zu entdecken gilt: die Algarve, Península de Setúbal, Lisboa, Estremadura, Tejo und Trás-os-Montes

ANBAUGEBIETE UND REGIONEN

Die älteste herkunftsgeschützte Weinregion ist das Douro, dessen Weine schon seit 1754 gesichert sind. Die UNESCO hat das Gebiet jüngst sogar als Weltkul-

turerbe anerkannt. 31 DOC- bzw. DOP-Weinregionen werden verwendet, um die Anbaugebiete mit kontrollierten Herkunftsbezeichnungen zu schützen.
Es hat lange gedauert, bis Portugal als Weinbaunation aus dem Tiefschlaf erwachte und den Anschluss an die Weinwelt fand. Dafür geht es nun mit großen Schritten der Qualität entgegen.

Vinho Verde

Bei uns in Deutschland sucht man leider vergeblich nach dem klassischen, köstlichen Typus Vinho Verde, den man vor Ort in weniger kleinen Schlucken konsumiert. Herb, frisch und knallig mit knackig-grünen Noten, sogenannte Winzerschoppen. Viele Vinho Verde sind heute leider oft weichgespült und massentauglich gemacht, mit deutlich mehr Restzucker, teils auch mehr Alkohol. Es gibt sogar welche, die wie Burgunder schmecken wollen. Das alles unter dem Namen Vinho Verde, der doch eigentlich das Gegenteil vermitteln will. Dennoch überzeugen köstliche Beispiele von Melgaço im Westen bis in den Osten nach Basto. Allen voran geht derzeit die ausgezeichnete Quinta de Soalheiro mit beispielhaften Weinen. Ebenso begeistert die Quinta da Aveleda mit reinsortigem Alvarinho. Perlen und Blasen werden inzwischen ebenso produziert, warum auch nicht angesichts der wachsenden Beliebtheit von Schaumweinen auf dem Weltmarkt?

Douro

Die Naturschönheit des Douro in wenige Worte fassen zu wollen, macht weniger Sinn, das muss man gesehen haben. Ebenso wie man die Weine öfters probiert haben muss, um sie angemessen zu verstehen. Wer noch nie einen großen Wein von hier getrunken hat, sollte einmal „Redoma", „Batuta" oder „Charme" von Dirk Niepoort, einen Pintas Red von Wine & Soul oder Poeira trinken. Auch Côtto „Grande Escolha" von Montez Champalimaud begleitet mich seit vielen Jahren. „Barca Velha" von der Casa Ferreirinha und ihrem Inhaber Fernando Nicolau de Almeida ist nach wie vor Portugals Weinlegende. Die Wärme und das Gefühl der Nähe, die erstklassiger Portwein oder Rotweine vom Douro vermitteln können, haben schon etwas ganz Besonderes. Weshalb die Portweine selbst nicht mehr en vouge sind und es immer noch schwer im Verkauf haben, erschließt sich mir nicht, denn Portwein ist für mich eine flüssige Lebensphilosophie.
Die typischen Rebsorten hier sind Touriga Franca, Touriga Nacional, Tinta Barroca, Tinta Roriz (Tempranillo) für Rotweine und für die Weißen: Códega, Gouveio, Rabigato, Viosinho, Malvasia Fina.

Douro: In diesem Tal genießt man von jedem Hügel einen spektakulären Weitblick über die Weinberge mit ihren Terrassen und ist on top in einer der schönsten Weinregionen.

Azulejos: Die kunstvoll bemalten Kacheln gelten als Wahrzeichen Portugals und schützen die Fassaden der Häuser vor Hitze und Feuchtigkeit.

Bairrada

Die Bairrada zwischen Porto und Lissabon ist die Heimat der Baga, einer roten Rebe, die ähnlich einem Pinot Noir als erste Eigenschaft Eleganz für sich in Anspruch nimmt. Eine regenreiche grüne Region ist die Heimat von Luis Pato und Filipa Pato, die gegensätzlicher mit ihren roten wie weißen Weinen nicht sein könnten, aber auch das große Potenzial der Region präsentieren. Neben Baga, die ein sehr gutes Reifepotenzial besitzt, gibt es auch die internationalen Sorten Cabernet Sauvignon, Syrah und Merlot.

Dão

Im Dão wächst auf den steinharten Schiefer- und Granitböden die weiße Rebsorte Encruzado, die man als Fan finessenreicher, geschmackvoller Weißweine probiert haben sollte, erst recht den weißen Primus Quinta da Pellada von Alvaro Castro. Der einfache Dão Tinto aus Touriga Nacional ist ein Rotwein für alle Tage, aber unglaublich gut. Das kann man auch von der Quinta da Falorca behaupten, einem kleinen Familienbetrieb, der hier in fünfter Generation Weine aus heimischen Rebsorten produziert, die in Preis und Qualität wenig Konkurrenz zu befürchten haben.

Alentejo

Die riesengroße Region Alentejo liegt auf der Höhe von Lissabon, aber im Osten des Landes, sie musste buchstäblich wachgerüttelt werden. Sie macht nur fünf Prozent der Landesrebfläche aus und wäre mit ihren unendlichen Korkeichenwäldern ohne die Finanzspritzen der EU wohl heute noch eine Region am Rande des Weingeschehens. Ja, es gibt viele Weine, die nicht zu den anspruchsvollsten zählen, aber tadellose Qualitäten für alle Tage liefern. Einige Topweine stehen aber auch für das Potenzial des Alentejo, dazu gehören die Weingüter Herdade do Esporão oder Marques de Borba.

Highlights aus zwei Jahrzehnten

Quinta de Soalheiro, Alvaredo, Minho, **Vinho Verde**
· *Alvarinho „Nature pur Terroir"*

Niepoort, Porto, **Douro**
· *Redoma Reserva Branco*
· *Charme*

Poeira, Provesende, **Douro**
· *Alvarinho, Douro Branco*

Wine & Soul, **Douro**
· *Pintas Character*

Quinta do Côtto, Montez Champalimaud, **Douro**
· *Côtto Grande Escolha*

Quinta do Crasto, Sabrosa, **Douro**
· *Touriga Nacional*

Quinta do Vale Meão, Vila Nova, **Douro**
· *Quinta do Vale Meão*

Quinta Vale Dona Maria, Porto, **Douro**
· *CV – Curriculum Vitae Douro Red*

Filipa Pato, **Bairrada**
· *Nossa Calcario tinto*

Quinta da Falorca, Silgueiros, **Dão**
· *Encruzado Reserva*
· *Lagar*

Herdade Do Esporão, **Alentejo**
· *Canto do Zé Cruz, Aragones*

Griechenland

Wenn für Griechenlands Weinbau alles so einfach wäre, wie es 1974 für Udo Jürgens war, als er nach einem Urlaub auf Rhodos – nach eigenen Angaben in nur 20 Minuten – die Melodie zu dem erfolgreichen Schlager „Griechischer Wein“ geschrieben hat, wären die moderne Weingeschichte, die Produktion, der Vertrieb und der Konsum im eigenen Land wie auch der Export schon ein ganzes Stück weiter.

Griechenland hat den Wert seiner autochthonen Reben erkannt und setzt auf deren beste Eigenschaften. Allerdings hat der einstige Schlager der Weinszene, Retsina, keinen guten Ruf zu verteidigen, obgleich es ein paar sehr gute Beispiele davon gibt. Insgesamt arrangiert man sich in Griechenland mit einem kleinen Anteil internationaler Stars wie Merlot, Syrah, Sauvignon Blanc und auch Chardonnay. Nach neuesten statistischen Angaben

IN ZAHLEN
Rebfläche 2015: *52.500 ha*
Rebfläche 2000: *50.900 ha*
Produktion 2015: *2,6 Mio. hl*
Anteil Weiß: *55 %*
Anteil Rot: *45 %*
Wichtige Rebsorten weiß: *Savatiano 20 %, Roditis 17 %, Assyrtiko 3,6 %, Muscat Hamburg 4,4 %, u.a. Malagoussia, Robola*
Wichtige Rebsorten rot: *Agiorgitiko 6 %, Liatiko 5,0 %, Xinomavro 4 %, Cabernet Sauvignon 2 %, Mavrotragano*
Exportanteil: *11 %*

Santorin: Die Ägäische Insel ist ein beliebtes Urlaubsziel. Hier wächst auch die säurebetonte, weiße Assyrtiko-Rebe, eine geniale Partnerin zur mediterranen Küche.

Nemea: Von der Terrasse des Weinguts Semeli eröffnet sich ein Blick ins Tal von Nemea bei Koutsi Richtung Süd-Westen. Es gibt dort auch Gästezimmer.

hat es mit Ausnahme von Cabernet Sauvignon bis dato keine weitere Sorte geschafft, unter die Top Ten der Rebsorten des Landes zu kommen.

ENTWICKLUNGEN IM GRIECHISCHEN WEINBAU

In der Entwicklung des griechischen Weinmarktes muss man nicht mehr als 20 Jahre zurückgehen, um sich in einer völlig anderen, leider stehengebliebenen Weinwelt zu fühlen. Obwohl griechischer Wein im Export, ganz besonders mit dem Ziel USA, sehr gut und kontinuierlich funktioniert, stoßen wir in Deutschland immer noch massiv auf das Problem Qualitätsweine in der Gastronomie und deren Akzeptanz beim Verbraucher.

Ich erinnere mich noch an den Kampf um Probeflaschen und später um lesbare Weinetiketten für die exportierten Weine auf dem deutschen Markt, als ich in meinem ersten Einkaufsführer Weine aus Griechenland beschrieben habe.

In Deutschland, hauptsächlich in guten griechischen Restaurants selbst, wird der neue Weincharakter, der modern und finessenreich gemacht ist, immer noch nicht akzeptiert. Er wird auch viel zu wenig eingekauft, um ihn der durchaus gewillten Kundschaft zum Genuss anzubieten. Die Preispolitik einiger gieriger Großhändler erklärt alles. Bei ihren Geschäften mit den traditionellen Big Players im Weinmarkt feilschen sie um jeden Cent bei den unzähligen Massenweinen, die sie zusammen mit billigstem Olivenöl importieren.

So werden die kleinen Betriebe der jüngeren Winzergeneration, die sich mit ihrer neuen Weinklasse an französischen, italienischen oder deutschen Weinen orientieren, ausgebremst und flachgehalten. Dazu ist der Inlandverbrauch stark zurückgegangen, was leider zu keiner Verbesserung der Situation beiträgt.

Mit dem Kampfgeist und Durchhaltevermögen dieser immer größer werdenden Winzergemeinde haben die „Großkellereien" aber nicht gerechnet. Dank kleiner Importeure findet man auf dem deutschen Markt immer mehr von den wirklich guten, authentischen Weinen. Und das nicht nur beim Griechen um die Ecke, nein, sie bereichern gute griechische Gastronomie, die Weinregale des Fachhandels, der Vinotheken und nicht zuletzt die Weinkeller in Spitzenrestaurants. Münchens Königshof der Familie Geisel mit Sommelier Stéphane Thuriot sei an dieser Stelle als Beispiel erwähnt. Thuriot ist ein Kenner und Verehrer des griechischen Rebensaftes, auf seiner Weinkarte stehen über 30 griechische Weine bis zur Premiumklasse des Landes.

Besonderheiten oder Gründe, die für die Qualität griechischer Weine sprechen

- Enorme Vielfalt autochthoner Rebsorten, die zunehmend mehr Interesse finden
- Breites Spektrum an würzigen Rotweinen
- Kühle Temperaturen in der Nacht und kalte Nordwinde intensivieren die Aromenbildung
- Mediterranes Klima, dadurch hohe Reife, durch das nahe Meer Wind und Feuchtigkeit
- Sensorische Bereicherung und Erfahrung mit Inselweinen und deren gustativen Charaktereigenschaften hinsichtlich ihrer Mineralität
- Traubenerträge wurden konsequent reduziert
- Internationales Know-how der jungen Winzergeneration
- Weitgehende Anpassung des Weingesetzes mit Qualitätsstufen, die an das französische A.O.C.- oder italienische D.O.C.-System angelehnt sind

ANBAUGEBIETE UND REGIONEN

Die weitgefassten 33 geschützten Ursprungsgebiete sind von Norden beginnend wie folgt aufgeteilt: Thrakien, Makedonien, Epirus, Thessalien, Zentralgriechenland mit Attika, Ionische Inseln, Peloponnes, Ägais mit ihren sechs Inseln und Kreta. Die wichtigsten sind:

Makedonien

Im Nordwesten gelegen, ist Makedonien, u.a. mit Naoussa, das bedeutendste Anbaugebiet. Die oft kalte und regenreiche Region ist alles andere als das, was man unter einem stets von der Sonne verwöhnten Griechenland versteht. Hier wird überwiegend auf Rotwein gesetzt, in erster Linie auf die säurereiche, auch tanningeprägte Xinomavro-Traube. Einige frische, fruchtbetonte Weißweine ergänzen die Palette der Rebsorten. Biblia Chora, Lazzaridi und Gerovassiliou sind die modernen Vertreter unter den Erzeugern.

INFO

Übrigens: Retsina ist keine Rebsorte, sondern ein Weintyp, meistens aus der weißen Traube Savatiano und mit dem Harz der Aleppo-Kiefer angereichert.

Zentralgriechenland

Hier ist sie, die Heimat des Retsina, rund um Athen. Keine Angst – es gibt längst auch gute Vertreter dieser Art. Von hier kommt etwa ein Drittel der griechischen Weine und zwar in bester, auch vorbildlicher Qualität. Wer je einen Gewürztraminer, Sauvignon Blanc oder Syrah von Avantis (Seite 88) gekostet hat, weiß, wie gut Weine aus diesen Sorten auch in Griechenland schmecken können. Syrah wurde hier sogar früher fälschlicherweise als autochthone Sorte bezeichnet. Mich wundert das nicht, liebt sie doch heißes und trockenes Klima.

Peloponnes

Mit seinen zwei bedeutenden Regionen Patras und Nemea hat der Peloponnes viel zu bieten, ganz besonders Erzeugnisse aus der roten Rebsorte Agiorgitiko, die sich in unterschiedlichsten Lagen und Klimata wohlfühlt. Aromatische, mächtige Weine mit Schliff sind häufig das Ergebnis. Im nördlichen Teil Patras' ist Weißwein angesagt. Aus der Roditis-Traube werden köstlich frische und doch erhabene Weine gekeltert. Moschofilero ist gewöhnlich runder und gehaltvoller.

Ägäische Inseln

Die wichtigsten sind Samos, Paros und Rhodos sowie die mit Abstand bedeutendste Insel Santorin mit ihren Vulkanascheböden und der weißen Rebe Assyrtiko. Sie ist eine große Rebsorte mit sehr vielen mineralischen sowie salzigen Noten und dominanten Fruchtaromen. Auf der vom Wind gepeitschten Insel Santorin wird die Rebe in Nestern nahe am Boden erzogen.

Kreta

Seit vielen Jahren ist Kreta, die südlichste Insel Griechenlands, ein beliebtes Reiseziel der Deutschen. Weine von hier sind weniger berühmt, obwohl die Rebfläche nicht unbedeutend ist. Hier scheint bis auf ein paar wenige Ausnahmen weniger Qualitätsstreben die Norm.

Santorin: Assyrtiko wächst auf Vulkanasche in Form eines Rebennests.

In bergigen Weinregionen wird immer noch traditionell mit Vierbeinern, in erster Linie mit Eseln, gearbeitet.

Meine Empfehlungen

Alpha Estate, **Makedonien**
· *Alpha One (Mavrodaphne, Montepulciano)*

Biblia Chora, **Makedonien**
· *Areti Weiss (Assyrtiko)*

Domaine Nerantzi, **Makedonien**
· *Syrah*

Thymiopoulos, Naoussa, **Makedonien**
· *Erde und Himmel (Xinomavro)*

Avantis Estate, Evia, **Zentralgriechenland**
· *Syrah Reserve*
· *Gewürztraminer „Lenga"*

Kamara Estate, Thessaloniki, **Zentralgriechenland**
· *Retsina*

Gaía Wines, Nemea, **Peloponnes**
· *Gaia Estate Nemea*

Mercouri Estate, **Peloponnes**
· *Coma Berenice (Viognier)*
· *Domaine Mercouri „Cava" (Refosco, Mavrodaphne)*

Parparoussis, Patras, **Peloponnes**
· *Dora Dionysou „Cava" (Assyrtiko und Athiri)*
· *Nemea Réserve (Agiorgitiko)*

Semeli, Nemea, **Peloponnes**
· *Collection Sauvignon Blanc*
· *Nemea Grande Reserve (Agiorgitiko)*

Argyros Estate, Santorin, **Ägäische Inseln**
· *Assyrtiko*
· *Vinsanto*

Volcanic Slopes Vineyards, Santorin, **Ägäische Inseln**
· *Pure Assyrtiko*

Sclavos Wines, Slopes of Aenos, **Kephalonia**
· *Metagitnion*

Südafrika

Der südafrikanische Weinbau hat sich in den letzten 25 Jahren grundlegend verändert. 2014 feierte auch die Weinwirtschaft die noch junge 20-jährige Demokratie. Die ganze Weinnation kam durch die Abschaffung der Apartheid in einen Umbruch, der dem Land und seiner Weinwirtschaft in kürzester Zeit einen enormen Erfolg auch auf den hart umkämpften internationalen Märkten brachte. Und doch ist ein Ende der Entwicklung nicht in Sicht. Die Weinmacher, vor allem die junge nachrückende Generation, aber auch die junggebliebenen konzentrieren sich auf die Werte des Landes, Böden, Lagen, unbeachtete oder wenig genützte Regionen und soweit vorhanden, auf alte Reben. Mit alten Reben gibt es aus den 60er- und 70er-Jahren erhebliche Probleme, denn ein großer Teil des ursprünglichen Rebmaterials war nicht von ausgesuchter Qualität oder die Weinberge waren von Schädlingen verseucht. In der damaligen Zeit haben die Behörden das Angebot von Setzlingen ebenso wie die Anbauflächen kontrolliert und absichtlich beschränkt. Zusätzlich verhinderten internationale Sanktionen, dass bestes Rebmaterial nach Südafrika importiert werden konnte. Da half den Winemakern ihr vorhandenes Know-how zunächst recht wenig. Da mehr oder weniger der gesamte Weinbau Südafrikas (95 %) durch die Kooperative Wijnbouwers Vereniging, kurz die KWV, kontrolliert wurde, war bis zur Demokratisierung keine Änderung in Sicht. Der größte Teil der Kap-Winzer war Mitglied im KWV, die Abnahme der Trauben war damit garantiert und somit ein Grundeinkommen gesichert.

IN ZAHLEN
Rebfläche 2015: *98.600 ha*
Rebfläche 2000: *101.000 ha*
Produktion 2016: *9,7 Mio. hl*
Anteil Weiß: *55 %*
Anteil Rot: *45 %*
Wichtige Rebsorten weiß: *Chenin Blanc 18 %, Colombard 12 %, Sauvignon Blanc, 9 %, Chardonnay 7 %*
Wichtige Rebsorten rot: *Cabernet Sauvignon 11 %, Syrah 10 %, Merlot 6 %, Pinotage 7 %*
Exportanteil: *43 %*

ENTWICKLUNGEN IM SÜDAFRIKANISCHEN WEINBAU

Nach dem Ende der Apartheid ging es ab 1994 mit der Weinwirtschaft in rasantem Tempo aufwärts. Die Kontrolle des KWV wurde 1997 abgeschafft und das Unternehmen privatisiert. Die riesigen Kelleranlagen dienen heute als Firmensitz der KWV Holding und nur noch zum Teil der Produktion von Wein, vor allem aber von hochwertigem Brandy. Die größte Erneuerung in der Weinwirtschaft Südafrikas sind allerdings die vielen Weinerzeuger selbst. Neben großen Kellereien und Genossenschaften zählt der führende Wineguide Südafrikas „Platters" in der Ausgabe 2018 über 940 Hersteller und mehr als 8000 verschiedene Weine. Die Weinerzeugung hat sowohl hinsichtlich der Produktion als auch in Bezug auf die Qualität in den letzten 25 Jahren viel erreicht. Die Exportzahlen sind in die Höhe geschossen, wenn auch in den letzten Jahren wieder ein leichter Rückgang bemerkbar wird. Interessant ist aber bei den Produktionszahlen, dass die Rebflächen trotz der beachtlich gestiegenen Mengen gar nicht gewachsen sind, sie sind laut VinPro mit etwas über 100.000 Hektar kaum verändert. Erklären lässt sich das damit, dass Rebsorten wie die Sultana, Colombard und Hanepoot, die nie zur Herstellung von Wein, sondern für Brandy, Industriealkohol oder die Rosinenproduktion verwendet wurden, durch internationale Rebsorten wie Chardonnay, Cabernet, Merlot, Sauvignon, Syrah bis Viognier ersetzt, das heißt, in geeigneten Lagen neu gepflanzt wurden.

Stellenbosch: Das Weingut Rustenberg in Stellenbosch mit seinem typischen kapholländischen Baustil steht hier stellvertretend für viele Weingüter in Südafrika.

Die Weinindustrie investierte viel in die Erforschung von Böden und Klima, um zu erfahren, wo welche Rebsorten am besten gepflanzt werden können.

Viele Weingüter und Organisationen engagieren sich für eine nachhaltige soziale Entwicklung sowie ethisches Wirtschaften und unterstützen das Black-Economic-Empowerment-Programm (BEE). Aus den ehemals benachteiligten Bevölkerungsschichten werden in der Weinbranche sowie im Weintourismus laut Berufsverband Wines of South Africa über 275.600 Menschen beschäftigt. In vielen Weinfarmen werden Kinderhorte und Schulen zur Förderung des Nachwuchses von Mitarbeitern unterhalten. Ebenso gibt es Beispiele dafür, die Mitarbeiter am Erfolgsergebnis der Weinfarmen zu beteiligen und Besitz an die Communitys zu übertragen. Die Kellerei Backsberg gilt mit ihrem Projekt Freedom Road als vorbildlich. Nachhaltiger Weinbau wird in Südafrika groß geschrieben. Hier wird schon seit einigen Jahren vorbildlich gearbeitet. Werden bestimmte Nachhaltigkeitskriterien des IPW eingehalten sowie die Prüfung des Wine and Spirit Board bestanden, bekommt jeder Wein ein kleines Etikett am Flaschenhals, das die Nachverfolgbarkeit bis zum Erzeuger, sogar bis zur Rebe garantiert. Die landschaftliche Naturschönheit Südafrikas ist zugleich mit der intakten Fauna und Flora ein Beweis dafür, dass das ökologische Gleichgewicht in Ordnung ist.

Als bekennender Südafrika-Fan erwarte ich jedes Jahr voller Neugier und Spannung den neuen Erntebericht. Trotz guter Kontakte und Informationsquellen – es bleibt immer spannend, denn auch hier kann Unvorhergesehenes dazwischenkommen. Die Trockenheit wegen Wassermangels in den Reservoirs ist nicht das einzige Problem, mit dem die Winzer am Kap bis zum letzten Tag vor der Ernte konfrontiert werden.

Der Bericht 2017 ist in Summe sehr zufriedenstellend. Laut aktuellen Aussagen der WOSA (Wines of South Africa) können sich die Weinfreunde auf hochwertige Qualitäten freuen. Der Weinbauverband VinPro teilte mit, dass die Erntemenge entgegen aller Erwartungen um rund 1,4 Prozent über der des Vorjahres 2016 lag. Dank der kühlen Nächte während der Wachstumsperiode und des Ausbleibens von gravierenden Hitzewellen während der Erntezeit wurden die ertragsmindernden Auswirkungen reduziert.

Ich höre förmlich ein Aufatmen unter engagierten jungen Menschen, den Neulingen in der Branche, die mit größter Risikobereitschaft in das harte Weingeschäft eingestiegen sind. Die Trauben für die wenigen Fässer Wein ihrer Miniproduktionen kaufen sie oft bei ihrem Arbeitgeber, wo sie als Winemaker arbeiten, oder bei Winzern, für die es sich aus unterschiedlichen Gründen nicht mehr lohnt, selbst zu keltern. Sie sind risikobereiter als die ältere Generation und testen auch mal unterschiedliche Methoden bei der Herstellung ihrer Weine – angefangen bei längeren Maischestandzeiten und Gärtechniken bis zu unterschiedlichen Ausbaustilen von Amphoren bis zum Betonei –, um am Ende beim Verschnitt kuriose Cuvées zu wagen.

Sogar die lang verschmähte weiße Rebsorte Chenin Blanc wird heute zu ganz großartigen Weinen verarbeitet. Die besten unter ihnen sind von uralten Rebstöcken, 100 Jahre plus, die oft weit verstreut in alten Weinbergen stehen, die bis vor kurzem keiner mehr haben wollte. Dank Rosa Kruger, die für mich Südafrikas Rebenflüsterin und ein Segen für die ganze Weinszene ist, wird den alten Rebstöcken in besten Parzellen Beachtung geschenkt. Sie kennt die Weinberge des Landes wie niemand sonst und ist als die beste Beraterin, die man sich wünschen kann, insbesondere jungen, talentierten Weinmachern großzügig behilflich. Ich hatte im Jahr 2016 das große Glück, sie zusammen mit Eben Sadie, einem ihrer zahlreichen befreundeten Winzer, zu treffen. Das war ein unvergesslicher Abend dank Lara Philipp von Wineconnection, dem Wineshop schlechthin aus Stellenbosch.

Besonderheiten und Gründe, die für die Qualität südafrikanischer Weine sprechen

- Chenin Blanc als Besonderheit in vielen Varianten
- Natur, Flora und Fauna sind im Gleichgewicht
- Mediterranes, gleichbleibendes Klima, trotz der teils langen Sommerzeit
- Eindeutiges Kontrollsystem und klare Vorgaben für die Sustainability im Weinberg
- Eigene Weinstilistik der Rebsorten Chenin Blanc und Pinotage
- Unvergleichlich würzige, reiche Weine, Besonderheiten eben aus dem Swartland

ANBAUGEBIETE UND REGIONEN

Die Ursprungsgebiete, die sogenannten Wine of Origin, wurden 1973 gesetzlich definiert und offiziell eingeführt. Die Regionen unterteilen sich in Distrikte und diese wiederum in Wards. Das bedeutet: Von der übergeordneten, großen Region geht es zum Distrikt bis zur Einzellage, dem Single Vineyard, der hier als Ward bezeichnet wird. Die Bestimmungen im Weinrecht sind den europäischen ähnlich. Eine Begrenzung der Höchsterträge besteht jedoch nicht.

Der bedeutendste Distrikt ist die Provinz Western Cape, die 80 Prozent der Rebfläche ausmacht. Dazu gehört die Coastal Region mit Constantia, Franschhoek, Paarl,

Stellenbosch: In der Rustenberg Winery ist Qualitätskontrolle bis zur letzten Beere angesagt. Gerebelte Trauben werden von Stielresten, Blättern und ähnlichem befreit.

Swartland, Stellenbosch, Darling, Tulbagh, Tygerberg und Wellington sowie Breede River Valley mit Breedekloof, Robertson und Worcester. Zur Region Cape South Coast zählen die Distrikte Overberg, Walker Bay, Bot River und Elgin.

COASTAL REGION

Constantia

In Constantia wurden von Jan van Riebeeck die ersten Reben (1655) eingeführt. 30 Jahre später pflanzte Simon van der Stel den Weinberg Constantia. Von hier stammt der weltberühmte Süßwein „Vin de Constance", der immer noch aus der Sorte Muscat d'Alexandrie produziert wird. In der kühlen False Bay werden überwiegend frische Sauvignon Blanc, Chardonnay und Chenin Blanc erzeugt. Cabernet und Merlot kommen meist als Cuvée auf die Flasche.

Stellenbosch: In Südafrika widmet man sich mit größtem Engagement der Herstellung von Premium-Weinen, Wine of Origin. Single Vineyards wie hier von Tokara Winery sind die kleinste Produktionseinheit mit maximal 6 Hektar.

Franschhoek

Wer zum ersten Mal nach Franschhoek kommt, fühlt sich im Handumdrehen wie Gott in Frankreich. Hier haben die französischen Hugenotten im 17. Jahrhundert das Land besiedelt und davon sind mehr oder weniger viel Brauchtum und Kultur geblieben. Selbst die besten Restaurants haben sich auf die Historie eingestellt. Der Rebsortenspiegel ist groß, hier bekommt man quasi alles, was in Südafrika angebaut wird. Den besten Sémillon habe ich bei Haasbroek auf My Wyn getrunken. Beste Cabernet Blends sind hier ebenfalls keine Rarität.

Paarl

In Paarl findet man nicht viel Wein, der besser ist als guter Durchschnitt. Aber es gab auch schon Top-Merlot aus dem kleinen Familienbetrieb Veenwouden am Rande der Stadt. Selbst der Weinkritiker René Gabriel schwärmte von diesem in höchsten Tönen. Die Koöperatieve Wijnbouwers Vereniging (KWV) hat hier bis zum Ende der Apartheid quasi die ganze Weinproduktion Südafrikas kontrolliert.

Swartland

Das Swartland ist wohl ohne Zweifel seit einigen Jahren die angesagteste Region im südafrikanischen Weinbau. Die Nähe zur Atlantikküste begünstigt das Klima. Die Region ist in der Regel aber heiß und trocken, weshalb die Weine hier immer sehr reich und stoffig sind. Dem ganz großen Weinmacher Eben Sadie von der gleichnamigen Winery, der hier alles gibt, was ein großer Wein braucht, sind viele vertrauensvoll gefolgt. Auch sie machen inzwischen ebenfalls klasse Weine und so hat sich die einst mausetote Region nach oben gekämpft. Hier wachsen, wenn auch unter harten Bedingungen und fast ohne Wasser, Südafrikas beste Chenin Blanc und rote Rhônesorten, als Monocépage oder als Blends ausgebaut. Und wer von Sparkling Wines noch nicht alles kennt: Hier gibt es einen aus alten Reben, da fiel selbst mir nichts mehr ein außer trinken (Siehe Seite 89–90).

Stellenbosch

Die Universitätsstadt Stellenbosch ist die Kaderschmiede für den größten Teil aller Winemaker oder Cellarmasters in Südafrika. Hier konzentrieren sich aber auch die meisten Weingüter. An den Hängen des Simonsberg und des Helderberg reifen die Trauben gleichmäßiger als in den Talsohlen. Man schmeckt diesen Touch mehr Frische bei den weißen und roten Weinen. Cabernet geprägte Blends haben mich hier immer wieder begeistert.

BREEDE RIVER VALLEY
Robertson, Worcester

Im Breede River wird hauptsächlich Brandy destilliert und in dieser Nachbarschaft, in Robertson, habe ich einen der besten Sauvignon Blanc aus ganz Südafrika kennen- und liebengelernt. Dazu stehe ich, wenn auch zwei Jahrgänge etwas geschwächelt haben. In dieser heißen Region wird auf teils sehr steinigen, unglaublich kargen Böden Sauvignon ganz nach französischem Stil gemacht. Jeanette und Abrie Bruwer produzieren hier seit über 20 Jahren Sauvignon Blanc at its best! Aber nicht nur das, Chardonnay „Wild yeast" und Cabernet Sauvignon „Méthode Ancienne" können ebenso begeistern. Die Family Vineyards Range der Newton Vineyard hat mich erst kürzlich sehr begeistert.

CAPE SOUTH COAST
Overberg, Walker Bay, Bot River, Elgin

Auf dem Weg nach Hermanus passiert man die Walker Bay. Viele Touristen kommen hier vorbei auf dem Weg zum Whale Watching. Die Region ist bekannt wegen ihrer idealen Bedingungen für die Burgunder-Stars Chardonnay und Pinot Noir. Sandstein und Schieferböden sowie das kühle Klima sind beste Voraussetzungen. Dementsprechend super schmecken auch die Weine. Bekannte Pioniere hier waren Bouchard Finlayson und Hamilton Russell, Newton Johnson folgte. In der kleinen Region Bot River, die schon als Ward eingestuft ist, habe ich eine exzellente Palette von Weißweinen wie Rotweinen bei Beaumont probiert. Der persönliche Stil von Sebastian konnte mich beeindrucken. Wenn man die Gelegenheit hat, von Chris und Suzaan Alheit einen Wein zu probieren, darf nicht gezögert werden. Sie zählen zu jener jungen Weingeneration, die Südafrika rund um den Globus wie einen Magneten wirken lassen. Ob Cartology oder Radio Lazarus, nur einmal genascht und man ist berührt. (Siehe auch Seite 91)

Entdeckungen

Klein Constantia, **Constantia**
· *Vin de Constance*

Boekenhoutskloof, **Franschhoek**
· *Cabernet Sauvignon*

My Wyn, **Franschhoek**
· *Semillon*
· *Petit Verdot*

Veenwouden, **Paarl**
· *Merlot*

A.A. Badenhorst, **Swartland**
· *White Blend*
· *Red blend*

Hogan, **Swartland**
· *Chenin Blanc*

Mullineux & Leen Family, **Swartland**
· *Schist Chenin Blanc*
· *Granite Syrah*

Ouwingerdreeks, The Sadie Family, **Swartland**
· *MEV. Kirsten, Chenin Blanc*
· *Soldaat, Grenache*

The Sadie Family Wines, **Swartland**
· *Palladius*
· *Columella*

De Toren, **Stellenbosch**
· *Fusion V*

Saltare, **Stellenbosch**
· *Saltare MCC Brut Nature*

Springfield Estate, **Robertson**
· *Sauvignon Blanc „Life from Stone"*
· *Cabernet Sauvignon „Methode Ancienne!"*

Newton Johnson, Hemel en Arde, **Hermanus**
· *Pinot Noir, „Family Vineyards"*

Australien

Australiens Weinwirtschaft hat sich wie alle Weinanbauländer der neuen Welt seit dem ersten Weinboom in den 1970er-Jahren sehr stark verändert. Die Rebflächen dehnten sich aus, es wurden auch in alle Himmelsrichtungen neue Flächen mit internationalen weißen und roten Rebsorten angepflanzt. Zudem entstanden zahlreiche neue Weinkellereien und man passte sich dem veränderten Trinkverhalten im eigenen Land ebenso an wie der enorm gesteigerten Nachfrage im Export. In dieser Zeit entwickelte sich die Weinindustrie in Down Under in einem ungeahnten Tempo vom Biermonopol dem Weingenuss entgegen. Der Begriff „Weinindustrie" ist meines Erachtens auch angebracht, denn die vielen Kellereien mit ihren gigantischen Hightechanlagen produzieren unermessliche Mengen Wein.

IN ZAHLEN
Rebfläche 2015: *132.400 ha*
Rebfläche 2000: *140.000 ha*
Produktion 2016: *13 Mio. hl*
Anteil Weiß: *36 %*
Anteil Rot: *64 %*
Wichtige Rebsorten weiß: *Chardonnay 16 %, Sauvignon Blanc 4 %, Sémillon 3 %, Riesling 2 %, u.a. Pinot Gris, Muscat d'Alexandrie*
Wichtige Rebsorten rot: *Syrah 29 %, Cabernet Sauvignon 18 %, Merlot 6 %, Pinot Noir 3 %, u.a. Grenache, Petit Verdot*
Exportanteil: *58 %*

ENTWICKLUNGEN IM AUSTRALISCHEN WEINBAU

Schon vor 30 Jahren rühmte man sich voller Stolz, die modernste und fortschrittlichste Weinnation der Welt zu sein. Natürlich verbesserte sich mit dem Einzug der Hightechanlagen die Qualität der Weine, auch dank des enormen Know-hows der Kellermeister, die ihre Kenntnisse bei den Besten in Europa erworben hatten. Der Handel kam ins Rollen, ein florierender Exportmarkt stellte sich ein. Auch wenn die Fruchtbomben vom Kaliber eines Joe Frazier bei Fans nach wie vor hoch im Kurs stehen, sollte nicht verschwiegen werden, dass das Image des australischen Weins geprägt wird von den vielen banalen, fehlerlosen, in Masse hergestellten und uniformierten Weinen. Dass denen zahlreiche authentische Qualitätsweine gegenüberstehen, ist wenig bekannt. Die winzigen Mengen der begnadeten Weinmacher aus den Garage Wineries bestätigen das Potenzial der australischen Weinberge und deren Vielfalt. In Deutschland wurden und werden auch heute nur wenige dieser Nischenprodukte von spezialisierten Händlern angeboten. Sicher ist aber, dass sie im Wesentlichen dazu beigetragen haben, dass australische Weine in der gehobenen sowie Sternegastronomie ihren Platz fanden.

Ich machte mich erstmals 2006 in Australien auf Reisen und besuchte neben Giganten wie Penfolds ausgewählte Garage Wineries in South Australia. Beeindruckt war ich von Premium-Weinbaubetrieben wie Clarendon Hills, Greenock Creek, Rockford, Noon, Gilligan, Wynns. Überrascht haben mich im hochentwickelten Weinbau Australiens die großen Flächen uralter Rebstöcke. Diese Weingüter waren alle schon auf dem steilen Weg des Erfolgs, die Preise auf dem Weltmarkt hatten sich in wenigen Jahren verdoppelt und verdreifacht. Bedauerlich ist dabei, dass viele dieser Ikonen, auch die neuen Weine der Nachwuchswinzer, gar nicht mehr bei uns im Handel landen.

Nachhaltiger, organischer und biologischer Weinbau ist in Australien kein Fremdwort. Schon vor 30 bis 40 Jahren gab es hier Pioniere wie die Mount Horrocks und Grosset im Clare Valley, die 100 Prozent organischen Weinbau betrieben. Beachtlich sind auch die Überlegungen der

Eden Valley: In Keyneton ist Australiens begehrteste Weinlage Hill of Grace im Besitz von Susan und Steve Henschke.

Großbetriebe, wie mit dem Klimawandel umgegangen werden kann. Man kauft heute schon auf der kühlen Insel Tasmanien Land, pflanzt Reben und verarbeitet deren Moste im heimischen Keller. Eine in Europa unvorstellbare Praxis, obwohl eine Qualitätsminderung nicht nachgewiesen ist. Eine weitere Antwort auf den Klimawandel sind Neuanpflanzungen in den teils vorhandenen Hügellagen, ebenso wie die Ergänzung der Rebsorten-Palette mit neuen Sorten wie von Nero D'Avola bis Vermentino, denen die Hitze weniger zusetzt.

Besonderheiten und Gründe, die für die Qualität australischer Weine sprechen

- Keine Herkunftsbezeichnungen wie in Europa, welche die Qualität definieren
- Anbauregion und Qualität sind quasi voneinander unabhängig zu betrachten
- Die Weine werden nicht nach Lagen (Terroir), sondern nach Rebsorten benannt.
- Trauben werden aus weit voneinander entfernten Distrikten miteinander verschnitten. Es entstehen die sogenannten Multi-District-Blends
- Sehr viele 100 bis 150 Jahre alte Rebstöcke mit dem Potenzial für vielschichtige, intensive, extraktreiche Rotweine mit großer Klasse
- Fruchtbeladene, gereifte, weiche Rotweine mit großem Trinkfluss
- Elegante, leichtere und konstante Qualitäten aus den Cool Climate Areas

ANBAUGEBIETE UND REGIONEN

Die Weinlandschaft ist in sieben Bundesstaaten/Regionen aufgeteilt: Westaustralien, Südaustralien, New South Wales, Victoria und Tasmanien, Queensland, Northern Territory. Die bedeutendste Region mit ihren Valleys ist Südaustralien. Der Bundesstaat ist mit der Hauptstadt Adelaide und den Anbaugebieten nicht nur die wichtigste Region, sondern auch größter Lieferant aller in Australien produzierter Weine, vom einfachen Tafel- bis zum hochprämierten Icon-Wein. Die Hauptregion ist das Barossa Valley nordöstlich von Adelaide mit einem sehr trockenen und heißen Klima. Nicht unbedeutende Regionen sind Coonawarra und die hügelige Zone des Eden Valley nordöstlich, das neben dem Clare Valley für die besten Rieslinge im Lande bekannt ist. Adelaide Hills ist mit seinem relativ kühlen Klima eines der erfolgreichen Anbaugebiete.

Barossa Valley

In der renommierten Region Barossa ließen sich schon in den 1850er-Jahren deutsche Siedler nieder. Es gibt zahlreiche Kellereien aller Größen, ihr berühmtester Vertreter ist die Firma Penfolds. Das Tal liefert die gehaltvollsten Rotweine, hier stehen auch mit die ältesten Reben des Kontinents. Dazu gehört zum Beispiel Shiraz, wie man die Syrahtraube hier auch nennt, im Methusalem-Alter bis zu 150 Jahren und das in einer ungewöhnlichen Dichte.

Clare Valley

Das Clare Valley ist mit seinen Hügeln, Bächen und alten Steinhäusern landschaftlich besonders reizvoll. Es rühmt sich nebenbei eines der ältesten Weingebiete mit kühleren Temperaturen für australische Verhältnisse zu sein. Neben Riesling wird auch Sauvignon Blanc, Malbec und Shiraz angebaut.

Coonawarra

Coonawarra ist eine Region, die durch die Erde, in der die Weinreben angepflanzt sind, stark geprägt ist. Terra-Rossa-Boden ist der Schlüsselfaktor im Terroir Coonawarra. Die rötliche Farbe des Bodens wird durch Eisenoxid-(Rost-)Formationen im Ton verursacht. Die Reben profitieren von einer guten Entwässerung und Nährstoffaufnahmefähigkeit dieses Bodens.
Die Nähe zum südlichen Ozean gibt ihm ein mildes, maritimes Klima, die Abkühlung der Reben ist entscheidend für den Reichtum und die Komplexität der Weine, da sie die Reifezeit verlängert und zu einer breiten Palette von Geschmacksentwicklungen führt.

McLaren Vale

McLaren Vale ist knapp 35 Kilometer von Adelaide entfernt und als Rotweinparadies geschätzt. Cabernet Sauvignon, Shiraz, Grenache und Merlot sind hier die Stars. Bedeutende Weingüter, die hervorragende Rotweine sowie mächtige Großkaliber dennoch mit einer frischen Frucht herstellen, sind hier angesiedelt.

Victoria

Von hier kommen dank der Cool-Climate-Situation die feinsten Pinot Noir und Schaumweine des Kontinents. Kleinste Familienbetriebe bis hin zu gigantischen Anwesen sind in dieser betagten Weinregion ansässig.

Meine Empfehlungen

Greenock Creek, **Barossa Valley**
· *Cabernet Sauvignon Roennfeldt Road*
· *Shiraz, Seven Acre*

Henschke, **Barossa Valley**
· *Shiraz „Hill of Grace"*
· *Shiraz „Mount Edelstone"*

Kalleske, **Barossa Valley**
· *Moppa, Shiraz*

Penfolds, **Barossa Valley**
· *Grange Bin 95 Shiraz, South Australia*
· *Bin 407 Cabernet Sauvignon*

Rockford, **Barossa Valley**
· *Basket Press, Shiraz*

Torbreck, **Barossa Valley**
· *Torbreck the Factor, Shiraz*

Grosset Wine, **Clare Valley**
· *Riesling, Polish Hill*
· *Pinot Noir*

Jim Barry, **Clare Valley**
· *The Armagh, Shiraz*

Mount Horrocks, **Clare Valley**
· *Riesling, Cordon Cut*
· *Horrocks, Nero d'Avola*

Wynns, **Coonawarra**
· *Cabernet Sauvignon, John Riddoch*

Dowie Doole, **McLaren Vale**
· *Shiraz Reserve*

Clarendon Hills, **McLaren Vale**
· *Grenache, Blewitt Springs*
· *Astralis Syrah*

Noon, **McLaren Vale**
· *Eclipse, Grenache Noir & Shiraz*
· *Cabernet Sauvignon „Reserve"*

Hoddles Creek, Yarra Valley, **Victoria**
· *1er Pinot Noir*

Argentinien

Wenn es um natürliche Bedingungen geht, ist Argentinien ein gesegnetes Land. Das besondere Geheimnis sind seine Höhenlagen, die in der Region Salta bis zu 3000 Meter über dem Meeresspiegel liegen. Die mit Abstand besten Weinregionen und Lagen befinden sich allerdings im Süden, auf einer Höhe von über 1000 Metern. Im südlichen Umkreis der Stadt Mendoza und ihrer gleichnamigen Region sind die Weinberge begehrt und werden sehr hoch bewertet. Neben internationalen Investoren interessieren sich hauptsächlich die großen Weingüter der chilenischen Nachbarschaft, die hier Schlange stehen, um die wertvollen Weinberge zu ergattern. Der Weinbau scheint trotz anhaltender Wirtschaftskrise einer zeitweisen Inflationsrate von 50 Prozent und politischer Umstände eigenen Regeln zu folgen, denn die gesamte Weinwirtschaft ist konstant auf Erfolgskurs.

IN ZAHLEN
Rebfläche 2016: *206.410 ha*
Rebfläche 2000: *198.000 ha*
Produktion 2016: *9,4 Mio. hl*
Anteil Weiß: *23 %*
Anteil Rot: *77 %*
Wichtige Rebsorten weiß: *Pedro Gimenez 5 %, Torrontés 4 %, Chardonnay 3 %*
Wichtige Rebsorten rot: *Malbec 20 %, Cereza 14 %, Bonarda 9 %, Cabernet Sauvignon 7 %, Criolla 8 %, Syrah 6 %*
Spezialität Weiß: *Torrontés*
Spezialität Rot: *Malbec*
Exportanteil: *28 %*

ENTWICKLUNGEN IM ARGENTINISCHEN WEINBAU

Wesentliche Aspekte für die positive Entwicklung des Wirtschaftsfaktors Weinbau in Argentinien sind nicht nur das einzigartige Terroir mit seiner Vielfalt der Böden aus Kies, Ton, Kalk und Sand, sondern auch die Summe aller Gegebenheiten im Weinanbau. Das nahezu einmalige, perfekte Klima mit seiner geringen Luftfeuchtigkeit von etwa 35 Prozent ist ein weiterer Baustein, denn es lässt keine Pilzkrankheiten zu. Der Einfluss des Menschen bleibt trotz aller natürlichen Vorteile der wohl bedeutendste Faktor. Die neue Generation ist auch hier inzwischen in der Poleposition und bringt Erlerntes von Auslandsreisen in die Betriebe ein. Da werden die Erträge im Weinberg reduziert, die Termine für die Traubenlesen viel früher gelegt oder der Einsatz von neuem Holz reduziert. Die großen Temperaturunterschiede in den höheren Lagen wurden als Vorteile erkannt, weshalb die freien Flächen dort inzwischen auch bepflanzt sind. In den Kellern werden mehr Cuvées, sogenannte Rebsortenblends hergestellt und selbst die Produktion prickelnder Produkte, also Schaumweine, hat Fahrt aufgenommen.

Argentiniens Weinbau zieht sich auf einer Länge von etwa 700 Kilometern bis in den Süden zur Provinz Chubut. Zu über 70 Prozent stehen die Weinberge im Schutz der Anden, die wie drüben im Nachbarland Chile mit ihrem natürlichen Schmelzwasser für die Bewässerung der Reben von großer Bedeutung sind. In den letzten drei Jahrzehnten haben auch einige führende Produzenten zum Fortschritt der Weinwirtschaft beigetragen. Ihren erheblichen Investitionen in wissenschaftliche Forschungsprojekte ist es zu verdanken, dass die Böden analysiert und allerbeste Lagen gefunden wurden. Bei Neuanlagen von Weinbergen wurden aufwendige Pflanzkonzepte und Bewässerungssysteme mit eingebracht, Klon- und Rebkulturen den Böden angepasst. Diese Maßnahmen machen heute möglich, dass auch in Argentinien sensationelle Weine aus selektierten Ein-

Argentinien: Mehr als zwei Drittel der Weinberge liegen im Schutz der Anden, die mit ihrem natürlichen Schmelzwasser zusätzlich für die Bewässerung der Reben von großer Bedeutung sind.

zellagen produziert werden können. Sie erlauben den Erzeugern einen persönlichen Stil im An- und Ausbau, mit dem sich insbesondere kleinere Weinbaubetriebe identifizieren und auf dem Markt durchsetzen können. Beispielhafte Bodegas, die für diese Entwicklungen stehen, sind: Achaval-Ferrer, Chacra und Weinert. Achaval-Ferrer erzeugt in den besten Lagen mit den sehr alten Malbec-Reben die besten Weine Argentiniens, bis zu 100 Prozent im neuen Eichenfass gereift. In entgegengesetzter Stilrichtung mit weniger Eichennoten, fein, delikat, mit präziser Finesse präsentieren sich die Pinot Noir von Piero Incisa Rocchetta vom Weingut Chacra in Patagonien. Aus einem stillgelegten Weinberg, 1932 angepflanzt und 2004 wiederbelebt, produziert Piero Pinot vom Allerfeinsten. Ganz traditionell ausgebaute Malbec, häufig jahrelang in großen, gepflegten und betagten Holzfässern gelagert, gelingen dem Schweizer Hubert Weber in der Bodega Weinert in Mendoza. Es sind beeindruckende Klassiker der alten Schule, die in Bestform erst nach 15 Jahren Reife im Holzfass abgefüllt wurden, wie etwa der 1994er Estrella. Der legendäre 1977er Estrella scheut keinen Vergleich mit Château Latour und Co. aus Bordeaux.

Die wichtigsten weißen Rebsorten Pedro Gimenez und Torrontés werden ergänzt von Chenin Blanc, Viognier und Sémillon. Die Torrontés ist eine autochthone Rebsorte, die nur hier in Argentinien, vor allem in hochgelegenen Lagen, angebaut wird. Ursprünglich stammt die duftige Muskateller-ähnliche Sorte aus Galicien.

Der rote Malbec, der vom Südwesten Frankreichs nach Argentinien kam, ist mit 20 Prozent der Rebfläche inzwischen der Star im Land. Mit ihm hat Argentinien auch international viele positive Bewertungen geerntet. Bonarda hat noch eine große Fläche, die aber abnimmt. Die hellroten Criolla und Cereza, aus denen massenweise einfachste Tafelweine entstehen, verlieren zum Glück an Boden. Der einstige Weinboom, der bis vor kurzem vom Eigenkonsum geprägt war, hat sich auf ca. 35 Liter pro Kopfverbrauch im Jahr halbiert.

Besonderheiten und Gründe, die für die Qualität argentinischer Weine sprechen

- Natürliche Höhenlage der Weinberge mit großer Terroir-Vielfalt
- Kontinentales Steppenklima
- Extrem trockene Luft, geringe Luftfeuchtigkeit
- Wurzelechte, ungepfropfte Weinreben, die reblausresistent sind
- Große Temperaturunterschiede bei Tag und Nacht
- Reines Schmelzwasser der Anden zur Bewässerung der Rebflächen

ANBAUGEBIETE UND REGIONEN

Argentinien hat kein geregeltes Kontrollsystem für die Weinberge und die Mengen in der Produktion werden individuell geregelt. Die Weinlandschaft ist in drei Subregionen eingeteilt: Norte, Nuevo Cuyo und Patagonien. Diese wiederum gliedern sich von Nord nach Süd in folgende bedeutende Regionen und Provinzen:

NORTE

Catamarca

Im Nordwesten am Fuße der Anden liegt das Anbaugebiet Catamarca mit der riesigen Tafeltrauben- und Rosinenproduktion. Weinbau gibt es erst seit kurzem. Rebsorten: hauptsächlich Torrontés, Chardonnay, Malbec, Syrah.

Salta

Ganz im Nordenwesten Argentiniens befindet sich die gebirgige Region Salta nahe der Grenze zu Bolivien und

Paraguay. Innerhalb der Salta gibt es noch die bedeutenden Regionen Cafayate, auf 1700 bis 2800 Höhenmetern, und Calchaquíes. Ohne zusätzliche Bewässerung wäre Weinbau unmöglich. Rebsorten: Torrontés, Chardonnay, Cabernet, Syrah, Tempranillo.

Tucumán

Die Reben wachsen auf sensationellen 1800 bis 3000 Höhenmetern im Calchaquí-Tal, das neben den Provinzen Catamarca und Salta mit die höchsten Weinberge der Welt besitzt. Rebsorten: hauptsächlich Torrontés, Malbec, Cabernet.

NUEVO CUYO

La Rioja

Die Stadt Rioja hat ihren Namen von dem spanischen Anbaugebiet für ihre Weinregion übernommen. An Rebsorten sind über 50 Prozent Torrontés und etwas Syrah angebaut.

San Juan

Die zweitgrößte Weinbauregion liegt 150 Kilometer nordöstlich von Mendoza. Die Temperaturen sind hier steppenähnlich, sprich heiß und trocken, weshalb der Weinbau nur mit künstlicher Bewässerung möglich ist. Wichtigste Rebsorten: Cereza, Chardonnay, Torrontés, Sauvignon Blanc, Viognier, rote Sorten aus Bordeaux.

Mendoza

Etwa 75.000 Hektar Rebland konzentrieren sich um die gleichnamige Stadt. Die größte Region erstreckt sich auf ca. 300 Kilometern Länge. 70 Prozent der gesamten Weinproduktion des Landes, darunter teils exzellente Qualitäten aller Preissegmente, kommen von hier. In Lagen bis zu 1200 Höhenmetern werden weiß wie rot alle gängigen Rebsorten angebaut. Bedeutend sind Malbec und Cabernet Sauvignon.

PATAGONIEN

Rio Negro

Hier auf dem 39. Breitengrad wird erst seit knapp 30 Jahren Weinbau betrieben. Die bedeutenden Flüsse Limay, Rio Negro und Neuquén dienen seit Ende der 1990er-Jahre mit ihren bedeutenden Massen von Schmelzwasser zur regelmäßigen Bewässerung von Weinbergen nahe der Ufer. Mit 300 Höhenmetern ist das noch junge Weinbaugebiet zugleich auch das niedrigste des Landes. Rebsorten: Pinot Noir, Chardonnay, Riesling, Sauvignon Blanc. Grundweine für Schaumweinproduktion.

Meine Empfehlungen

Bodegas Etchart, Cafayate, **Norte**
· *Arnaldo B, Malbec*
· *Tannat*

El Porvenir, Salta, Cafayate, **Norte**
· *Finca El Retiro*
· *Torrontés*

Achaval-Ferrer, Luján de Cuyo, Mendoza, **Nuevo Cuyo**
· *Altamira Malbec*
· *Finca Mirador Malbec*

Alena, Luján de Cuyo, Mendoza, **Nuevo Cuyo**
· *Chardonnay El Enemigo*
· *Gran Enemigo Agrelo*

Bodega y Cavas de Weinert, Luján de Cuyo, Mendoza, **Nuevo Cuyo**
· *Estrella Malbec*
· *Estrella Cabernet Sauvignon*

Catena Zapata, Luján de Cuyo, Mendoza, **Nuevo Cuyo**
· *Chardonnay Adrianna White Bones*
· *Nicolás Catena*

Gougenheim, Tupungato, Valle de Uco, Mendoza, **Nuevo Cuyo**
· *Torrontés „Momentos del Valle“*
· *Valle Escondido Malbec, Reserva*

Luigi Bosca, Luján de Cuyo, Mendoza, **Nuevo Cuyo**
· *Pinot Noir Reserva*
· *Luigi Bosca Gala 3 (Blanc)*

O. Fournier, La Consulta, Mendoza, **Nuevo Cuyo**
· *Alfa Crux*
· *Urban Uco Torrontés*

Viña Alicia, Luján de Cuyo, Mendoza, **Nuevo Cuyo**
· *Viña Alicia Malbec*
· *Viña Alicia Brote Negro*

Chacra Winery, Rio Negro, **Patagonien**
· *Pinot Noir Cincuenta y Cinco*
· *Pinot Noir Treinta y Dos*
· *Pinot Noir Barda*

Chile

Die Weinanbaugebiete in Chile erstrecken sich auf einer Distanz von 180 Kilometern in der Breite (von den Bergen bis zum Meer) und 1000 Kilometern in der Länge (vom nördlichen Limarí, Chopa über Aconcagua, Casablanca in Richtung Santiago de Chile). Hier wächst der Löwenanteil der Trauben, auch für die Destillation des Piscos. Das Valle Central zieht sich mit bedeutenden Regionen wie Maipo, Rapel, Curicó, Maule bis zum südlichen Bío Bío. Großflächig sind neue Rebflächen mit Trauben angepflanzt worden, die vinifiziert werden. Tafeltrauben wie País, welche für die Alkoholproduktion vorgesehen sind, fanden hier keine Verwendung. In Chile gibt es keine Bestimmungen, die eine weitere Anpflanzung von Reben beziehungsweise deren Höchsterträge regulieren oder gar einschränken würden. Das Exportgeschäft mit den USA, China, Japan und Brasilien blüht – weshalb sollte man da nicht expandieren?

IN ZAHLEN
Rebfläche 2015: *142.000 ha*
Rebfläche 2000: *104.000 ha*
Produktion 2016: *10,1 Mill. hl*
Anteil Weiß: *26 %*
Anteil Rot: *74 %*
Wichtige Rebsorten weiß: *Sauvignon Blanc 12 %, Chardonnay 8,2 %, Chenin Blanc, Viognier, Moscatel u.a.*
Wichtige Rebsorten rot: *Cabernet Sauvignon 31 %, Merlot 8 % Syrah 6 %, Malbec 4 %, Pinot Noir 3 %*
Spezialität Rot: *Carménère 9 %*
Exportanteil: *90 %*

ENTWICKLUNGEN IM CHILENISCHEN WEINBAU

Chile blickt auf die älteste Weingeschichte der südlichen Erdhalbkugel zurück, die zugleich wechselvoll und sehr erfolgreich war, bis sie Anfang der 1980er-Jahre nach politischen Dramen, inklusive Enteignungen, quasi in einem wirtschaftlichen Desaster endete. Der Neubeginn ließ allerdings nur wenige Jahre auf sich warten und so begann in Chile, wesentlich früher als in Argentinien, mithilfe zahlreicher Investoren aus Frankreich und den USA Anfang der 1990er-Jahre ein Boom in der Weinwirtschaft, der alles Dagewesene in den Schatten stellte.
Chile hat mit dieser Entwicklung im letzten Jahrzehnt einen beachtlichen Standard erreicht und zählt mit einigen technisch perfekt ausgestatteten Vorzeige-Bodegas zu den modernsten Weinbauländern der Welt. In Riesenschritten hat eine permanente Entwicklung stattgefunden, die in erster Linie möglich war, weil durch gewaltige Rodungen Tausende Hektar Rebfläche neu dazugekommen sind. Die Weinerzeugung selbst war dank geringverdienender Arbeitskräfte ein attraktiver Faktor bei Neuinvestitionen, der zu einem Branchenboom von gigantischem Ausmaß führte.
Bis heute sind die hochtechnisierten Großkellereien die treibenden Motoren der Weinwirtschaft Chiles auf den internationalen Märkten. Die gewaltigen Mengen der Basisproduktionen werden mit Super-Premiumweinen, in erster Linie aus Cabernet-Sauvignon-Blends ergänzt, die ohne Scheu in Blindverkostungen in den Nahkampf mit internationalen Spitzenweinen geschickt werden. Ein Wettbewerb endete bisher fast immer positiv für Chile und die Ergebnisse, wenn auch hochbetagt, werden auch heute noch voller Stolz der Öffentlichkeit präsentiert. Dabei gibt es ausgezeichnete Rotweine, welche diesen Vergleich überhaupt nicht nötig haben.
Viña Errázuriz, Viñedo Chadwick, Lapostolle waren die ersten bekannten Weingüter mit Topweinen, deren Erfolg mir nach einer mehrwöchigen Tour durch die Weingüter mehr als bestätigt wurden.

Colchagua Valle: Die tiefen, komplexen Rotweine aus dem Single Vineyard Clos Apalta werden in homöopathischen Mengen aus den teils uralten Reben erzeugt. Sie zählen zu den Top Ten des Landes.

An Technik und Kellersuperlativen fehlt es nicht. Bestrebungen, wie nach dem Château-Prinzip in Bordeaux Premium- und Iconweine zu produzieren, stehen auf der Agenda jedes erfolgreichen Kellermeisters. Ein Joint Venture der größten Bodega Chiles, Concha y Toro, und Baron Philippe de Rothschild aus Bordeaux sei hier als vorbildliches Beispiel genannt. Das Weingut Almaviva ist technisch nach allen Regeln der Kunst ausgestattet, eine Premier-Grand-Cru-Bodega in Chile. Hier wird ein brillanter Rotwein erzeugt, der Jahr für Jahr höchstens um Nuancen individueller gemacht werden könnte. Bei Aurelio Montes konnte ich im wesentlich größeren Betrieb gleiche Ergebnisse probieren. Diese Bodega hat mich mit ihren Qualitäten damals schon überzeugt, dabei sind die Weine heute besser denn je. Chile at its best, Mengen hin, Mengen her.

Chiles Weinberge erstrecken sich auf ihrer Längsachse im Norden vom 30. bis fast zum 40. Breitengrad im Süden. Die kühle Meeresluft des Pazifischen Ozeans im Westen, die hohen Temperaturen in der Mitte und die gegenüberliegende bis zu 7000 Meter hohe Andenkette bringen in Summe für die Reben ein warmes, mediterranes Klima. Die großen Temperaturunterschiede von Tag und Nacht sind für ein langsames Wachstum der Trauben ideal.

Geologisch ist das Land von großer Vielfalt geprägt. Die wichtigsten Böden sind Kalkstein, Granit, Schiefer, vulkanischer Tuff, Lehm und Sand. Der größte Anteil der Rebflächen sind riesige, flache Weinfelder, die alle maschinell bearbeitet werden. Für die höheren Qualitätsstufen bis zur Spitzenklasse werden allerdings immer mehr die bergigen Höhenlagen bevorzugt. Ohne künstliche Bewässerung ist so gut wie kein Weinbau möglich, weshalb man modernste Bewässerungssysteme einsetzt, die zum großen Teil mit Schmelzwasser von den Anden versorgt werden. Der Klimawandel hinterlässt aber auch hier seine Spuren.

Gründe für die Qualität chilenischer Weine

- In den alten Weinbergen stehen noch viele wurzelechte, unveredelte Rebstöcke, meistens rote Sorten, die authentische Qualität und ebensolchen Geschmack der Trauben garantieren. In Chile sind wie in Argentinien noch relativ viele solcher Rebflächen zu finden, da die Reblaus hier bis heute noch nicht als Schädling aufgetreten ist
- Weinberge liegen in den Anden auf Höhen bis 2050 Meter
- Mediterranes, ausgewogenes Klima, trocken und warm durch den Einfluss des Pazifiks und Humboldtstroms vor der Küste
- Große Temperaturunterschiede bei Tag und Nacht
- Stete Wasserzufuhr durch das kanalisierte Bewässerungssystem mit mineralreichem Schmelzwasser der Anden
- Biologischer Weinbau ist in diesen Höhen teils von Natur aus gegeben, daher sind Maßnahmen zum Pflanzenschutz selten. Dennoch wird viel Öko- und Bio-Weinbau praktiziert. Kaum Rebkrankheiten
- Große Terroirvielfalt, die vom Norden bis nach Patagonien im Süden reicht

ANBAUGEBIETE UND REGIONEN

Chile hat erst seit 1985 ein Weingesetz – ein eigenes geregeltes Kontrollsystem für die Weinberge, das jenem in Frankreich ähnelt. Über 20 Rebsorten sind erlaubt, davon müssen 85 Prozent der genannten Sorte im Wein enthalten sein. Eine Mengenbegrenzung pro Hektar gibt es nicht, Chaptalisation ist nicht erlaubt.

Die vier festgelegten Subzonen Región de Coquimbo, Valle de Aconcagua, Valle Central und Valle Sur sind nochmals in verschiedene Valle eingeteilt. Bedeutende Regionen und Provinzen von Nord nach Süd sind:

Región Coquimbo

Coquimbo liegt in der nördlichsten Region auf dem 30. Breitengrad. Das Weinbaugebiet ist noch in seinen Anfängen, liefert aber mit den Höhenlagen bis zu 2000 Meter beeindruckende Weine der roten Bordeaux-Sorten und Syrah aus den Zonen Elqui, Limarí und Choapa. Die Weißweine aus Limarí sind trotz Nähe zur Atacamawüste erstaunlich frisch.

Aconcagua: Die Einzellage „Don Maximiano" von Viña Errázuris war Chiles Iconwein, lange bevor die Stars von heute die Bühne betraten.

Valle de Aconcagua

Valle de Aconcagua hat seinen Namen vom höchsten Berg der Anden (6962 m). Während es im Osten hauptsächlich Bordeaux-Rebsorten gibt, gewinnt seit neuestem die westliche Küste an Bedeutung. Hier entdeckte man neues Terrain mit Terroirs aus Schiefer und Sandkalkstein, ideal für Pinot Noir und Chardonnay. Die Toprotweine des Landes kommen von hier.

Valle de Casablanca

Die noch junge Küstenregion erinnert mit ihrem kühlen Klima an das kalifornische Carneros. Von hier, zwischen Santiago und Valparaíso, kommen derzeit Chiles beste Weißweine. Zu den Erzeugnissen zählen exzellente Chardonnay, Sauvignon Blanc sowie feine Pinot Noir.

VALLE CENTRAL

Valle del Maipo

Das Maipotal ist vielleicht das bekannteste, in jedem Fall aber das älteste Anbaugebiet Chiles. Viele der ältesten Weingüter sind hier angesiedelt. Im östlichen Teil werden viele Icon Cabernet Sauvignon produziert, dazu kommen Sauvignon Blanc und Sémillon. Heiße Sommertage und kalte Nächte schaffen Weine mit ausgewogener Frische, eleganten Tanninen und viel Reifepotenzial.

Valle de Rapel

Im kühlen San Antonio-Leyda, unweit vom Meer entfernt, werden inzwischen feine, brillante Weine erzeugt, insbesondere aus Chardonnay und Pinot Noir.

Das Colchagua Valle hat in der chilenischen Weinszene dank zahlreicher internationaler Investoren den Ruf als wichtigste Anbauzone für Rotweine erhalten. Es liegt zwischen den Küstenkordilleren und den Anden. Die sandigen Böden sind schlechte Wasserspeicher, dazu kommt das heiße Klima. Cachapoal ist eineinhalb Autostunden von Santiago entfernt. Knapp ein Dutzend der besten Weinkeller des Landes sind hier angesiedelt. Viele Bodegas haben ihre Weinreben in den Bergen angepflanzt, weil es dort bedeutend kühler ist als im Flachland. Sémillon, Chardonnay und Cabernet Sauvignon ist hier erfolgreich, während Carménère in den wärmeren, unteren Lagen gedeiht. Als rote Rebsorten haben hier Cabernet, Merlot und Pinot Noir ihren Platz.

Valle de Curicó

Das größte und kühlste Anbaugebiet Chiles liegt 150 Kilometer südlich von Santiago und zeichnet sich durch sehr alte Carignan-Weinberge mit sehr guten Qualitäten aus. Merlot und Cabernet sind hier etwas leichter. Das sehr trockene Klima nahe der Küste bereitet im Weinbau erhebliche Probleme.

Valle del Maule

Das Valle Central endet in seinem südlichsten Teil mit den riesigen Anbauflächen des Valle del Maule. Großflächig ist die Sorte País gepflanzt, sie wird für die Pisco-Produktion verwendet. Die Weine sind den niedrigen Temperaturen geschuldet etwas leichter.

VALLE DEL SUR

Valle del Itata, Valle del Bío Bío und Valle del Malleco

Die südlichsten und größten Rebflächen glänzen mit den kühlsten und feuchtesten Temperaturen, allerdings nicht nur zum Segen der Reben. Die gleichmäßige Hügellandschaft nennt man auch die Toskana Chiles. Alte Buschreben der Sorten Muscat, Cinsault und die anspruchslose País stehen noch im Anbau. Aufgrund der vielen Niederschläge ist in dieser Region keine künstliche Bewässerung nötig. Außerdem gibt es relativ viel Bioweinbau.

Meine Empfehlungen

Viña Errázuriz, **Valle de Aconcagua**
· *Don Maximiano Founder's Reserve*

Garcia + Schwaderer, **Valle de Aconcagua**
· *Pinot Noir*
· *Syrah Sofia*
· *Valle de Casablanca Sofia*

Ritual, **Valle de Aconcagua**
· *Chardonnay „Supertuga"*
· *Pinot Noir „Monster"*

Merino, Valle de Limarí, **Región Coquimbo**
· *Chardonnay Limestone Hill*
· *Merino Syrah*

Almaviva, Valle del Maipo, **Valle Central**
· *Almaviva, Puente Alto*

Concha y Toro, Puente Alto, Valle del Maipo, **Valle Central**
· *Puente Alto*
· *Don Melchor*

Viña Aquitania, Valle del Maipo, **Valle Central**
· *Chardonnay Sol de Sol*
· *Valle Malleco*
· *Traiquén*

Amayna, Valle de Leyda, Valle del Maipo, **Valle Central**
· *Pinot Noir*
· *Syrah*

Boya, Valle de Leyda, **Valle Central**
· *Sauvignon Blanc*
· *Pinot Noir*

J. Bouchon, Valle del Maule, **Valle Central**
· *Carménère Reserva Especial*
· *Mingre Premium*

Lapostolle, Valle de Colchagua, **Valle Central**
· *Clos Apalta (Carménère, Cabernet Sauvignon, Merlot, Petit Verdot)*

Leyda, Valle de Leyda, **Valle Central**
· *Chardonnay Lot 5*

Montes, Valle de Colchagua, **Valle Central**
· *Alpha M (Cabernet Sauvignon, Merlot)*
· *Purple Angel (Carménère)*

Odfjell, Valle del Maule, **Valle Central**
· *Orzada, Carménère*

Polkura, Valle de Colchagua, **Valle Central**
· *Cabernet Sauvignon, Valle de Colchagua*
· *Syrah „Marchigue"*

Clos des Fous, Aconcagua, **Valle del Sur**
· *Pinot Noir*
· *Latuffa*
· *Traiguén*

USA

Eine Geschichte für sich ist der erfolgreiche Weinbau der letzten Jahrzehnte in den USA. Obwohl seit ein paar Hundert Jahren Weinbau in den Staaten nachgewiesen ist, war er lange kein Thema und schon gar nicht gesellschaftsfähig. Den ersten und zugleich überraschendsten Erfolg verdanken die Amerikaner Steven Spurrier, einem britischen Weinkritiker. Er ließ bei einem Blindtasting 1976, jenem berühmten Judgement von Paris, einige der besten kalifornischen Cabernet Blends und Chardonnay gegen die größten französischen Gewächse antreten. Die Kalifornier siegten, erschütterten einem Erdbeben gleich die französische Jury und Weinwelt. Drei Jahre später wurde die Probe wiederholt und endete mit ziemlich gleichem Ergebnis. Damit wurden zum 30-jährigen Jubiläum endgültig all jene Lügen gestraft, die an der Alterungsfähigkeit der kalifornischen Weine zweifelten. Der eindeutige amerikanische Sieg unter den Giganten wurde natürlich verfilmt, die heitere Komödie trägt den Titel „Bottle Shock".

Im Golden State wurde gefeiert und reagiert, denn das Tasting bewies nicht mehr und nicht weniger, als dass auch in den USA große Weine produziert werden können. Das Klima ist bestens dafür geeignet und die Böden sind es auch. Ein interessantes Phänomen war der anfängliche Widerstand in der amerikanischen Gesellschaft, die sich eher mit Spirituosen anfreunden konnte und Wein lange nicht für hoffähig hielt. Heute ist er längst ein wesentlicher Bestandteil in genussaffinen Kreisen und gehört zum guten Ton. Es werden große Charities mit Wein veranstaltet, bei Versteigerungen Unsummen an Dollars investiert – Wein ist in den USA von heute auch ein Investment.

IN ZAHLEN
Rebfläche 2015: *235.000 ha*
Rebfläche 2000: *176.000 ha*
Produktion 2016: *24 Mio. hl*
Anteil Weiß: *39 %*
Anteil Rot: *61 %*
Wichtige Rebsorten weiß: *Chardonnay 18 %, Sauvignon Blanc 3 %, Grauburgunder 4 %, Riesling 2 %*
Wichtige Rebsorten rot: *Cabernet Sauvignon 18 %, Pinot Noir 11 %, Merlot 9 %, Zinfandel 8 %, Syrah 4 %*
Exportanteil: *17 %*

ENTWICKLUNGEN IM US-AMERIKANISCHEN WEINBAU

Was ist geschehen? Nichts weiter, als dass einige clevere Geschäftsleute erkannten, dass mit Wein richtig gutes Geld verdient werden kann. Die einst exotisch anmutende Beschäftigung mit Weinreben bekam eine völlig andere Bedeutung. Aus den Vorgaben der exzellenten kleinen Weingüter, die schon seit Jahren Topqualitäten produzierten, konnte doch auch im großen Stil etwas Brauchbares gemacht werden. Die dafür erforderlichen Voraussetzungen, wie gutes Klima, genügend Sonnenlicht und Wärme für die Reife der Früchte, Land und Wasser, waren vorhanden, das notwendige Kleingeld zur Investition oft ebenso. Flying Winemakers (das sind Berater, die für Weingüter weltweit passende Konzepte entwerfen) ließen sich finden. Die USA haben Wein erstmals als wirtschaftliche Größe wahrgenommen und schon wurde das Produkt zum messbaren Faktor, mit dem sich viele Dollars verdienen ließen. Größtes, aber auch einmaliges Beispiel ist die Familie Gallo. Als italienische Einwanderer starteten die Gallo-Brüder 1935 mit ihrer ersten Kellerei. Heute wird in der dritten Generation das Familienunternehmen weitergeführt. Das Produktionsvolumen entspricht laut Hugh Johnson einer kompletten Weinernte von Australien.

Napa Valley: Die Mondavi Winery ist weltberühmt und alljährlich für zahlreiche Touristen Anziehungspunkt. Eine Seltenheit im Portfolio ist die Sauvignon Blanc Botrytis Selection, eine Hommage an deutsche Beerenauslesen und Sauternes.

Die Universität in Davis entwickelte ein System zur Klimaklassifikation nach französischem Vorbild. Danach wurden die Reben in den einzelnen Regionen angepflanzt und etwas später hat die Regierung auf Drängen der Erzeuger das System American Viticultural Areas, kurz AVAs, eingeführt, das zur Kontrolle der Herkünfte dienen sollte. Damit war die Basis geregelt. Rebsorte, Quantität, Ausbauart, Stil und Qualität werden vom Produzenten entschieden. Wie gut ein Wein oder Weingut dann wirklich ist, wird mehr von der Fachpresse als vom Kunden bestimmt. Man kann unterschiedlicher Auffassung darüber sein, ob die zahlreichen Anzeigen in den einschlägigen Hochglanzmagazinen ohne Wirkung bleiben.

Die weltweite Wertschätzung der Weine aus den USA bezieht sich hauptsächlich auf die besten Qualitäten aus Kalifornien. Hier werden großartige Topweine produziert, aber meist nicht in den großen Kellereien, sondern in kleinen individuellen Betrieben, deren Besitzern nichts wichtiger ist, als Spitzenprodukte zu erzeugen. Ihr Ehrgeiz treibt sie an und wenn es dann gelingt, wenn die Weine ankommen und hoch bewertet werden, dann wird aber auch zugeschlagen und die Preise steigen teilweise in unrealistische Höhen. Das geht so lange gut, bis der Markt mit Topqualitäten zu überhöhten Preisen übersättigt ist. Der Kunde verliert dann das Interesse und die Winzer ihre Kunden, was kontraproduktiv ist.

ANBAUGEBIETE UND REGIONEN

In allen 50 Bundesstaaten wird Wein angebaut, wobei aber nur vier davon wirklich von Bedeutung sind, da sie zusammen 95 Prozent der Produktion liefern: Kalifornien (mit dem bei weitem größten Anteil), Washington, Oregon und New York.

Kalifornien

Kalifornien liefert etwa fünfmal so viel Wein wie Oregon, Washington und New York zusammen. Die zahlreichen AVAs sind sechs Regionen zugeordnet. Bedeutend unter ihnen ist die North Coast mit dem Zentrum des Weinbaus im Sunny State, das Napa County mit Regionen wie Sonoma County, Russian River, Mendocino und Alexander Valley. Dahinter liegt das langgestreckte Central Valley. In Richtung Süden folgt die Central Coast entlang des Pazifiks mit Paso Robles, Monterey, San Benito, San Luis Obispo und Santa Barbara.

Die ersten hervorragenden Weine aus Kalifornien wurden in Deutschland von Weinfachhändlern wie Margot Schmitt, California Wines und Martin Kössler von der K+U Weinhalle importiert. Ich glaube, dass sie schon vor 30 Jahren mit ihren Topweinselektionen so aktuell waren, dass ein großer Teil der Winzer von damals zu den Stars von heute zählen: von Au Bon Climat, Araujo, Caymus, Corison bis Dunn, Laurel Glen, Harlan, Heitz, Joseph Phelps und Montelena. Das war quasi das erste Goldene Dutzend im Golden State, daneben Größen wie die Mondavis, die mit Opus One das erste Joint Venture mit dem Bordelaiser Château Mouton-Rothschild eingingen. Sie alle brachten Anfang 1990 viel Licht und Sonne in monotone Weinkarten.

Das Kalifornien von heute hat noch viel mehr zu bieten, insbesondere an kleinen Wineries. Wer dazu mehr

Washington: Château Ste. Michelle an der Westküste ist kein kleiner Fisch in der Weinszene, dennoch lässt Ernie Loosen von der Mosel hier beste Rieslinge produzieren.

Informationen sucht: Kelli White hat mit „Then Now" einen überwältigenden Band über Kaliforniens Weinmacher geschrieben.

Oregon/Willamette Valley

Im Nordwesten liegen Oregon und das Willamette Valley, das allen Fans des amerikanischen Pinot Noirs bekannt ist. Hier wird nicht nur seit 50 Jahren Pinot Noir angebaut, die Fachwelt ist sich über die Spitzenqualität einig – Pinot at its best. Dafür stehen viele kleine Betriebe, beispielsweise Bergstrom, Bethel Heights, Ken Wright, Soter, die alle höchstpersönlich ihren eigenen Stil „Pinot" pflegen. Sie legen dabei größten Wert auf Qualität und produzieren in Summe erstklassige und konzentrierte, aber doch elegante und reife Pinot Noirs, die selbst in Burgund Beachtung finden würden.

Washington

Washington grenzt mit seinem südlichen Anbaugebiet Walla Walla an Oregons Columbia Valley. Die riesigen Temperaturunterschiede von Hitze bis zu frostigen Minusgraden sind für die Reben eine große Herausforderung. Ohne ständige Bewässerung geht quasi nichts. Washington ist die Heimat vieler guter Erzeuger mit breiten Produktpaletten, die Vorlieben zu den Bordeauxblends erkennen lassen, inklusive Riesling, der hier eine bedeutende Rolle spielt. Auf Château Ste. Michelle ist auch Dr. Loosen von der Mosel mit im Geschäft. Er produziert hier Rieslinge von trocken bis edelsüß und das in Topqualität. Es gibt auch jede Menge erstklassiger Weingüter mit erfahrenen Winemakern und jungen, aufstrebenden Typen, die aus der Computerszene oder vom Kartoffelacker in die Weinproduktion umgestiegen sind. Walla Walla ist die Region mit den meisten Weinbergen und Weingütern in Washington.

New York

Die Weinregion New York umfasst Five Finger Lakes, Hudson River und Long Island. Wenn auch bei uns weniger oder gar nicht bekannt, wurde in der Region Finger Lakes schon Mitte des 19. Jahrhunderts Weinbau betrieben. Eine wechselhafte Weinbaugeschichte

Finger Lakes: Wie der Name schon ahnen lässt, bekommen die Reben im Hinterland von New York City schon mal nasse Füße. Das Gebiet ist bekannt für rote Bordaux-Blends.

PROFITIPP VON PAULA BOSCH

Rotwein wie tanninarmer Pinot Noir, passt gekühlt mit 11 bis 12 °C sehr gut zu Schalentieren wie Austern.

wurde nach der Änderung des Weingesetzes im Jahr 1976 stabilisiert. Die Hybridreben wurden durch die Vitis-vinifera-Sorten ersetzt, eine große Rebenvielfalt bis hin zum Riesling wird gepflegt, der wiederum erstaunlich reintönige, rassige Qualitäten mit viel Frucht ergibt. Die Weine werden leider so gut wie nicht nach Deutschland exportiert.

Meine Empfehlungen

Au Bon Climat, Santa Barbara, **Kalifornien**
· *Chardonnay „Sanford + Benedict“*
· *Pinot Noir „La Bagne“*

Aubert, Sonoma Coast, **Kalifornien**
· *Chardonnay Ritchie Vineyard, Sonoma Coast*
· *Pinot Noir „UV-SL Vineyard“*

Colgin, Napa Valley, **Kalifornien**
· *IX Estate und Tychson Hill Vineyard*

Cathy Corison, Napa Valley, **Kalifornien**
· *Cabernet Sauvignon*

Domaine de la Côte, Santa Rita Hills, Central Coast, **Kalifornien**
· *Pinot Noir „Memorius“*
· *Pinot Noir „Bloom's Field“*

Kistler, Russian River, **Kalifornien**
· *Chardonnay „McCrea“ Sonoma*
· *Chardonnay „Hyde“ Carneros*

Littorai, Sonoma Coast, **Kalifornien**
· *Pinot Noir, Hirsch Vineyard*
· *Chardonnay „Charles Heintz“*

Marcassin, Sonoma Coast, **Kalifornien**
· *Pinot Noir Estate*

Odette, Stags Leap District, Napa Valley, **Kalifornien**
· *Cabernet Sauvignon Estate*

Cristom, Willamate Valley, **Oregon**
· *Pinot Noir „Jessie Vineyard“*

Soter, Willamate Valley, **Oregon**
· *Pinot Noir „Mineral Springs“*

Cayuse, Walla Walla Valley, **Washington**
· *Cailloux Vineyard Syrah*

Château Ste. Michelle, **Washington**
· *„Ethos Reserve“ Late Harvest Reserve*
· *„Druthers“ Cabernet Sauvignon*

Flurbereinigte Weinbergterrassen in Oberbergen im Kaiserstuhl/Baden

SCHICHTWECHSEL
im Talentschuppen Weingut

Von welcher Weinreise ich auch immer zurückkam – sobald ich das Restaurant betrat, um das Alltagsgeschäft Service aufzunehmen, sprang mir die Frage aller Fragen entgegen, sie war stets die gleiche: „Was haben Sie Neues entdeckt? Neue Regionen, Weingüter, Weine? Können wir schon mal probieren?" Natürlich nicht, denn mein Koffer war zu klein.

Neue Weingüter, im Sinne von vor kurzem erst neu gegründet, wollte ich nie entdecken oder ausprobieren, das habe ich anderen überlassen. Für mich braucht guter Wein seine Zeit und ein „neues" Weingut ebenso – wenigstens ein paar Jahre. Mein Augenmerk war auf erfolgreiche, namhafte und begehrte Weingüter gerichtet, solche, die auf erreichte Klasse zurückblicken konnten und sich auf dieser Basis weiterentwickelt haben, und auch solche, bei denen ein Schichtwechsel an der Spitze stattgefunden hatte oder noch bevorstand. Ein Generationenwechsel im Weingut hatte oft neue Konzepte in der Produktion, Vermarktung und eine veränderte Geschmacksrichtung zur Folge, eine interessante Bereicherung für meine Reise durch die Welt der guten Weine.

In der Auswahl der Weingüter zum Thema „Talentschuppen Weingut" werden junge und junggebliebene Winzerinnen und Winzer beschrieben, die in Familienbetrieben seit einigen Jahren beachtliche Weine machen, aber auch Neueinsteiger, die meiner Einschätzung nach in ihren Regionen mit etwas Glück vielleicht zu den neuen Blue Chips gezählt werden können. Die folgende Aufzählung erhebt keinen Anspruch auf Vollständigkeit – es gibt außerordentlich viel Talent in der Weinwelt –, sie spiegelt mit wenigen Beispielen wider, wer mich mit seinem Aufbruchswillen besonders überzeugt hat.

Junge oder angesagte Winzer und ihre Weine

DEUTSCHLAND

JULIA BERTRAM, Ahr

Zwischen Mayschoss und Bad Neuenahr stehen der jungen Winzerin Julia Bertram im elterlichen Weingut elf Weinberglagen auf den unterschiedlich harten Schieferböden des Ahrtals zur Verfügung. Dort ist sie aufgewachsen, absolvierte ihr Önologiestudium in Geisenheim und reiste dann als deutsche Weinkönigin durch die ganze Welt. Dank ihrer Eltern, so schreibt sie auf ihrer Homepage, hat sie heute im Kleinstweingut die Möglichkeit, aus den besten Lagen des Ahrtals ihre Faszination Spätburgunder auszuleben. Aus ihnen und etwas Frühburgunder macht sie nicht nur gute, sondern authentische Rotweine. Filigrane Einzelstücke, handwerklich produzierte Weine mit viel Herzblut und noch mehr Leidenschaft, vom hellgekelterten Handwerk Blanc de Noir bis zu Einzellagen wie Mönch- oder Trotzenberg. 2014 lancierte sie ihre erste Weinlinie, die sie wie folgt beschreibt: fein, fast blumig aromatisch, elegant mineralisch mit einem kühlen, feinsaftigen Säurebiss, was in Summe zu sehr sinnlichen, langlebigen Weinen führt. Probieren Sie, was vom Erstlingsjahr noch zu finden und vom 2015er übrig ist.

Unbedingt probieren

- *Frühburgunder „Sonnenberg“*
- *Spätburgunder „Handwerk“*
- *Spätburgunder „Rosenthal“*

Julia Bertram

Peter Lauer

PETER LAUER, Mosel (Saar)

Das Weingut Peter Lauer liegt in Ayl an der Saar, dem kleinen, aber bedeutenden Nebenfluss der Mosel. Die Lauers verfügen über beste Steillagen, die ausschließlich mit Riesling bepflanzt sind. Aufgefallen sind mir die Lauerschen Weine schon bald, nachdem Florian 2006 im elterlichen Betrieb eingestiegen war. Vater und Sohn arbeiten seit dieser Zeit gemeinsam, im Weinberg wie im Keller. Dabei entstehen ungewöhnlich reine, nervige, mit Spannung geladene Rieslinge, die ich bis heute gern und mit großem Vergnügen trinke. Die Weine vermitteln ein harmonisches Mundgefühl, sind delikat am Gaumen und wecken Lust auf jeden nächsten Schluck. Was will man mehr? Die Frage, wie er das macht und wie es zu der Bekömmlichkeit dieser Weine kommt, beantwortet Lauer locker: „Wir praktizieren eine ganzheitliche, naturnahe Weinerzeugung, die sich nicht nur auf die umweltschonende Arbeit im Weinberg beschränkt." So wird im Weinberg auf Substanzen verzichtet, die Insekten oder Kräuter vernichten, natürlich auch auf Kupfer, weil es sämtliches Leben im Boden abtötet. Lauer verwendet stattdessen ein organisches Fungizid als seine heilende Medizin für die Reben. Im Keller erlaubt er die Bildung eigener Kellerhefen, seine Weine gären wild, natürlich, spontan. Selbst die ausgetrunkenen Flaschen nimmt man zur Wiederverwendung zurück. Nicht alles, aber das Wichtigste bleibt im Keller so wie früher, damit es dem Wein gut geht. Das nenne ich mal einen gelungenen Schichtwechsel – die komplette Fachwelt ist ebenso begeistert wie die gesamte Kundschaft. Die feinherben Kabinettweine sind Lauers Steckenpferd.

Unbedingt probieren

- *Faß 16 Riesling, trocken*
- *Faß 8 „Kupp", Riesling, Kabinett*
- *Faß 11 „Schonfels", Riesling, GG, trocken*

STEPHAN STEINMETZ, Mosel

Riesling erlebt derzeit eine Renaissance, die vielen jungen Überzeugungstätern in der Weinbranche zu verdanken ist. Häufig wird allerdings automatisch angenommen, dass es außer Riesling keinen anderen köstlichen Wein von

Stephan Steinmetz

der Mosel gibt. Was noch so alles möglich ist, das beweist Stephan Steinmetz sehr erfolgreich mit Burgundersorten aus seinem Weingut in Wehr. Ganz im Süden der Mosel, nahe der luxemburgischen Grenze, gibt es die etwas anderen Böden, nicht den üblichen Schiefer, sondern vor allem Muschelkalk. Deshalb hat Stephan Steinmetz in seinen Weinbergen Elbling und weiße Burgundersorten stehen. Gerade weil es keine Rieslinge sind, legt er bei seinen Burgundertypen größten Wert auf Leichtigkeit, trockenen Ausbau und niedrigen Alkoholgehalt. Neben den Stillweinen werden brillante Crémants erzeugt. Es ist kein Geheimnis in den Steinmetz'schen Weinen verborgen, wohl aber eine klare Botschaft: respektvoller Umgang mit der Natur, Liebe zum Detail, Herzblut, Geduld und perfektes Handwerk. Vom Auxerrois bis Elbling, Grauburgunder, Weißburgunder und sogar Spätburgunder, der für den Crémant rosarot verwendet wird.

Unbedingt probieren

- *Elbling, Crémant, brut*
- *Liaison, Crémant, brut*
- *Rosarot, Crémant, brut*

Stefan Bietighöfer

BIETIGHÖFER, Pfalz

19 Hektar Rebfläche und 16 verschiedene Rebsorten in einem Familienbetrieb sind in meiner Vorstellung ganz schön ambitioniert – vor allem, wenn man wie der junge Stefan Bietighöfer das „Winzersein" lebt und das ganze Jahr über im Weinberg wie im Keller selber Hand anlegt. Probiert man dann aus dem großen Sortiment ein paar Weine neben der neuen Linie „Grande Réserve", wird schnell klar, dass hier nichts mehr ist wie es einmal war. Stefans Vorstellung, wie große Weine schmecken sollen, wird hier verwirklicht. Ausgeglichene Typen, gehaltvoll, ganz im Stil feiner Burgunder. Mich hat er mit der Linie „Grande Réserve" überzeugen können.

Riesling und Spätburgunder stehen mengenmäßig im Sortiment an erster Stelle, Weißburgunder und Grauburgunder folgen. Der Sauvignon Blanc hat große Klasse. Ein reicher Wein, der neben Frucht und Frische mit kühlen Noten und dichter Textur begeistern kann. Total Verrücktes gibt es auch, einen Pinotage besonderer Art. Er wird unter dem Etikett „Dorst und Consorten" verkauft, denn mit der Kompetenz des Flying Winemakers Stefan Dorst steht dem Projekt ein erfahrener Weinberater zur Seite. Die aus Südafrika stammende Kreuzung Pinot Noir und Cinsault war eine große Überraschung, was der Gewinn des 2. Vinum Rotweinpreises bestätigte. Den nächsten Jahrgang unbedingt probieren! Juniors Arbeit lässt die Familie beruhigt in die Zukunft blicken.

Unbedingt probieren

- *Sauvignon Blanc – „Grande Réserve", trocken*
- *Spätburgunder – „Roter Berg", trocken*
- *Pinotage, trocken, Dorst & Consorten*

DANIEL und JONAS BRAND, Pfalz

Das hier ist eine ganz normale Story und zwar die der beiden weinvernarrten Brüder Daniel und Jonas Brand, zu Hause im nördlichsten Zipfel der Pfalz. Ihr gemeinsames Abenteuer „Weingut" haben sie mit der Übernahme des elterlichen Betriebes 2014 begonnen.
Obwohl man bei Brands schon immer auf umweltschonenden Weinbau Wert gelegt hat, haben Daniel und Jonas mit ihrem radikalen Bekenntnis zur Bioqualität dem Weingut von Anfang an ihren Stempel aufgedrückt. Mit der neuen Produktlinie wird neben der Topqualität zeitgleich ein sichtbares Facelifting präsentiert.
Im Weinberg und im Keller wird konsequent auf alles verzichtet, was nicht natürlichen Ursprungs ist. So beinhaltet zum Beispiel die neue Weinlinie „Schwurhand" nur Weine aus ihren besten Lagen. Die Hand gilt als Symbol für garantierte Qualitäten in der Flasche, das schwören die beiden. Die Weine sind tadellos, vom ersten bis zum letzten Schluck. Hier fehlt trotz des puristischen Charakters nichts, weil im Gaumen genau das vermittelt wird, was man von einem einwandfreien, wohlschmeckenden Getränk erwartet. Einen Schaumwein gibt es auch – den machen die Jungs so, wie man es aus früherer alter Zeit gewohnt ist: Vergärung in der Flasche mit viel Mut zum Risiko. Die gewünschte Nachgärung in der Flasche führt zum Überdruck und, wenn man Pech hat und zur falschen Zeit kommt, geht da auch mal so manche Flasche in die Luft. Der natürlich prickelnde Wein, man sagt auch kurz Pet Nat (pétillant naturel) dazu, erfreut sich größter Beliebtheit (mehr dazu Seite 142). Es gibt leider immer nur wenige Flaschen, die vorab den Stammkunden zugeteilt und von Neukunden auf gut Glück bestellt werden können. Das schöne Etikett dazu malt die Oma, die mächtig stolz auf ihre Enkel ist. Zu Recht möchte ich sagen, denn für mich sind die Brand-Weine natürliche, schnörkellose, feinste Geschöpfe, die Flasche für Flasche ruck, zuck! ausgetrunken sind. Eine echte Entdeckung.

Daniel und Jonas Brand

Unbedingt probieren

· *Pet-Nat, weiß*
· *Müller Thurgau, trocken*
· *Klosterschaffnerei Riesling, trocken*

ÖSTERREICH

VEYDER-MALBERG, Wachau

Peter Veyder-Malberg habe ich noch auf seiner letzten Station, im Schlossweingut Graf Hardegg, als einen ganz besonderen Menschen kennengelernt. Seit 2007 ist er in der Wachau selbstständig, wo er sich in bester Lage, in Spitz, rechtzeitig ein paar Hektar Reben kaufte, und zwar steile, schwer zu bearbeitende Terrassen mit steinalten Trockenmauern. Wer hier freiwillig arbeitet, muss schon total verrückt nach Wein sein – ein Getriebener, der am Ende einen ganz besonderen Wein produziert. Einen Wein, der unabhängig vom Stil gut sein muss, eben ein ganz eigener Charakter. Mit seinem Debütjahrgang 2008 hatte Peter Veyder-Malberg keine einfache Aufgabe zu lösen, die er dennoch bravourös geschultert

Peter Veyder-Malberg

hat. Er ist ein Ausnahmetalent unter den Winzern und kann nur wärmstens all jenen empfohlen werden, die an ausnehmend gutem Wein interessiert sind, der nach allen Regeln der biologischen Grundsätze in mühsamer Handarbeit hergestellt wird und genauso schmeckt. Auch wenn die Preise sehr ambitioniert sind, es lohnt sich wirklich – probieren Sie.

Unbedingt probieren

· *Grüner Veltliner „Hochrain"*
· *Grüner Veltliner „Liebedich"*
· *Riesling „Bruck"*
· *Riesling „Buschenberg"*

INGRID GROISS, Weinviertel

Als ich der Quereinsteigerin Ingrid Groiss zum ersten Mal begegnete – das war vor wenigen Jahren auf der Weinmesse VieVinum in Wien –, ahnte ich nicht, welches Energiebündel da vor mir stand. Eine zierliche Erscheinung, die alles andere erwarten lässt als einen Turbomotor auf zwei Beinen. Vom Wirtschaftsgymnasium in der Heimat trieb es sie zu Coca-Cola nach Berlin, danach kam der Wechsel in die Bierbranche zu Anheuser-Busch in Hamburg, gefolgt von einem Weinbaustudium. Im Anschluss blieb sie im elterlichen Betrieb, woraufhin prompt der erste Generationenkonflikt mit dem großartigen Jahrgang 2009 im Haus stand. Nach dem ordentlichen Krach bekam Ingrid von der Oma einen Weinberg anvertraut, der im Gemischten Satz bepflanzt ist. Der erste Wein 2010 wurde ein Meisterwerk. Ingrid blieb im Weingut und schlug den Weg der Bio-Zertifizierung ein. Im Keller lautete die Devise: ohne chemische Beigaben. So entstehen ganz nach ihren Vorstellungen feine, spielend leichte, auch kompakte, vollmundige, von der Frucht getragene Weine mit feinen Texturen. Auf den Gemischten Satz ist die Alleinkämpferin besonders stolz, der kommt von Omas gepflegten Reben, die sie bis heute noch nicht alle kennt. Die Grünen Veltliner aus dem Sauberg und der Schablau sind ausgesprochen unterschiedlich hinsichtlich Duft und Geschmack – ein Phänomen, das Ingrid auf die schottrigen Sand- und Lössböden zurückführt. Den Weingarten will sie im Wein auch schmecken, erst dann gibt sie sich zufrieden. Wer ihre schönen Etiketten mit dem Feldhasen betrachtet, versteht schnell, was Ingrid Groiss mit ihren Weinen transportieren will: Natur pur.

Unbedingt probieren

· *Gemischter Satz*
· *Grüner Veltliner „Sauberg" Tradition*
· *Grüner Veltliner „In der Schablau", Reserve*

Ingrid Gross

Dorli Muhr-van der Niepoort

MUHR-VAN DER NIEPOORT, Carnuntum

Der Doppelname verrät schon, welche zwei markanten und in der Weinszene bekannten Persönlichkeiten hinter diesem Weingut stecken. Sie, Dorli Muhr, gründete in Wien die megaerfolgreiche Weinagentur Wine & Partners. Er, Dirk van der Niepoort, ist der innovativste und hellste Geist unter den Weinmachern in Portugal. 2002 starteten sie in der Heimat von Dorli Muhr mit ihrem gemeinsamen Projekt im östlichen Zipfel Österreichs, im Anbaugebiet Carnuntum, wo sie den schon ins Abseits geratenen Spitzerberg wiederbeleben wollten. Stück für Stück arbeiteten sich die beiden voran, inzwischen bewirtschaften sie zwölf Hektar Reben, in erster Linie Blaufränkisch.

Die kalkreiche, trockene Südlage Spitzerberg gilt als die beste Lage in Rohrau, die zusammen mit dem warmen Klima ideale Voraussetzungen für die Sorte Blaufränkisch gibt. Alle Weine reifen zwei Jahre im Holzfass und das Endergebnis ist Rotwein vom Feinsten. Die unterschiedlichen Qualitätsstufen wachsen zwar alle am Spitzerberg, aber nur die beste Qualität darf diesen Namen tragen. Ein paar Jahre Reifezeit und viel Luft vor dem Genuss verträgt die ganze Kollektion. Was die Weine auszeichnet, ist ihre individuelle Charakteristik, die geprägt ist von der klaren, strahlenden Frucht, dunklen Beeren und getrockneten Kräutern, Heunoten sowie griffigen, reifen Tanninen. Diese verleihen den Weinen viel Druck, Zug und Länge.

Unbedingt probieren

- *Blaufränkisch „Spitzerberg“*
- *Blaufränkisch „Samt und Seide“*
- *Syrah „Sydhang“*

SCHWEIZ

LITWAN WEIN, Tom Litwan, Aargau

Vorab sei gesagt, dass Tom Litwan ein supernetter Typ ist, der mit mir und unserer gemeinsamen Freundin Chandra Kurt schon viele Flaschen geleert hat, darunter einige ziemlich gute. Daher weiß ich auch, dass Tom gute Weine sehr gern hat und sich ebenso bestens mit ihnen auskennt. Nicht nur Visionen treiben ihn an, sondern eine ganz klare Vorstellung davon, wie seine Weine schmecken sollen, müssten, wenn doch das Wetter immer günstig wäre. Mit 2016 hat er seinen zehnten Jahrgang im Keller. Vor seiner Winzerkarriere arbeitete Tom als gelernter Maurer und reiste in der Welt herum. So war er auch über eine längere Zeit in Burgund und hat dort den Wein für sich entdeckt. Zu Hause angekommen, wurde der Maurerberuf an den Nagel gehängt und gegen den des Winzers eingetauscht. In der Domaine des Balisiers in Genf hat er sein Handwerk gelernt und führt nun mit großem Engagement das kleine Weingut in der Ostschweiz. Er produziert nur 8000 Flaschen, allein davon kann er leider selbst bei guten Verkaufspreisen noch nicht leben. Biodynamisch angebauter, lagenreiner Pinot Noir ist sein Ding, damit feiert er ansehnliche Erfolge. In der Schweizer Weinzeitung ist sein Thalheim Chalofe, Pinot Noir 2013 „der Wein des Jahres 2016“. Ich habe ihn im November 2016 probiert und fand, dass dies Toms bester Pinot war. Das helle Johannisbeerrot ist für

Tom Litwan

seine Weine typisch, ebenso sein filigraner, feiner, nahezu zerbrechlich wirkender Körper. Mit dabei: immer viel Preiselbeere, rote Ribisel, Hagebutte, ein Hauch Holz, Eichenwürze, leicht rauchig, salzig auf den Lippen. Ein feiner Wein mit bester Zukunft. Bravo Tom!

Unbedingt probieren

· *Pinot Noir Oberflachs „Auf der Mauer"*
· *Pinot Noir Oberflachs Thalheim „Chalofe"*

FRANKREICH

PATRICK PIUZE, Chablis

Seit Ende der 1990er-Jahre leidet Chablis am angekratzten Image und wurde daher ins Abseits gedrängt (siehe Seite 96). Meiner Ansicht nach sehr zu Unrecht, besonders wenn ich mit einem Glas von Patrick Piuze konfrontiert werde. Vielleicht liegt das aber auch daran, dass Piuze den so ganz anderen Chablis-Typ produziert.

Der junge, viel gereiste Kanadier kam nach Aufenthalten in Australien und Südafrika ins französische Burgund, wo er sich bei namhaften Winzern engagierte. Dabei lernte er, wie man große Chardonnays herstellt und wie sie schmecken müssen. Danach machte er sich selbstständig, ohne einen eigenen Rebstock zu besitzen. Seit 2008 hat Piuze mit die besten Weine, die es im Chablis gibt, im eigenen Keller: puristische, kühle, mineralreiche, satte und doch frische Chardonnays, wie es sie vor ihm noch nie gegeben hat. Die Trauben kauft er von unterschiedlichen Winzern aus 19 verschiedenen Lagen, vom einfachen Village bis zum besten Grand Cru. Piuze zelebriert mit jedem einzelnen Wein, was Chablis ist, sein kann, aber leider immer noch viel zu selten einhält: ein knochentrockener, mineralisch geprägter Chardonnay mit großem Lagerpotenzial. Radikal bleibt er Jahr für Jahr bei der knackigen Säure, die ihm in dieser kalten Region im Norden Frankreichs einzelne Jahrgänge schenken. Seine Weine sind und bleiben authentische Chablis, mit eigenem Charakter und großer Klasse, vom preiswerten Einsteiger bis zu den ausgezeichneten Grand Crus, die trotz ihrer hohen Preise jeden Euro wert sind. Berauschende Weinerlebnisse.

Unbedingt probieren

· *Chablis, Terroir de Chablis*
· *Chablis „Montée de Tonnerre"*
· *Chablis „Les Preuses" Grand Cru*

Patrick Piuze

CHÂTEAU HAUT-BAILLY, Pessac-Léognan, Bordeaux

Da in diesem Kapitel von Schichtwechsel und Talentschuppen zugleich die Rede ist, habe ich mich entschieden, hier auch über das Château Haut-Bailly zu schreiben. Nicht nur, weil in diesem Weingut schon viele Schichtwechsel stattgefunden haben, sondern weil ich das Talent, die Energie und die Ausdauer von Madame Véronique Sanders seit vielen Jahren bewundere. Madame ist die Enkelin des ehemaligen Besitzers und begeisterten Weinliebhabers aus Belgien. Mit jedem neuen Jahrgang wurden die Weine, die ich seit 1981 kenne, unter ihrer Ägide immer besser und charaktervoller. Verantwortlich dafür waren viele Maßnahmen wie beispielsweise die aufwendigen Bodenuntersuchungen, um herauszufinden, ob die richtigen Reben am richtigen Platz stehen, der Rückkauf bester Lagen rund um das Château, zudem wurden die Mengen des Zweitweins zugunsten der Qualität des Grand Vin erhöht. Die Lesezeitpunkte wurden hinausgeschoben, um mehr Reife zu erhalten, und last but not least steigerte man den Anteil der neuen Barriques zur Reifung der Weine. So näherte man sich nicht nur dem ursprünglichen Qualitätsniveau, sondern machte weit größere Schritte, um wieder in der Oberliga mitspielen zu können. Kleine Jahrgänge wurden für Haut-Bailly eine Spezialität, sie sind oft besser als die großen. Voller Stolz und Freude, von den berühmteren Nachbarn bewundert und anerkannt zu sein, genießt Véronique Sanders eher scheu das erreichte Ziel, nicht ohne dabei in die Zukunft zu schauen.

Dass sie seit 20 Jahren ihren Traum lebt, wie sie kürzlich in Liv-ex blog sagte, verdankt Madame Sanders dem bisherigen Eigentümer von Haut-Bailly, Robert G. Wilmers, der im Dezember 2017 in seiner Heimat New York starb. Véronique Sanders wacht auch in Zukunft weiter an der Spitze ihrer Mannschaft über das Château und die Qualität seiner Weine. Das einstige Topniveau hat sie längst überschritten, nähert sich mit Höchstgeschwindigkeit den Qualitäten ihrer Nachbarn wie Château Haut-Brion, La Mission Haut Brion, ich meine, sie hat sie schon erreicht. Robert Parker hat die 100-Punktekarte längst gezückt, dabei sind die Preise dafür immer noch sehr günstig, sie

Véronique Sanders

suchen bei der Qualität ihresgleichen. Die Charakteristik von Haut-Bailly ist mit wenigen Worten auf den Punkt gebracht: große Aromatik, elegant, balanciert, lupenrein, samtige Textur, mit viel Finesse und Konsistenz.

Unbedingt probieren

· *Château Haut-Bailly 2000, 2004, 2005, 2008, 2009, 2015, 2016*

Audrey Bonnet-Koenig, Önologin

LA PÈIRA EN DAMAISÉLA, Languedoc

Der erste Jahrgang, den ich von dem inzwischen weltberühmten Weingut La Pèira en Damaiséla, einer Perle im Süden Frankreichs, probiert habe, war 2010. Ich habe damals sehr bedauert, dass ich von dem erst 2004 gegründeten Betrieb genau fünf Jahrgänge verpasst hatte, das waren fünf zu viel! Die Weine sind sowas von gut, unglaublich mächtig und fein zugleich, mit einer frischen Frucht, die ich in Weinen des Languedoc nie zuvor entdeckt hatte. Die angebrochenen Flaschen wurden über Tage degustiert und zur Gänze ausgetrunken, ein aufregendes Weinerlebnis. 2015 und 2016 wird nicht weniger spannend. Jay McInerney schrieb über diese Weine geradezu überschwänglich im „Wall Street Journal", vergab 2007 im Vergleich mit Weinen aus Bordeaux legendäre 100 Punkte und auch andere berühmte Weinkenner hatten zuvor schon Ähnliches berichtet. Die Inhaber Rob Dougan und Karine Ahton können stolz auf die Ergebnisse ihrer Önologin und die dazu erzielten Kritiken sein. Das nördliche L'Hérault, zu dem das Gebiet Terrasses du Larzac gehört, wurde durch die Domaine Mas de Daumas Gassac in der weiten Weinwelt erst richtig bekannt. Die wichtigsten Rebsorten sind Grenache, Cinsault, Syrah, Mourvèdre und Carignan. Das exzellente Terroir besteht in erster Linie aus steinigen Böden wie rotem Granit und Schwemmland. Ein großes Terroir für große Weine!

La Pèira, der weiße Stoff aus Roussanne, Marsanne und Viognier, zählt ohne Zweifel zu den Weinen, die man einmal im Leben getrunken haben sollte. Gleich danach kommt der rote Bruder aus Syrah und Grenache, der La Pèira, der in einer nie erreichten Konzentration jeden Trinker in die Knie zwingt. Der durchschnittliche Ernteertrag sind sieben und zehn Hektoliter pro Hektar. Das schafft nicht mal Château D'Yquem. Eine Essenz aus Wein, die berührt.

Unbedingt probieren

- *La Pèira*
- *Matissat*

DOMAINE DE L'HORIZON, Roussillon

Alles richtig gemacht, wird sich mein schwäbischer Landsmann Thomas Teibert sagen, der 2006 zusammen mit Doris und Joachim Christ mutig in der kargen, wenn auch wunderschönen Region des Roussillon gestartet war. Beruhigt kann er nach zehnjährigem Engagement mit besten Ergebnissen auf seine Erfolge zurückblicken. Trotz seines Könnens – gelernt hat er bei den Besten, unter anderem bei Franz Keller, Canon-la-Gaffelière oder in Geisenheim – blieb für seinen Neustart damals eine Portion Risiko. Der Liebe und des Weines wegen zog es Teibert in die Côtes Catalanes, kurz vor Perpignan, nach Calce. Dort gründete der erfolgsverwöhnte Weinmacher, unter anderem bei Graf Enzenberg im Weingut Manincor, zusammen mit der Familie Christ einen eigenen Betrieb, die Domaine de l'Horizon. In der Nachbarschaft der von ihm so geschätzten Domaine Gauby kaufte Teibert 15 Hektar Steinwüste mit Rebstöcken, die alle längst im Rentenalter waren und deren Erträge nur noch durch Qualität anstatt durch Mengen glänzen konnten.

Die Herausforderung war genau das Richtige für Monsieur. Südfrankreichs Rebsortenspiegel von Macabeu, Grenache Gris, Grenache Blanc, Carignan bis Grenache Noir, Syrah und andere sind auf den Flächen prominent vertreten, auch das hat gepasst. Zur Biodynamie hat er sich von Anfang an hingezogen gefühlt, das war sein Ding und so ist die Domaine bei Ecovert und Biodyvin zertifiziert und wird streng überwacht. Im Keller wird traditionell in großen Tonneaus und unterschiedlichen Holzfässern ausgebaut. Das erstaunt natürlich nicht, wenn man weiß, dass Thomas Teibert mit dem bekannten Fassmacher Stockinger aus Österreich nicht nur befreundet, sondern auch für das Unternehmen tätig ist.

Die Weine kenne ich vom Start weg. Ihr Preis-Leistungs-Verhältnis, sie liegen preislich weit unter zehn Euro, war und ist mehr oder weniger bis heute unschlagbar. Die Qualität ist besser denn je, man hat sich eingearbeitet, an das Land und das Klima gewöhnt. Wer diesen duftigen, kräutrigen und auch fruchtgeladenen Wein je unter der Nase hatte, wird ihn immer wieder bestellen, nach ihm suchen. Recht so!

Unbedingt probieren

- *Domaine de l'Horizon Blanc*
- *Domaine de l'Horizon Rouge*

Joachim und Doris Christ, Thomas Teibert, v.l.n.r.

Roland Krebser, Winmaker

ITALIEN

LA SELVA, Toskana-Maremma

Wer über La Selva spricht, meint damit nicht automatisch das Weingut. Denn dieser Betrieb wurde erst 2003 fertiggestellt als ein neues Standbein, welches das Angebot des Landgutes La Selva bereicherte. In den frühen 1980ern wurden hier bereits landwirtschaftliche Erzeugnisse nach strengen Richtlinien biologisch hergestellt. Von Pasta bis Risotto, Olivenöl, Tomaten oder Zucchini – alles wird in einwandfreier Bioqualität produziert. Seit 2004 hat Carlo Egger, der Inhaber von La Selva, sein eigenes Weingut mit 23 Hektar Rebfläche. Die Reben, Sangiovese, Ciliegiolo, Malvasia Nera, Petit Verdot, Vermentino und Cabernet, finden sich im Anbaugebiet der Maremma, teils mit Blick zum Tyrrhenischen Meer. Dass hier ausschließlich zertifizierter Biowein auf hohem Niveau hergestellt wird, versteht sich von selbst. Attilio Pagli steht als beratender Topönologe des Landes dem talentierten Kellermeister Roland Krebser zur Seite. Hier sollen feine Alltagsweine in einwandfreier, erstklassiger und bekömmlicher Qualität erzeugt werden, Weine, die schmecken, täglich Freude an einem Glas Wein vermitteln können, unkompliziertes Trinkvergnügen miteingeschlossen. Carlo Egger, ein überzeugter „Biologist", lebt bald seit einem halben Jahrhundert für beste Bioprodukte, daher ist La Selva ein Garant für gute Qualität, wohlschmeckende und bekömmliche Weine. Groß und teuer können andere.

Unbedingt probieren

· *Ciliegiolo* 🌢

· *Colli dell'Uccellina, Morellino di Scansano* 🌢

Weißweincuvée aus Sauvignon Blanc, Grechetto, Malvasia.

F.LLI CERACCHI, Latium

Die Weinberge rund um Rom in der Region Latium ziehen sich auf einer Strecke von etwa 300 Kilometern entlang am Tyrrhenischen Meer bis ins Hinterland. Mit dem Beginn des Apennin wird ihnen eine natürliche Grenze gesetzt. Hier, 40 Kilometer vom Zentrum Roms entfernt Richtung Süden, liegt das alte Familienunternehmen F.lli Ceracchi gut versteckt in Velletri. Der knapp 30-jährige Matteo Ceracchi hat vor einem Jahrzehnt die Zügel im Betrieb übernommen und stellt langsam, aber bedächtig so ziemlich alles auf den Kopf und auf die neue Weinwelt um, so wie er sie im berühmten Istituto Agrario di S. Michele all'Adige kennengelernt hat. Die bekannte Weinbauschule hat schon viele bestens ausgebildete junge Weinmacher in die Welt geschickt.

Zu Hause in Velletri kauft Matteo immer wieder ein paar neue Weinberge dazu und erweitert so den 35 Hektar großen Betrieb Stück für Stück. Sowohl in der Ebene auf Schwemmlandböden als auch auf den Vulkanböden der Colli Albani besitzt man Rebflächen, auf denen zahlreiche Reben wie etwa Grechetto, Malvasia, Pinot Grigio, Sauvignon Blanc, Cabernet, Merlot oder Syrah angebaut werden. Ausgebaut werden die Weine auf unterschiedliche Weise, vom Stahltank über Zement- bis hin zu 500-Liter-Tonneaufässern. Was ich von dieser ländlich-bescheidenen Kellerei probiert habe, war fantastisch – zum Beispiel die sehr gelungene Weißwein-Cuvée Follia, der kupferfarbene Grigio oder die rote Bordeaux-Cuvée Torre del Mare. Vom Fassmuster Syrah hätte ich die Flaschen am liebsten kistenweise mitgenommen. Ein Ausflug zur Landjugend, der sich gelohnt hat.

Unbedingt probieren

- *Grigio*
- *Follia*
- *Torre del Mare*

VALENTINI, AZIENDA AGRICOLA, Abruzzen

Im Haus der Valentinis erlebte ich eine Geschichte, die mir noch immer präsent ist, auch nach fast zehn Jahren – etwas, was einer in einem Weingut angemeldeten Sommelière normalerweise nicht passiert. Gianni Masciarelli, ehemals Inhaber der gleichnamigen Cantina, meldete mich nach einem Besuch in seiner Kellerei auf meine schüchterne Anfrage hin einen Tag später bei seinem berühmten Nachbarn Valentini an und lieferte mich auch dort ab. Drei Stunden später waren wir im Restaurant in der Nähe zum Lunch verabredet.

Edoardo Valentini stammte aus den Abruzzen und war ein großer Mann der Weine, ein geschätzter Weinmacher und Charaktermensch mit außergewöhnlichen Tropfen. Begegnet bin ich ihm leider nie, ein Jahr vor meinem Besuch war er verstorben. Heute führt sein Sohn Francesco das große Landgut und baut Reben, Weizen und vieles mehr an. Er war es auch, der mich damals empfing und in einem Wohnraum platzierte, der mehr an eine besondere Bibliothek anmutete denn an ein Weingut. Er erzählte mir vieles über die Region, die Reben, ebenso etwas über den Betrieb, seine Größe und wie unglaublich anspruchsvoll der Vater in Bezug auf die Qualität seiner Weine war. Über 80 Prozent der Trauben hatte er an Kollegen verkauft, nach Deutschland wollte er gleich gar nicht exportieren. Er muss ein menschenscheuer Mann gewesen sein, der auch niemals auf einer Verkostung anzutreffen war. Lieber blieb er daheim bei seinen Reben im Trebbiano, Cerasuolo und Montepulciano. Die Weine hatte er im Keller schon immer maischevergoren. Obwohl es ein äußerst langwieriger Prozess war, ließ er ihnen alle Zeit, die sie benötigten, um besonders gut zu werden.

Nachdem wir uns stundenlang unterhalten hatten und kurz vor der Verabschiedung standen, wurde ich gefragt, ob ich einen Kaffee oder ein Glas Wasser trinken wolle. Mein Wunsch, ein wenig Wein kosten zu dürfen, wurde bedauernd abgelehnt. Wie schade, dachte ich mir, bin ich doch auf dem Weg zum Bagno an so vielen Flaschen, die im Flur auf der breiten Treppe lagen, vorbeigelaufen.

Enttäuscht hatte ich das Haus verlassen, aber im nahen Restaurant dennoch alle Valentinis getrunken, die herausgerückt wurden – Nachahmung empfohlen. Hier hat ein sehr klassischer Schichtwechsel stattgefunden: wie der Vater, so der Sohn. Die Weine sind nach wie vor große Klasse und echte Raritäten. Der nächste Besuch auf dem Weingut bleibt aber vermutlich wieder trocken.

Unbedingt probieren

- *Trebbiano d'Abruzzo*
- *Cerasuolo d'Abruzzo*
- *Montepulciano d'Abruzzo*

SPANIEN

BODEGAS MÁS QUE VINOS, Castilla La Mancha

Die drei Winzer Margarita Madrigal, Alexandra Schmedes und Gonzalo Rodriguez, alle mit langjähriger önologischer Erfahrung, haben sich in der Rioja kennengelernt, wurden Freunde und gründeten in der kastilischen Hochebene, unweit von Toledo, das eigene Weingut Más que Vinos.

35 Hektar werden auf der Finca el Horcajo nach ökologischen Richtwerten bearbeitet. Die einheimischen Rebsorten Tempranillo, Garnacha, Malvar und Airén gehören zum Konzept und sind Programm. Für die in Parzellen aufgeteilten betriebseigenen Weinberge ist Handarbeit Voraussetzung und nachhaltiger Weinbau mehr als nur ein Wortgeplänkel, denn auf chemische Dünger und Pestizide wird verzichtet. Weitere 35 Hektar im nahen Umland werden zusätzlich bewirtschaftet. 2007 wurde die Produktion im neuen, modernen Keller unweit des Stammhauses in Cabañas de Yepes aufgenommen.

Das Weinangebot ist klar und konsequent in zwei Linien gruppiert und lässt somit für jeden Weinliebhaber fast

Margarita Madrigal, Gonzalo Rodriguez, Alexandra Schmedes, v.l.n.r.

keine Wünsche offen: „Ercavio“ als Basis und für die Wein-Newcomer die „Limited Edition“ mit individuellen Qualitäten, alten Reben, anspruchsvollem Winemaking für fortgeschrittenen Weingenuss. Ein Tipp, den ich mit Freude weitergeben kann.

Unbedingt probieren

· *„Ercavio“ Tempranillo Rosado*
· *„La Malvar“ de Más que Vinos*
· *El Señorito „Single Vineyard“ Tempranillo*

CELLER MOLÍ DELS CAPELLANS,
Conca de Barberà

Die noch wenig bekannte, 3600 Hektar kleine D.O. Conca de Barberà liegt im Nordosten Spaniens bei Tarragona, in der Nachbarschaft des legendären Penedès, das in der ganzen Welt für seine Cava-Produktion berühmt ist. Interessant ist, dass ein großer Teil der in der Conca de Barberà angebauten Trauben zur Cava-Erzeugung ins Penedès geliefert wird. Macabeo, Parellada und Chardonnay spielen die Hauptrolle unter den weißen Reben. In der Rubrik Rot erfreut sich die autochthone Trepat größerer Beliebtheit, da sie saftige, gut strukturierte und gehaltvolle Weine liefert, neben Cabernet Sauvignon die Sorten Merlot, Pinot Noir oder Tempranillo. Das Weingut Molí dels Capellans wurde 2007 von Sergi Montalà und Jordi Masdeu gegründet. Sie starteten dieses Projekt mit dem Ziel, Weine von bester Qualität in kleinsten Mengen zu produzieren, umweltschonender Weinbau und traditionelle Weinbaumethoden vorausgesetzt. Die knapp 45.000 Flaschen werden vorerst noch in Barberà de la Conca in der ersten, seit 1894 bestehenden Cooperativa Agricola Spaniens hergestellt. Ausschließlich junge Winzer, die Weine erster Qualität aus ökologischem Weinanbau produzieren, sind in der Cooperativa zugelassen. Der Kleinbetrieb Molí dels Capellans erzeugt neben den Stillweinen auch einen köstlichen Cava.

Unbedingt probieren

· *Cava „L'Atzar“ Brut*
· *Atrevida Blanco*
· *Atrepat Tinto*

MAS LA MOLA, Priorat

Jordi Masdeu von Celler Molí dels Capellans ist auch Besitzer und Önologe von Mas la Mola im benachbarten Priorat. Der Weinkeller in Poboleda wirkt wie ein kleines archäologisches Meisterwerk mit vielen restaurierten Steinbögen und alten Backsteinmauern, eine ganze Reihe von Naturkellern befinden sich in ursprünglichem Zustand. 2014 wurde das Weingut umgebaut und modernisiert, um die Qualität der hochwertigen Weine noch zu steigern.

Die Trauben Garnacha, Cariñena und Peluda kommen ausschließlich von steinigen Hanglagen mit teils uralten Reben. Die Produktion beläuft sich auf etwa 41.000 Flaschen in drei Abfüllungen, wobei alle drei Rotweine Musketiere mit Fleisch an den Knochen sind, stählern, schwarzbeerig, rauchig. Keine Edelmänner, aber bemerkenswerte Burschen, die mit dem ersten Schluck schon sympathisch schmecken, ihre Trinker umarmen, sie nicht wieder loslassen.

Unbedingt probieren

- *L'Expressió del Priorat*
- *Mas la Mola Tinto*

Jordi Madeu

Lenga und Apostolos Mountrichas

GRIECHENLAND

AVANTIS ESTATE, Evia, Zentralgriechenland

Eine knappe Autostunde südlich von Athen entfernt, erreicht man östlich die Landzunge Evia (Euböa) inmitten eines vielfältigen und wunderschönen Naturareals. Hier hat die Familie Mountrichas ihren Besitz, 20 Hektar Weinberge in der Afrati Region mit mediterranem Klima.

Bereits 1830 gegründet, blickt dieser sehr persönlich geführte Familienbetrieb heute auf eine noch junge Geschichte zurück, die es ins Guinness-Buch der Rekorde schaffte. Apostolos Mountrichas führt das Unternehmen mit seiner charmanten Frau Lenga, die selbst Önologie studiert hat und für das Marketing verantwortlich ist. Ihre ersten eigenen Trauben ernteten sie 1994, die exakt 3652 Flaschen brachten, darunter 1500 Flaschen Avantis Dryos. Von diesen wiederum bekam jede einzelne ein handgefertigtes Etikett mit einer Zeichnung von Spiros, Apostolos' Bruder, was ihnen den Rekord bei Guinness sicherte.

Ich kenne die beiden von einem Besuch im Weingut und von Weinmessen. Für mich zählen sie zu jener kleinen und sehr engagierten Gruppe von Winzern der neuen Weinbewegung in Griechenland. Risikobereit zum Investment und mit ganz klaren Qualitätsansprüchen, wollen sie in der oberen Liga der Weingüter weltweit angesiedelt werden. Nach meinem Qualitätsverständnis sind sie auf der Zielgeraden. Das Programm ist zwar nicht sehr groß, aber in jeder Preisklasse komplett. Es reicht von Assyrtiko, Malagousia, Sauvignon Blanc, Gewürztraminer bis Viognier, bei den Roten gibt es die Spezialitäten Mavrokountoura, Merlot und Syrah.

Apostolos selbst sagt über Avantis Estate: „Wir sind nicht groß, aber wir sind gut.“ Dem kann ich mit Nachdruck zustimmen und anmerken, dass sein Syrah für beste Qualität steht und die „Collection“ für mich der typischste und beste Syrah des Landes ist. Ein Syrah mit eindeutigen Duftnoten von der Rhône, der sich blind jederzeit mit den Besten aus Hermitage vergleichen lässt. Er ist für mich eine Bereicherung.

Unbedingt probieren

· *Malagousia*
· *Lenga Gewürztraminer*
· *Syrah Collection*

Christa Von La Chevallerie

SÜDAFRIKA

HUIS VAN CHEVALLERIE, Swartland

Wenn von Neuentdeckungen oder noch völlig unbekannten Weintipps die Rede ist, bin ich mit Headlines wie „Die neuesten, geheimen Tipps ...“ von Haus aus misstrauisch und zurückhaltend. Viel bedeutender ist für mich, Menschen zu finden, Winzer und Winzerinnen, die allerbeste Weine mit Klasse und unvergesslicher Persönlichkeit produzieren, um dann regelmäßig mit Nachdruck auf diese aufmerksam machen zu können. Mit sicherem Bauchgefühl auf sie zu setzen, jedes Jahr aufs Neue, so als würde ich an der Börse ein Vermögen auf sie wetten. Immer wieder hatte ich so ein Weinglück, so auch in diesem Jahr 2017.

Auf der kleinen Farm Boerfontein bei Paarl habe ich Christa Von La Chevallerie kennengelernt. Am nächsten Tag folgte eine abenteuerliche Fahrt auf staubigen Pisten ins Swartland, in eine Gegend abseits von allem, nahe Malmesbury, in the middle of nowhere. In der Nachbarschaft war ich ein Jahr früher bei den weltberühmten Stars der südafrikanischen Weinszene Adi Badenhorst und Eben Sadie. Hier, auf der kleinen Nuwedam Farm, hat Christa nach ihrem Studium in Geisenheim, im Rheingau und ausgiebigen Studienreisen durch die Welt der Perlen und Blasen das Erbe ihrer Eltern angetreten. Dazu zählt auch ihr ganzer Stolz, der 1974 von ihrem Vater angepflanzte Weinberg mit Chenin Blanc, auf kargem Boden aus Granitgestein. Knapp 20 Hektar Reben, Chenin Blanc und etwas Pinotage, gehören zum Miniweingut. Einen großen Teil ihrer Chenin-Blanc-Trauben verkauft sie an Berühmtheiten in der Szene wie Chris Alheit, Chris Mullineux, Peter Finlayson etc., die alle hochdekorierte Weine daraus herstellen. 2005 fällte die taffe junge Winzerin die wirtschaftlich schwer realisierbare Entscheidung, hier selbst Wein herzustellen und ihrer Leidenschaft, der Produktion von Schaumwein, zu folgen. 2011 füllte Christa ihren ersten Jahrgang, das waren 1000 Liter Sparkling Wine aus Chenin Blanc. „Filia", ein Brut Zero, also mit null Dosage, war der erste Chenin Blanc, Méthode Cap Classique (MCC) im Swartland, und lange der einzige Brut Zero, noch dazu in einer bis dato von niemandem erreichten Qualität. Soviel Feinheit, Delikatesse, Finesse, Reinheit und kristalline Klarheit mit sanfter, cremiger Mousseux kenne ich nur von großen, sehr lange auf der Hefe gelagerten Champagnern. Was für eine Entdeckung! Welch Talent, Leidenschaft, Energie und ganz großes Potenzial stecken in dieser jungen Weinmacherin, die ihr Herz und ihre ganze Kraft ausschließlich zwei Produkten in ihrem Keller widmet: dem weißen Sparkling „Filia" Brut Nature und dem Rosé Sparkling „Circa". Wenige Tausend Flaschen hat sie nur, ihr Qualitätsanspruch ist ruinös, zahlt sich aber hoffentlich ganz bald aus, damit sie weitermachen kann. Auch wenn sie längst kopiert wird, ist sie allen voraus. Mein Blue Chip unter den Sparklings Südafrikas bleibt „Filia" von Christa Von La Chevallerie.

Unbedingt probieren

- *„Filia" Chenin Blanc, Brut Nature, Kap Klassiek*
- *„Circa" Rosecco, NV, Sparkling Brut Rosé*

PORSELEINBERG, Riebeek-Kasteel, Swartland

Die erfolgreiche Winery Boekenhoutskloof in Franschhoek mit ihrem Winemaker und Mitinhaber Marc Kent hat mit dem Jahrgang 2010 offiziell nicht nur einen neuen Wein, Porseleinberg „Syrah", lanciert, sondern damit zugleich ein völlig neues Weingutprojekt im Swartland vorgestellt. Seit ein paar Jahren kaufte Kent hier vom Porseleinberg Trauben für die Produktion der Boekenhoutskloof-Weine, die damals schon ihrer Qualität wegen auf dem Markt geschätzt und gesucht waren. Als ihm das ganze Anwesen mit einigen Hektar Reben, Farmland und einem Schuppen on top angeboten wurde, griff Kent zu. Mit Callie Louw als Winemaker und Viticulturist startete er in the middle of nowhere ein ziemlich abenteuerliches Seitenprojekt. 2010 entstand der erste Jahrgang Syrah aus einer Selektion der besten Trauben.

Der Schuppen wurde in eine bescheidene, kleine Weinproduktionshalle umfunktioniert mit ein paar Gärbehältern, Betontanks und -eiern, Fudern sowie ein paar großen 500-Liter-Weinfässern. Eine uralte Heidelberger Plattenbuchdruckmaschine für die wunderschönen Etiketten steht im provisorischen Office, in dem man auch probieren darf.

Den Namen haben Wein und Weingut von dem Kaolinton in den Böden, der früher zur Porzellanherstellung verwendet wurde. Die steinigen Weinberge sind hauptsächlich mit Syrah bepflanzt (die alten Pinotage wurden ersetzt) und organisch zertifiziert. Der Wein wird sehr traditionell mit Ganztraubenpressung, Spontangärung mit wilden Hefen in den Betonbehältern und später nur in großen, alten Holzfässern mit geringsten Schwefelgaben ausgebaut. Vom ersten Jahrgang wurden 3500 Flaschen gefüllt. 2012 wurde Porseleinberg von Südafrikas Wine Guide „Platter's" zur „Winery of the Year" gewählt.

Der große Jahrgang 2015 ist ein umwerfender Syrah, vielleicht sogar der beste in Südafrika. Wer ihn mit den großen Weinen von der Rhône vergleicht, wird mehr als überrascht sein. Viele frische und getrocknete Gewürze klingen hier durch, mit schwarzbeeriger, reifer Frucht und Bitterschokolade. Die geballte, tiefgründige Mineralität kämpft in diesem Syrah noch um die beste Positionierung. Ein Powerwein, der erst im Gaumen und mit den Jahren seine wahre Größe offeriert. Kaufen, kaufen, kaufen!

Unbedingt probieren

· *Porseleinberg*

MOMENTO Marelise Niemann, Bot River

Marelise Niemann, die Gründerin des Miniweinguts Momento, gehört zur noch jungen Weinszene Südafrikas, die man auch gern als die Rebellen der Branche bezeichnet. Marelise arbeitete bis 2014 sehr erfolgreich als Kellermeisterin im bekannten Weingut Beaumont, wo sie mit dem Jahrgang 2011 ihre ersten eigenen Weinexperimente starten konnte. Während ihrer Urlaube sammelte sie auf der ganzen Welt Erfahrung, suchte nach Inspiration, neuem Wissen und Know-how für ihre Miniproduktion. Die noch sehr junge Marelise versprüht eine enorme Energie, wobei sie zugleich zerbrechlich, fein und scheu wirkt. Ihre Weine präsentieren einen völlig anderen, neuen Weinstil Südafrikas, der ihrer Persönlichkeit sehr ähnlich ist, den es aber bis dato in diesem Land noch nicht gegeben hat. Hier spürt man Handwerk pur, das schon mit der Suche nach geeigneten Reben, Parzellen oder kleinen Fleckchen mit ein paar uralten Weinstöcken beginnt, die häufig von Besitzern kommen, die für die Bearbeitung zu alt geworden sind. Ihre Chenin-Blanc-, Verdelho- und Tinta-Barrocca-Reben sind aus den Regionen Bot River und Darling, Grenache und Carignan stammen von Granit- und Sandböden des Swartlands. Auffallend bei allen Weinen von Momento sind die Reinheit und ganz klare Frucht, die als nahezu delikat oder auch feminin bezeichnet werden können. Fein, feiner, am feinsten – und doch haben die Weine Substanz, Tiefe und Ausdauer am Gaumen. Ich war von diesen noch jungen Geschöpfen vom ersten Moment an begeistert.

Unbedingt probieren

· *Chenin Blanc*
· *Tinta Barocca*
· *Grenache*

Marelise Niemann

Katharine und David de Sante

USA

DE SANTE, Napa Valley

Katharine und David de Sante erzählen freudig die Geschichte, wie sie eher zufällig ihre über hundertjährigen Reben erworben haben. Diese reihen sich auch nicht – wie es im Napa Valley ansonsten üblich ist – in einer kultivierten Rebanlage, sondern in einem eher wilden und verwunschenen Garten, den scheinbar jemand vergessen hatte. Die Gelegenheit, die Trauben dieses uralten Weinbergs, dessen Rebstöcke dem Alter eines Methusalems nahekamen, zu kaufen, nahmen sie 2001 sofort wahr und damit beginnt die Geschichte der Garage Winery De Sante im Napa Valley.

Die Reben verteilen sich wie einzelne Bäumchen im Weinberg, man spricht von head pruned, da sie lediglich von oben bearbeitet werden. Auch stehen sie nicht wie üblich in ordentlichen Reihen, an Drahtrahmen hochgezogen, sondern einfach jede für sich. Die head pruned vineyards wurden früher von der Reblaus quasi völlig zerstört und von den wenigen, welche noch übrig sind, sagt man, dass sie für eine gewinnorientierte Boutique-Winery viel zu geringe Erträge bringen. Bei Katharine und David de Sante ist das anders, sie fragen nicht nach der Menge, sondern nach bester Qualität und die wird bekanntlich nicht in Menge erzeugt.

Gelesen wird bereits im August, da David Frische, Säure und niedriger Alkoholgehalt wichtig sind. Die Vergärung findet im Holz mit natürlichen Hefen statt, die malolaktische Gärung wird komplett unterbunden, die Abfüllung erfolgt unfiltriert.

Das Holz für die Fässer zum Ausbau der Weine kauft David in Frankreich, sie werden von einem lokalen Küfer hergestellt. Darin entsteht ein verführerischer Sauvignon Blanc mit exotischer Frucht, Zitrusnoten, Cassis, Holunder, Kokos und rassiger Säurestruktur, viel Schmelz im Mund, alles aus einem Guss mit feiner Länge. Machen Sie sich nicht die Mühe, nach Bewertungen zu suchen, die Weine werden alle unter der Hand verteilt, schreibt der Alleinimporteur in Europa, Unger-Weine aus Frasdorf, das können Sie glauben, ich habe es überprüft.

Unbedingt probieren

· *Sauvignon Blanc, Old Vines*
· *Old Vines, „Field Blend"*

DAOU ESTATE, Paso Robles, Kalifornien

Am höchsten Punkt im Paso-Robles-Gebirge, auf 2200 Metern Höhe, haben sich die beiden Brüder Georges und Daniel Daou mit der spektakulären 2007 neu gebauten Kellerei ihren Traum von einem Weingut endlich erfüllt. In den USA durchaus nicht ungewöhnlich ist die perfekte Ausstattung der Kellerei mit allerfeinsten Materialien, ihre Lage aber bleibt nahezu einzigartig.

Auf diesen eindrucksvollen Weinbergen und Lagen hatte Dr. Stanley Hoffmann schon in den 1960er-Jahren unter der Regie des berühmten André Tchelistcheff die ersten Cabernet-Sauvignon-Reben gepflanzt, Jahre später ernteten sie höchste Auszeichnungen dafür.

Die 100 Hektar allerbesten Terroirs wurden unter anderem mit Cabernet Sauvignon, Cabernet Franc, Merlot und Petit Verdot bepflanzt, das Rebmaterial von den besten Klonen war gerade gut genug. Dafür steht Daniel gerade, dessen Herz für erstklassige Bordeaux-Blends schlägt. Wer die Gelegenheit bekommt, aus der Daou Collection vom Chardonnay bis Zinfandel über einen Blend bis zu den extravaganten Cabernet Sauvignon etwas zu probieren, sollte nicht lange überlegen, sondern einfach zugreifen. Noch sind auch die Preise für die High-Class-Weine günstig, wenn sie mit ihrer größten Konkurrenz im Land verglichen werden.

Das Flaggschiff der topmodernen Kellerei sollte man sich nicht entgehen lassen: „Soul of the Lion“ mit ca. 80 Prozent Cabernet Sauvignon, den Rest teilen sich Cabernet Franc und Petit Verdot. Die Dynamik, Strahlkraft und pointierte Frucht im Gaumenzentrum wirken frech, geradezu erotisch zieht er seine Bahnen auf der Zunge und hinterlässt einen aufregenden, denkwürdigen Nachgeschmack. Der Kerl hat das Zeug zu einem der rassigsten und besten Cabernet Blends Kaliforniens, der auch europäischen Geschöpfen zeigt, wo der Hammer hängt.

Unbedingt probieren

· *Daou Réserve Cabernet Sauvignon*
· *Daou Estate Cabernet Franc*

Georges und Daniel Daou

WELCHE SAU
wird als Nächstes durchs Dorf getrieben?

—

IN DER WEINSZENE TANZT DER BÄR, DIE POST GEHT AB

Überall gärt es, in neuen wie in alten Fässern, und neue Themen poppen schneller hoch als der Korken einer Champagnerflasche. Ein Blick zurück macht dann doch schnell klar, dass die „neuen" Trends häufig nicht so neu sind.

Vom Beaujolais bis Biowein, von Chablis bis „Kabi", sprich Kabinett, und Lambrusco, Natur- oder Orangewein – die meisten Themen waren irgendwie und irgendwo schon mal da. Und sie sind, wenn man mal ganz ehrlich ist, weder neu noch trendy. Der Trend ist halt oft eine Erfindung von Menschen für Menschen, die jedem Hype, auch beim Wein, willig und unbesehen folgen. Längst sind wir in der Welt des Weins ebensolchen Moden ausgeliefert wie bei Food, Musik oder Klamotten. Getragen, gegessen und getrunken wird das, was angesagt ist. Über Geschmack lässt sich bekanntlich nicht streiten.

Ein paar Highlights zum Thema, was „in" ist oder war, was wiederkommt oder welche Weinsau vielleicht als Nächste durch unser Dorf getrieben wird, lesen Sie hier.

Von alten und neuen Hypes

Erinnern Sie sich noch an die Zeit, als im Weinbau auf Masse statt Klasse gesetzt wurde? Diesen Hype gab es vor nur wenigen Jahrzehnten – nicht nur in Deutschland. Mir wird heute noch bange, wenn ich an so manche Abfüllung Chablis, Chianti aus der Fiascoflasche, Edelzwicker, Beaujolais Nouveau, Lambrusco oder einige der ersten deutschen im Barrique ausgebauten Weißweine denke.

Natural-Wines-Hersteller entdeckten die Amphoren als Gärgefäße wieder.

Wie jede Branche hat auch die der Weine ihre absoluten Trends: Renner, die als letzter Schrei meist nur für kurze Zeit in aller Munde sind. Taugt der Prosecco als gutes Beispiel? Ja, aber der große Hype dauerte über Jahre an und lässt erst jetzt langsam nach. Nur Ahnungslose glauben noch, einen Prosecco im Glas zu haben, während sie deutschen oder österreichischen Sekt, Cava oder Crémant schlürfen. Lugana hingegen ist eigentlich kein Trend. Ich habe das Gefühl, dass er vor allem nur in München und Umgebung getrunken werden kann, denn sehr viel mehr davon kann es gar nicht geben.

Erinnern Sie sich an die Chablis-Zeiten? Für Sommeliers in gepflegten Restaurants war bis Ende der 1990er-Jahre eine Weinkarte ohne eine Auswahl an Chablis undenkbar. Jenen knalligen, knackig-frischen und säurebetonten Chardonnay, wie es ihn nur im Norden der Bourgogne gab. Seine Rolle war die eines ständigen Begleiters, sie fing bei der Auster an und war beim Zander oder Zackenbarsch noch lange nicht beendet. Witzigerweise wollten viele Gäste unbedingt einen Chablis, aber auf keinen Fall Chardonnay – ein gutes Beispiel dafür, wie sich eine Region als Synonym für einen trockenen Wein in den Köpfen festsetzte, mehr als den Namen wussten die meisten Liebhaber nicht.

Manche Trends kommen irgendwann wieder und ich kann mir gut vorstellen, dass das beim Lambrusco so sein wird. Ja genau – das Getränk, das früher in den hübschen Zwei-Liter-Bastflaschen verkauft wurde und ein Garant für Kopfschmerzen war. Heute gilt er noch als obsolet, dabei ist er mittlerweile ein völlig unterschätzter Wein, genauer gesagt, ein Perlwein. Dass Lambrusco schäumt, gibt ihm etwas Modisches, denn Schaumwein ist „in". Er hat einen in jeder Beziehung leichten Charakter, wird trocken oder auch süß ausgebaut. Lambrusco garantiert unkompliziertes Trinkvergnügen –, und das zu fairen Preisen. Er passt zu Regionalem vom Metzger, vom Schinken bis zur Mortadella, zu Knusprigem vom Pizzabäcker oder Feinem aus der Pasteria. Momentan wird der rote Perlwein aus der Emilia Romagna vor allem in seiner Heimat von Massimo Bottura, dem derzeit besten Koch der Welt, und seinen Gästen sehr geschätzt – ich prophezeie, dass der Kreis der Interessenten bald größer werden wird.

Ein Beispiel für einen Wein, der schon mal „in" war, dann „out" und jetzt – wenn auch weniger lautstark – wieder „in", ist der Beaujolais. Früher war der gekühlte Beaujolais Nouveau jedem ein Begriff. Regelmäßig im November rollten die Trucks über die französischen Grenzen, brachten den frühzeitig trinkreif gemachten, süffigen Rotwein mit Bananentouch und garantiertem Schädelbrummen in deutsche, Schweizer und österreichische Restaurants. Etwa 15 Jahre hat das Phänomen gedauert und dank dieser Marketingentgleisung steuerte die ganze Region mit ihren ansonsten feinen Weinen dem Untergang entgegen. Die Winzer ließen sich aber doch nicht ganz unterkriegen. Etwas verfrüht sagte ich 2010 ein baldiges Comeback des Beaujolais voraus, wofür ich zuerst reichlich Spott erntete. Auch wenn man den öffentlichen Erfolg von damals nicht erwarten darf, ist heute dennoch hip, wer über Cru aus Beaujolais parliert. Dagegen kamen die Weine aus Fleurie, Brouilly, Morgon, Chénas oder Moulin-à-Vent, die schon immer mit Klasse statt Masse überzeugen, bei uns leider nur sehr spärlich rüber.

War es das dann schon mit den Hypes? Natürlich nicht. Die Lebensmittelindustrie hat der Weinbranche vorgemacht, wie Bio geht, dort ist jetzt „regional" angesagt.

NATÜRLICH BIO

In der Weinszene geht es im Moment nicht um die Herkunft, hier geht es um die Methoden im Anbau und in den Herstellungsprozessen. Es geht um Biowein, biodynamisch erzeugten Wein, Naturwein, den Vin naturel und die Unterschiede zu konventionell erzeugtem Wein. Die unterschiedlichen Behälter, in denen die Weine ausgebaut werden, sind ebenso ein Thema. Bei den Materialien und Formen sind der letzte Schrei momentan das Betonei (interessanterweise war Beton früher selbstverständlich im Weinausbau), auch Tonamphoren, die in die Erde eingegraben werden, oder solche, deren feinste Glasuren in speziellen Brenntechniken hergestellt sind, kommen gut an. Merken Sie etwas? Richtig, in Mode ist die Methode und die scheint in all den Diskussionen derzeit

Congrats, Betoneier, Behälter aus Granit und Basaltgestein gewinnen in der Produktion an Bedeutung. Neuester Schrei: horizontal gelagerte Betontanks.

wichtiger zu sein als der Wein selbst und sein Geschmack. Besonders deutlich wird das in der Diskussion um Naturweine. Hier sind die Franzosen die Vorreiter, denn in Frankreich finden sich nicht nur die meisten Produzenten, sondern auch die besten und vor allem die überzeugendsten und trinkfreudigsten Weine der Naturweinszene, die hier auch ihren Anfang fand. Paris hat sich längst zum Eldorado dieser Bewegung entwickelt. Doch worum geht es eigentlich ganz genau? Zunächst sind Unterschiede oder Gemeinsamkeiten zwischen bio, biodynamisch, Naturwein und auch dem oft angesprochenen Orangewein interessant.

Biowein

Der Bio-Trend begann Anfang des Jahrtausends, obwohl es damals schon zahlreiche Winzer gab, die biologisch arbeiteten, dies aber nicht an die große Glocke hingen. Sie werden heute einfach in die Gruppe der konventionell arbeitenden Betriebe gesteckt, was so nicht in Ordnung ist. Die zahlreichen landwirtschaftlichen Bio-Verbände sahen sich mit einem Massenansturm biowilliger Winzer konfrontiert. Die vormals strengen Auflagen und Vorschriften wurden bald wieder gelockert und man ging Kompromisse ein, um die geforderten Mengen liefern zu können. Heute sind deshalb viele Produkte, eben auch Weine, ihr Bio-Label nicht wirklich wert und die Preise sind unverständlich günstig. Denn: Billig geht Bio nicht!

Im Weinberg werden weder synthetische Spritzmittel noch Kunstdünger benutzt. Allerdings dürfen begrenzt Kellerhilfsmittel wie Reinzuchthefen und schweflige Säuren verwendet werden. Das ist bei der Gärung von Vorteil, denn nicht immer gelingt mit den Spontanhefen ein sauberer, perfekter Wein, und ohne Zusatz schwefliger Säure entstehen oft fehlerhafte Vertreter oxidativer Natur, mit Böcksern, flüchtigen Säuren und anderen Fehltönen. Darüber hinaus wurden weitere Zugeständnisse gemacht, die die Industrialisierung von Biowein unterstützen. Die auf Masse ausgerichtete „Biowein-Industrie" hat mit dem ursprünglichen Bio-Gedanken nicht viel zu tun.

Biologisch-dynamisch erzeugter Wein

Die Biodynamie ist auf den Anthroposophen Rudolf Steiner zurückzuführen. Der Weinbau steht hier im Einklang mit der Natur, dem Streben nach dem Gleichgewicht. Nicolas Joly ist der größte Verfechter von Steiners Theorie und hat damit ganz Frankreich sehr erfolgreich überzeugt. Die verschiedenen biodynamisch und biologisch arbeitenden Verbände von Demeter oder Ecovin bis Biodyvin variieren in ihren Richtlinien und erlauben unterschiedliche Zusätze. Einigkeit besteht dahingehend, dass auf alle chemisch-synthetischen Dünge- oder Pflanzenschutzmittel grundsätzlich verzichtet wird. Stattdessen wird die Anwendung von homöopathischen Mitteln wie Teepräparaten oder einer Kuhmistmischung mit Quarzit, die zuvor in gefüllten, eingegrabenen Kuhhörnern ruhte, propagiert. Dies alles dient zur Stärkung der Pflanzen. Vor diesem Hintergrund werden auch stets die Gestirne und der Mond beachtet. Daran mag vielleicht nicht jeder glauben, aber dennoch sind es viele, die es tun. Für die Kellerarbeit bestehen keine festen Richtlinien, außer dass alles, was zusätzlich verwendet wird, aus der Natur stammen oder selbst hergestellt werden muss. Ausnahmen bestätigen die Regeln, denn wenn etwas mal nicht funktioniert, gibt es die berühmten Seitentürchen, die auch erlauben, was nötig ist, wie spezielle zugesetzte organische Hefen, Enzyme, die nicht denaturiert wurden, und so manches andere Hilfsmittel.

Der Trend zum Vierbeiner, Pferd oder Esel, setzt sich in Frankreich und Spanien immer mehr durch. Mit ihnen lassen sich die Böden im Weinberg schonend bearbeiten.

Naturwein

Der Begriff „Naturwein" ist ein recht schwammiger und weist in der Regel auf einen ganz bestimmten Weintyp hin, der mit naturschonendem Anbau und auf eine besonders schonende Art im Keller ausgebaut wird. Mit Ausnahme des umstrittenen Kupfers wird dabei auf jegliche chemische Spritzmittel – auch jene, die erlaubt sind – verzichtet. In radikalerer Interpretation bedeutet dies, dass der Weinmacher im Keller in keiner Weise eingreift. Das klingt erst mal ansprechend, meint aber im Extrem nicht nur den Verzicht auf Zusätze oder künstliche Methoden, sondern auch, dass kein Versuch unternommen wird, Geschmack oder Geruch zu manipulieren.

Der Ausbau von Naturweinen folgt dem nachhaltigen Weinbau, der in der Regel auf biologischen oder biodynamischen Grundsätzen basiert. Spontangärung ist vorausgesetzt, es werden keine denaturierten Enzyme, keine Schönungsmittel und keine Filtration verwendet. Außerdem ist kein oder nur ein minimaler Zusatz von Schwefel geduldet.

Wie bei Hypes üblich, wird momentan nahezu alles, was aus der Naturweinszene kommt, unhinterfragt akzeptiert und für eine positive Entwicklung gehalten. Das treffendste Zitat zur Naturweinszene las ich bei „Originalverkorkt" von Christoph Raffelt: „Naturwein ist eine Bewegung, bei der bis heute nicht ganz klar ist, wo sie hinführt, ist definitiv ein Sammelbecken von brillanten Weinmachern und genauso auch von Spinnern, die vom Weinmachen eigentlich keine Ahnung haben."

INFO

Genau genommen ist der Begriff „Naturwein" eine Täuschung, eine grundsätzlich irreführende Bezeichnung für Weine. Denn der Herstellungsprozess von Wein, der Anbau von Reben und deren Ausbau im Keller ist kein natürlicher, sondern ein von Menschen kultivierter Ablauf. Daher ist der Ausdruck „Naturwein" oder „Vin naturel" per se nicht zutreffend. Per Gesetz ist er nicht definiert, aber als Bezeichnung auf dem Etikett immer noch nicht erlaubt.

Orangewein

Orangewein ist ein maischevergorener Weißwein, der ein Bio- oder Naturwein sein kann und in der Amphore ausgebaut wird. Unter diesem Namen werden Weine angeboten, die zunächst wie Rotwein verarbeitet werden. Die angequetschten Trauben liegen für eine längere Zeit im Saft, um während des Gärprozesses aus der Schale und den Kernen möglichst viele Geschmacksstoffe zu extrahieren. Der später abgezogene Saft bekommt durch den Luftkontakt (Oxidation) nicht nur eine dunklere, gelbe Farbe, sondern vor allem Phenole und Gerbstoffe aus Haut und Traubenkernen. Deshalb sind diese Weißweine im Duft ebenso wie im Geschmack radikal anders. Oft erinnern sie an abgestandenen, alten Apfelmost mit schnapsigen Noten. Typisch für sie ist wenig Frucht, keine Typizität zur Erkennung der Sorte und Herkunft, viel Gerbstoff, teils sehr viele Bitternoten. Als Speisenbegleiter sind sie bedingt gut geeignet, vorausgesetzt, man gibt ihnen genügend Zeit zur Reife auf der Flasche, dafür sind meistens Jahre notwendig und vor dem Trinkgenuss Stunden in der Karaffe. Serviert werden sollten sie mit Rotweintemperatur, also 16 bis 18 °C.

Veganer Wein

Bis zur Filtration ist Wein ein pflanzliches, veganes Produkt, vorausgesetzt, es kommen bei der maschinellen Ernte nicht unkontrolliert Tierchen mit in das Lesegut. Zur Entfernung von Trübstoffen oder Verminderung von Gerbstoffen werden später eventuell Hilfsmittel zur sogenannten Klärung der Flüssigkeit, wie Hühnereiweiß, Hausenblasen oder Ähnliches, benutzt. Will man vegane Weine erzeugen, müssen Alternativen wie Bentonit, Aktivkohle oder Agar-Agar verwendet werden.

TUGEND ODER UNTUGEND

Es gibt eine anhaltende Diskussion um Bio-, Natur- und Orangeweine, die teilweise hitzig geführt wird und faszinierenderweise ganz selten die eigentlich wichtigste Frage berührt: Wie müssen Naturweine riechen und schmecken? Dass Weine nachhaltig an- und ausgebaut werden, dass auf Chemie und Pestizide verzichtet wird, ist unstrittig eine begehrenswerte Methode der Weinherstellung. Aber was genau soll dabei entstehen?

Biologischer Weinbau hinterlässt weniger Schadstoffe im Weinberg. Er garantiert jedoch nicht, dass die Weine besser schmecken.

PROFITIPP VON PAULA BOSCH

Achten Sie bei Orangeweinen besonders auf die ideale Trinktemperatur von 16 bis 18 °C und ein paar Jahre Reife.

Beim Wein ist ja nicht der Weg das Ziel, sondern das Ergebnis zählt. Zumindest für den verunsicherten Konsumenten, der einen stolz als Naturwein gepriesenen, leider aber oft übelriechenden, fragwürdigen Wein unter der Nase haben kann. Jetzt steht er vor der Frage, ob das so sein muss oder nicht.

Die wichtigsten Gründe für die häufig vorhandenen diffusen Düfte sind Trauben, die nicht kerngesund gelesen wurden, mangelnde Kellerhygiene, insbesondere bei der Gärung, sowie der völlige Verzicht auf Schwefel. Die daraus resultierenden mikrobiologischen Veränderungen sind oft neben einem undefinierbaren Geruch, nicht selten auch Gestank, in der Folge ein verunstalteter und fehlerhafter Wein, der bei aller Liebe zur Natur untrinkbar bleibt – mag sie ihn auch selbst so gemacht haben.

Ein großes Problem bei den Naturweinen ist, dass aufgrund der oben genannten Punkte schätzungsweise 50 Prozent nicht einwandfrei und mangelhaft sind. Dazu kommt die Intoleranz einiger Winzer, die nicht zugeben wollen, dass manche ihrer Weine nicht ganz in Ordnung sind. Spontangärung ist zwar einerseits sehr positiv, birgt aber eben auch Risiken, da sie von Fehltönen und unangenehmen Gerüchen begleitet werden kann. Die natürlichen Hefestämme im eigenen Keller führen oft zu guten Ergebnissen, sind aber auch unberechenbar und ohne Garantie auf Erfolg.

Wenn dann „natürliches Nichtstun" als höchste Winzertugend gepriesen wird, sehen sich Verbraucher nicht selten mit Weinen konfrontiert, die vielleicht irgendeinem Ideal folgen, aber sicher nicht dem der Qualität.

IM RECHTEN LICHT

Dass es heutzutage einfacher sein kann, einen fehlerhaften Naturwein zu vermarkten als einen makellosen, nachhaltig produzierten Qualitätswein ohne Biozertifikat, zeigt, wie mächtig Hypes sein können, hilft aber nicht den Konsumenten und ihren Bedürfnissen.

Genauso schade finde ich es, wie häufig die richtig guten Naturweine – und davon gibt es viele – unnötig in ein schlechtes Licht gerückt werden. Es ist für Natur- und Orangeweine nicht förderlich, dass hippe, moderne Dinge Schnelligkeit erfordern, um nicht schon wieder „out" zu sein. Auf einen Wein zu warten, ihm Zeit zum Reifen zu geben, ist kein Bestandteil einer Trendkultur.

Also werden dem Konsumenten in Restaurants oder im Fachhandel häufig Weine vorgesetzt, die frühestens nach zwei bis drei Jahren Reifezeit erstklassig schmecken würden, zu jung getrunken aber nur anstrengend sind.

Wenn dann noch zu wenig Wissen über die Entstehung und den Service von Weinen vorhanden ist und man einen Orangewein, der wie Rotwein ausgebaut wird, mit Weißweintemperatur kredenzt, sprich viel zu kalt einschenkt, geschweige denn karaffiert, kann gar nicht mehr von Trinkvergnügen die Rede sein. Da ist dann der Hype eindeutig der Feind der Bewegung Naturwein.

WAS HEISST DAS FÜR DEN VERBRAUCHER?

Die aktuell häufig zu beobachtende pauschale Herabwertung von konventioneller Weinerzeugung ist ebenso wenig gerechtfertigt wie die unkritische Verklärung der Naturweinszene. Es gibt sehr viele „konventionelle" Winzer, die sich nicht dem Diktat einer Zertifizierung unterwerfen wollen, und das interessanterweise manchmal, weil sie die Regeln für nicht streng genug halten. Trotzdem arbeiten sie nachhaltig und haben Weinberge, die beispielhaft für viele andere sein könnten: bewachsen mit Gräsern und Kräutern, weit und breit keine Chemie in Sicht. Und in ihren Kellern ist neben dem Faktor „Zeit zur Reife" der Verzicht auf künstliche Präparate von Aroma- oder Reinzuchthefen bis zu Enzymen, verschiedenen Säuerungsmitteln und vielen anderen zugelassenen Hilfsmitteln eine Selbstverständlichkeit. Dennoch, vom omnipräsenten Geschwätz des Nichtstuns wird selbst der beste Grundwein nichts.

Auch unter nicht zertifizierten Weingütern gibt es viele Überzeugungstäter, die großartige, natürliche Weine produzieren. Diese können sich in jeder Analyse mit zertifizierten Weinen messen, aber im Vergleich mit den vielen schwarzen Schafen ist ihr Prozentsatz verschwindend klein.

Andererseits kann man durchaus vielen namhaften Weinproduzenten, die sich in der Bio-Naturweinszene bewegen, vorwerfen, dass sie sich dieser weniger aus Überzeugung, sondern mangels Erfolg auf dem Weinmarkt angeschlossen haben. Sie suchen hier das hilfreiche Marketinginstrument für ihre Weine, die ohne diese Bewegung auch heute noch im großen Weinteich der Masse ertrinken würden. Wer sich davon ein Bild machen möchte, kann sich in Berlin auf der RAW-Weinmesse überzeugen lassen. Die Ausstellung widmet sich ausschließlich biologischen, biodynamischen, möglichst naturbelassenen Weinen und findet inzwischen regelmäßig statt.

MIT GESCHMACK ÜBERZEUGEN

Dass Weine biologisch einwandfrei angebaut und produziert werden, ist nicht der alleinige Sinn des Weinmachens, sondern die Voraussetzung, sozusagen die Eintrittskarte in die Welt der hochwertigen Weine. Qualität wird vorausgesetzt. Und die hat nun mal ihren Preis, das muss nicht erst im Detail gerechtfertigt werden.

Die Kür ist, Weine zu machen, die beim Trinken Freude und Genuss vermitteln. Je besser und höher ihre Qualitätsstufe ist, umso leichter fließen sie durch die Kehle. Die Spitzen des weltweiten Weinbergs sind meiner Meinung nach Weine, bei denen man sich aus Gründen der Vernunft selber ausbremsen muss, bevor die Flasche ganz leer ist. Würden alle biodynamisch erzeugten und sogenannten „Naturweine" pures Trinkvergnügen vermitteln, Begeisterung schon unterhalb der Nase auslösen und die Nasenflügel in Schwingung versetzen, als wollten sie zum Tango oder Cha-Cha-Cha ansetzen, dann wären vermutlich sehr viel mehr Weintrinker öfter geneigt, eine dieser Flaschen zu erwerben.

Wer Weintrinker von seinen Weinen überzeugen will, der kann das nicht nur mit der Qualität im Anbau und im Keller tun, der muss auch, und das in erster Linie, überzeugenden Geschmack liefern. Daran ändern kein Hype, kein Trend, keine Sau etwas, auch wenn sie noch so zügig durch das Dorf getrieben werden: Am Ende entscheidet der Geschmack.

Und damit sind wir wieder beim Anfang dieses Kapitels gelandet. Was hat letztendlich zum Niedergang der glorifizierten Weine aus Chablis, Chianti oder Beaujolais geführt? Dass sie sich aus ihrer Nische holen und sich als Big Players vermarkten ließen. Da musste an den Mengen und zwangsläufig auch an der Qualitätsschraube gedreht werden. Dem Kunden blieb das Resultat nicht ganz verborgen, er hat sich umgesehen und dabei viele neue Weine entdeckt.

Rote und weiße REBSORTEN

CHARAKTERISTIKEN UND BESONDERHEITEN

Von Apfel über Rosen, Veilchen bis zu Kräutern, Schiefer, Trüffel oder Zimt – jede Rebsorte hat ihre eigenen Duftnoten, ihre eigene DNA. Wer Wein richtig genießen, ihn mit all seinen Komponenten kennenlernen, sein Profil erkennen möchte, dem empfehle ich die Beschäftigung mit den Eigenschaften von Rebsorten.

Mit diesem Thema haben sich bedeutende Autoren auseinandergesetzt und großartige Werke geschaffen, zum Beispiel eine mehrbändige Ampélographie des Rebenforschers Pierre Galet oder den dicken Wälzer „Grapes" von Jancis Robinson. Es sind fantastische Informationsquellen, die immer wieder aktualisiert oder auch nur ergänzt wurden, sobald neue Analysetechniken den Wissenschaftlern neue Ergebnisse lieferten. Einige der gewonnenen Erkenntnisse stellen frühere Resultate über die Rebsortenherkunft auf den Kopf, ergänzen oder bestätigen Elternteile, die schon lange bekannt waren.

In diesem Kapitel erfahren Sie Interessantes zur Historie der Reben, welche Böden, Geschmacksnoten und typischen Aromen wie Früchte, Kräuter oder Gewürze den einzelnen Rebsorten eigen sind – die sogenannten Kopfnoten, wie man sie in der Welt der Düfte, in der Parfümherstellung, nennt.
Ich habe eine persönliche Auswahl von bedeutenden und weniger bedeutenden, dafür teils umso bemerkenswerteren Rebsorten getroffen. Diese Darstellung erhebt keinen Anspruch auf Vollständigkeit, sie ist aber idealerweise ein kleines Brevier für Ihre nächsten Weinproben.

ASSYRTIKO
CHARDONNAY
GEWÜRZTRAMINER
GRAUBURGUNDER
SAUVIGNON BLANC
SILVANER

CHASSELAS
CHENIN
GRÜNER VELTLINER
RIESLING
VIOGNIER
WEISSBURGUNDER

Assyrtiko

Assyrtiko ist eine sehr feine und vielseitige Weißweinsorte mit Zukunft, die aber aufgrund ihrer regionalen Begrenzung vermutlich nie eine der bedeutenden Rebsorten der Welt werden wird. In Griechenland ist sie mit 70 Prozent der Anbaufläche auf der Insel Santorin beheimatet. Seit neuester Zeit wird sie auch in Attika, in den Côtes de Meliton und im Peloponnes angepflanzt und als Partnerin in Cuveés verwendet.

Kennengelernt habe ich den Assyrtiko an seinem Ursprungsort mit Stefanos Georgas, dem Chef de Cave im Weingut Argyros auf Santorin. Er hat mir seine Kultur, Charakteristik und seinen ganz speziellen Geschmack nähergebracht. Die eindrucksvollen Weinberge und Reben werden alle wurzelecht auf eine ganz besondere Art auf den vulkanischen Böden angebaut und durch Steinmauern vor den heftigen Winden geschützt. Die Pflanzen haben eine Ähnlichkeit mit Vogelnestern oder geflochtenen Körben, die direkt, ohne Stamm, an der Erdoberfläche wachsen. Mit dieser Anbauweise spendet man den Trauben Schutz sowohl vor Sonnenlicht als auch vor dem stetigen Wind, der nicht nur die Böden austrocknet, sondern auch Luftfeuchtigkeit vom nahen Meer bringt und damit die durchschnittliche Temperatur in den Weinbergen senkt. Die Nährstoffe für die Pflanzen sind hier sehr viel tiefer als gewöhnlich in der Erde, was wiederum zu einer starken Verwurzelung der Reben führt, die oft weit über 50 Jahre alt sind.

Santorin ist in seiner Kargheit, seinen scheinbar reduzierten Möglichkeiten für den Anbau von Reben wie den Assyrtiko ideal. Was die Pflanzen hier ohne Regenwasser leisten, grenzt an ein Wunder der Natur, ist aber einfach zu erklären. Der Boden nimmt die Feuchtigkeit aus der Luft, dem Nebel, der stets vom Meer aufsteigt und der Pflanze so das nötige Wasser gibt.

TYP: Echte Terroir-Weine, duftig, mittelkräftig, mit knackiger, frischer Säure, salziger Mineralität, gutes Reifepotenzial.

erdig Fenchel Limette Berg Athos
Peloponnes Honigmelone Akazie Vulkan
Quitte mineralisch Weißdorn Santorin
Haselnuss reifer Apfel Zitronengras
Zitrone pflanzlich aschig Aprikose
Bimsstein Williamsbirne Attika

Total: 1911 ha
Griechenland: 1911 ha (100 %)

Chardonnay

Bienenhonig Quitte
Muschelkalk Birne getoastetes Holz
Litschi geräucherter Speck Mango weiße Blüten
Brioche Burgund Banane Cotê de Beaune
Kaminrauch Grapefruit
Honigmelone geröstete Haselnuss Chablis
Kaffeepulver Ananas Vanille
Kalk Karamell Champagne Walnuss

Chardonnay ist mehr oder weniger die populärste unter den weißen Rebsorten. Ihr Ursprung wird in Vorderasien vermutet. Von dort kam sie mit der Ausbreitung der Weinkultur nach Frankreich, wo heute noch in den Toplagen Burgunds die besten trockenen Weißweine aus ihr gekeltert werden. Wenn die Sorte auch sehr genügsam ist und mehr oder weniger auf jedem Kraut- und Rübenacker gedeiht, entstehen die besten Chardonnay weltweit immer noch auf den kalkreichen Böden in den burgundischen Gemeinden Meursault, Puligny- und Chassagne-Montrachet sowie in der Champagne. Wichtig zu wissen ist, dass sie in Burgund nie namentlich auf den Etiketten erwähnt wird. In den 1990er-Jahren kam sie in ganz Europa in Mode, blühte quasi über Nacht in sämtlichen Weinregionen auf. Damit nicht genug, auch die Neue Welt, Kalifornien, Australien, Chile bis Südafrika, erkannte die Vorteile und Beliebtheit der Sorte und pflanzte sie, wo immer es auch ging. In Deutschland erfolgte ihre offizielle Zulassung 1991. Aber wo auch immer die Sorte eine neue Heimat gefunden hat, ein Original Montrachet bleibt unerreicht. Keine andere weiße Rebsorte gewinnt durch den Ausbau in Holzfässern mehr als sie, während die im Stahltank erzeugten Weine oft banal wirken können. In warmen Lagen wird sie schnell breit, fett und alkoholisch, weil sie relativ wenig Säure hat und durch den Ausbau im Barrique zusätzlich der biologische Säureabbau (BSA) stattfindet.

TYP: Chardonnay ist als Weintyp ohne Barrique sehr neutral, im ungünstigen Fall belanglos. Mit Holzausbau würzig, mit weniger Säure, sahnig, cremig, toastig, karamellig, mit viel Schmelz, üppig, prachtvoll, verschwenderisch.

Total: 197.000 ha

Frankreich: 48.900 ha (25 %), USA: 41.200 ha (21 %), Australien: 21.300 ha (11 %), Italien: 20.000 ha (10 %), Chile: 11.700 ha (6 %)

Chasselas

Mit ihrer 5000-jährigen Geschichte ist Chasselas eine der ältesten Kulturreben der Welt. Dank des Rebenforschers Dr. José Vouillamoz vom Agroscope Wädenswil ist ihr Ursprung inzwischen geklärt, der nicht wie vermutet im Libanon oder in Ägypten, sondern im Waadtland liegt.

Das Kerngebiet des Westschweizer Weinbaus zieht sich vom Kanton Waadt, der zweitgrößten Schweizer Weinregion, an den Ufern des Genfer Sees entlang und durch die Regionen La Côte, Lavaux und Chablais bis Martigny, wo es dann in das Wallis mündet. Namen wie Aigle, Dézaley, Féchy, St. Saphorin oder Yvorne sind Ortschaften und Weinnamen zugleich, die alle über die Landesgrenzen hinaus bei Weinfreunden bekannt sind. Dass sich dahinter trotz der so unterschiedlichen Weine immer die gleiche Rebsorte, nämlich der Chasselas, verbirgt, wissen nicht sehr viele.

In der größten Region des Schweizer Weinbaus, dem Wallis, wird Chasselas Fendant genannt. Unter den weißen Rebsorten ist er mit der größten Rebfläche nicht nur die Nummer eins im Land, sondern auch sehr viel beliebter als in Deutschland, wo er ausschließlich im badischen Markgräflerland als die Spezialität angebaut wird. Hier kennt man ihn als Gutedel und schätzt seinen einfachen, säurearmen, leichten und ebenso bekömmlichen Charakter. Auf den weiten, größtenteils flachen Lagen und nährstoffreicheren Böden bringt die Rebe einen ganz anderen Weintyp hervor als in ihrer Heimat. In Frankreich wird sie an der Loire und im Elsass angepflanzt, ergibt aber leider keine bemerkenswerten Weine.

TYP: Seine Neutralität in Duft und Geschmack ist Handicap und Stärke zugleich, ja sogar sein ganz besonderer Reiz. Stets trocken ausgebaut, säurearm, leicht bis charaktervoll. Ein Begleiter von früh bis spät, nicht nur an sonnigen Tagen. Gereift zeigt er teils überraschende Qualitäten.

Vulkan Wallis laktisch Fenchel
Neuenburg Kamille Holunderblüte
Buttermilch Verwitterungsböden Haselnuss Kalk
gelber Apfel Waadt Hefe Akazie
Sesam Gesteinverwitterung Quitte
Joghurt Weißdorn Muskat

Total: 11.200 ha

Schweiz: 3800 ha (34 %), Ungarn: 1260 ha (11 %), Frankreich: 1100 ha (10 %), Deutschland: 1100 ha (10 %)

Chenin Blanc

Zitrusfrüchte Paarl Walnuss
Mandel Stroh Apfel Akazie Kalk
eisenhaltiger Sand Olifants River
Aprikose Swartland Kardamom Heu rauchig
Lehm Bienenwachs Kies Quitte Sandstein
Honigmelone Loire Safran
Silikatgestein

Chenin Blanc ist eine weit verbreitete Tafelweintraube, die auch im Qualitätsweinanbau zu Höchstleistungen erzogen wird. Weltweit hat sich ihre Fläche in den letzten 20 Jahren verdreifacht. Die hochbetagte Rebsorte, von der Pierre Galet schreibt, sie sei schon im 9. Jahrhundert in Anjou heimisch gewesen, kannte man bis vor drei Jahrzehnten auf Weinkarten in erster Linie in der Region Loire. Hier wird sie von Anjou bis Saumur, Vouvray, Bonnezeaux bis Savennières angebaut, wobei die Regionen nicht alle gleich berühmt sind. Eine bedeutende Ausnahme sind beispielsweise die Weine aus der nur 6,85 Hektar kleinen AOC Savennières-Coulée-de-Serant, die weltweit Kultstatus erreicht hat.
In Südafrika ist Chenin Blanc, hier Steen genannt, die am häufigsten angebaute Rebsorte. Ihre Qualität wird mehr und mehr erkannt. Dank ihrer relativ hohen Säure, durchaus vergleichbar mit Riesling, haben die Weine und Schaumweine einen frischen Charakter mit Biss, die besten besitzen ein hohes Reifepotenzial.
Im Weinberg ist sie widerstandsfähig gegen Krankheiten, verträgt Hitze, hat einen verspäteten Säureabbau, die Fähigkeit zur Edelfäule und erreicht ein hohes Alter. Das wissen nicht nur erstklassige Winzer in der angesagten Region Swartland zu schätzen. In der Weinwelt gewinnt die Sorte immer mehr Freunde, wobei schade ist, dass die Talente dieses Riesling-Pendants unter den Weinfreunden bei uns noch nicht erkannt wurden.

TYP: Ein Allroundtalent, mit Weinen von leicht, knackig-frisch, trocken, semi-dry bis edelsüß oder als Schaumwein. In der Reifephase teils zickig, störrisch, bockig, aber auch begeisternd.

Total: 48.600 ha

Südafrika: 17.700 ha (37 %), Frankreich: 17.900 ha (37 %), USA: 9900 ha (20 %), Argentinien: 2150 ha (4,4 %)

Gewürztraminer/Traminer

Die Streitereien um die Herkunft des Gewürztraminers sind noch nicht beigelegt. Fest steht allerdings, dass es sich um eine Selektion aus Wildreben und den ältesten noch angebauten Rebsorten handelt. Synonyme hat er gleich mehrere. In Deutschland wird Gewürztraminer beziehungsweise Traminer trotz genetischer Gleichheit unterschiedlich benannt. In Baden kennt man ihn als Clevner, im benachbarten Elsass wird er Gewurztraminer geschrieben und im Jura ist er als Savagnin bekannt. Die Verwandtschaft zu Tramin in Südtirol bleibt umstritten, obwohl man dort schon im 15. Jahrhundert die Klöster mit Traminer als Messwein beliefert hat. Hartnäckig kämpfte er sich mit seinen Reizen durch die Jahrhunderte, präsentierte sich von seiner besten Seite und siegte. Als Bouquet-Rebsorte (mit ausgeprägtem Duft) ist er derzeit ähnlich wie Muskateller nicht en vogue. Das mag auch am Ausbaustil liegen, der mit weniger Alkohol, etwas leichter und weniger barock vermutlich mehr Freunde gewinnen würde. Auch wenn Gewürztraminer auf dem Weltmarkt zu den Verlierern zählt, ist es schön, dass es noch Winzer gibt, die diese Sorte pflegen. Hat sie doch im Duft jenen Sexappeal, der einem Parfümklassiker wie „Chanel N° 5“ oder „Calèche“ von Hermès zu eigen ist. Wer kann da schon widerstehen? Die ganz großen Gewürztraminer kommen aus dem Elsass, Süßweine als Vendange tardive oder Sélection de Grains Nobles. Die etwas kühleren Vertreter kommen aus Südtirol.

Ein junger, gut gekühlter, duftiger Gewürztraminer mit dezenter Süße zum Apéro bleibt ein Genuss besonderer Art. Wer es exotisch mag, probiert ihn zu Huhn in Curry oder zu Krebsen und Hummer.

TYP: Reizvoller Duft, blumig, aromatisch, körperreich, teils mit milder Säure. Hochfein, von elegant trocken, lieblich bis edelsüß.

Elsass warme Böden Veilchen Litschi
Rosenblüten rosa Grapefruit Jura schwere Böden
Granit Passionsfrucht Gewürznelke Muskatblüte
Baden Akazienblüten Sand Kumquat
tiefgründige Böden Bienenhonig Marzipan Zimt
Südtirol Quittengelee Lavendel

Total: 12.000 ha

Frankreich: 3400 ha (28 %), Italien: 1400 ha (12 %), USA: 1300 ha (11 %), Deutschland: 965 ha (8 %)

Grauburgunder

geräucherter Speck Feigen
Friaul Mango Südtirol Karamell Weißdorn
Orangen Wiesenblumen Williamsbirne Kalk
Baden Walnuss Nussbutter Mandarine Venetien
Pimpernelle Bienenhonig Orangenkonfitüre
Vulkan Rose Haselnuss Champignon Löss
getrocknete Aprikose Apfel Brioche
Kaminrauch

Der Grauburgunder, oder auch Ruländer, ist eine Mutation des Blauen Spätburgunders, daher die leicht blaue Farbe seiner Beeren. Die Rebsorte wurde von Johann Seeger Ruland 1711 in einem Weingarten gefunden und nach ihm benannt. Solange der Wein jedoch als Ruländer bezeichnet wurde, fristete er in den frühen 1980er-Jahren bei uns in Deutschland ein armseliges Dasein. Das mag nicht immer gerechtfertigt gewesen sein, aber viele Weine waren strohgelb, alkoholgeschwängert, teils fett, barock und sehr oft restsüß. Dieser Typ war zehn Jahre später nicht mehr gefragt.

Stil- und Namensänderung brachten eine schnelle Wende. Das Mauerblümchen Ruländer wurde in Grauburgunder umbenannt, auch weil er als Pinot Grigio in Italien geliebt wurde. Der Erfolg ließ nicht lange auf sich warten. An jeder Ecke ausgeschenkt entwickelte er sich zum Modewein, dessen Qualität bald zu wünschen ließ. Gerade noch rechtzeitig wurde an dieser Schraube gedreht: Es gab ein Revival des Grauburgunders als Everybody's Darling, besonders als Allroundtalent zum Essen.

Ob im Edelstahl, großen Holzfass oder im Barrique ausgebaut, seine stoffige, sanfte und runde Art mit einem Kick Frische wird geschätzt. Großartige Weine gibt es im Elsass unter dem Synonym Pinot Gris, trocken ausgebaut oder restsüß mit Edelfäule als Pinot Gris Sélection de Grains Nobles. Außer den USA und Australien hat die übrige Weinwelt wenig Interesse an Grauburgunder.

TYP: Klassischer Art, säurearm, sehr gehaltvoll von frisch bis sahnig, buttrig weich. Vielschichtig, würzig, je nach Ausbau von komplex bis opulent.

Total: 56.300 ha

Italien: 24.500 ha (44 %), USA: 7400 ha (13 %), Deutschland: 6200 ha (11 %)

Australien: 3650 ha (7 %), Frankreich: 2930 ha (5,2 %)

Grüner Veltliner

Der Grüne Veltliner ist nicht nur mit Abstand Österreichs wichtigste Rebsorte, er hat auch seinen Ursprung in Österreich. Ein Elternteil aus der natürlichen Kreuzung Traminer x St. Georgen ist im burgenländischen St. Georgen entdeckt worden. In seiner Heimat bedeckt der Grüne Veltliner ein Drittel der gesamten Rebfläche. Die österreichische Weinwelt wäre ohne Grünen Veltliner viel ärmer, meine übrigens auch. Dabei denke ich nicht an die vielen Heurigen-Schoppen, die den Weg in durstige Kehlen finden, sondern an die vielen großartigen Weine aus den erstklassigen Weingütern, die ich in meinem Leben probieren durfte. Zuerst die Steinfedern, Federspiele und Smaragde aus der Wachau, später die Weine von jungen Winzertalenten aus den Regionen Wagram, Kamptal, Kremstal, Traisental und Weinviertel. Die fruchtbare Rebsorte steht gern auf leichten Lössböden, treibt früh aus und ist daher in nördlichen Gebieten ungeeignet, da sie empfindlich auf Spätfröste reagiert. In Ungarn und Tschechien findet man noch nennenswerte Bestände.

Ihre geschmackliche Vielfalt macht sie ebenso spannend wie das breite Spektrum ihrer Aromen. Faszinierend ist bei jeder Verkostung auch die unterschiedliche Stilistik, welche die Weine aus den verschiedenen Regionen in einem einzigen Jahrgang aufweisen. Die Wachau war lange Zeit federführend. Im Lauf der Jahre jedoch hat sie Konkurrenz von den angrenzenden Regionen bekommen, was die Qualität der Weine insgesamt noch gesteigert hat.

TYP: Leichte, spritzige, säurebetonte, trockene Basisweine bis zu erstklassigen, gehaltvollen Weinen.

Wachau Reinette Weinviertel Urgestein Kremstal
Mirabelle Limette Erbsenschale Steinobstkern
Kamptal schwarzer Pfeffer Grapefruit Cavaillonmelone
Quitte Wien leicht gelber Apfel Salbei Traisental
Steinmehl weißer Pfeffer Wagram Orangenzeste Schnittlauch
Lehm Dill Blütenhonig Zitronengras Thymian
Weinbergpfirsich Löss Aprikose

Total: 20.000 ha

Österreich: 14.400 ha (71 %), Slowakei: 1800 ha (9 %), Tschechische Republik: 1700 ha (8 %), Ungarn: 1400 ha (7 %)

Riesling

weiße Blüten Mandarine
Rheingau Honigmelone Pfalz
Aprikose grüner und gelber Apfel
Württemberg Muschelkalk Nahe Buntsandstein Ananas
Petrol Liebstöckel Pfirsich Mosel Vulkan
mineralisch
Wiesenblumen Limette Schiefer Mittelrhein
Rheinhessen Grapefruit

Riesling ist eine natürliche Kreuzung aus weißem Heunisch, Vitis sylvestris und Traminer. Im weltweiten Vergleich mit anderen bedeutenden Rebsorten hat er eine ganz besondere Stellung. Seine Vorteile liegen im vielseitigen Ausbau, denn keine andere Sorte bringt das ins Glas, was Riesling kann. Sein Geschmacksprofil zieht sich über einen weiten Bogen: von leicht bis kräftig, jung bis sehr alt, trocken bis feinherb, fruchtig, von lieblich bis edelsüß. Von Basisqualitäten zum einzigartigen Kabinett bis zur Trockenbeerenauslese und Eiswein.

Die unverkennbare Frische der Rebsorte mit ausgeprägter, markanter Säure ist unerreicht. Finesse, Rasse, Leichtigkeit und auch die Langlebigkeit sind alles gute Gründe für ihren Titel „Königin der weißen Rebsorten". Ebenso punktet der Riesling mit der unerreichten Transparenz in Duft und Geschmack, mit einer Mineralität, die seine Herkunft oft eindeutig widerspiegelt. Beste Beispiele finden wir an der Mosel, Saar und Nahe sowie in der Pfalz, im Rheingau und Rheinhessen, wo er etwas kräftiger ist.

Fast 50 Prozent der weltweit angebauten Rieslingreben stehen in Deutschland, an erster Stelle mit 5800 Hektar in der Pfalz. In dem gemäßigten Klima fühlen sich die Reben am wohlsten und danken es mit Spitzenqualitäten. Auch im Elsass genießt die Sorte einen hohen Stellenwert, ebenfalls in Österreich, hier ist sie neben dem Grünen Veltliner die wichtigste Rebsorte. In der Wachau reifen Qualitäten von Weltklasse. Die starke Überseepräsenz in den USA und Australien ist sehr beachtlich.

TYP: Glockenklare Frucht mit finessenreichem Spiel, Leichtigkeit oder Kraft, Eleganz mit Flügeln sind Charakteristika für das unerreichte, frische, säurebetonte Geschmacksprofil.

Total: 51.600 ha

Deutschland: 23.700 ha (46 %), USA: 4500 ha (9 %), Frankreich (Elsass): 4000 ha (8 %)
Australien: 3100 ha (6 %), Österreich: 2000 ha (4 %)

Sauvignon Blanc

Aller Wahrscheinlichkeit nach hat Sauvignon Blanc seine Heimat in der Region Loire in Frankreich, wo die bekannten Weine Sancerre und Pouilly-Fumé aus dieser Rebsorte gekeltert werden. In den Subregionen von Bordeaux ist die Traube häufig als Verschnittpartner geschätzt. An den über 100 Synonymen lassen sich ihre weltweite Verbreitung und ihr hohes Alter ablesen. Die letzten DNA-Analysen aus 1999 vermuten eine Eltern-Kind-Beziehung mit der Rebsorte Traminer (Savagnin Blanc).

Von Frankreich aus trat Sauvignon Blanc vor etwa 40 Jahren seinen Eroberungsfeldzug an. Weltweit steht die Sorte mit mehr als 120.000 Hektar im Anbau und in Frankreich ist sie mit 30.000 Hektar am weitesten verbreitet. In Deutschland kam ihre Zulassung Ende der 1990er-Jahre. In der Gastronomie feierte Sauvignon Blanc erste Erfolge als Sancerre und Pouilly-Fumé, damals meist anonym, weil auf den Etiketten keine Rebsorte steht. Weintrinker wie Weinbauern schätzen ihn, von der Steiermark bis nach Südafrika oder Neuseeland.

Im Weinberg präsentiert sich Sauvignon als Mimose, hat eine mittelfrühe Reife, große Anfälligkeit für Echten Mehltau, Botrytis und Eutypiose (Holzkrankheit).

Für sein aromatisches Bouquet sind die vielen Methoxypyrazine (ätherische Öle = Aromastoffe) verantwortlich. Aus unreif geernteten Trauben oder solchen, die ungekühlt gekeltert werden, schmecken sie grasig, grün, ähnlich wie Paprika.

TYP: Im besten Fall empfindet man ihn als umwerfend fein, sehr elegant, säurebetont und knallfrisch aus dem Edelstahl; komplex, dicht und tief strukturiert mit persistenter Länge aus dem Holzfass mit sehr gutem Lagerpotenzial.

Heu getrocknete Aprikose Gras
karger Boden weißer Spargel Sandstein (hell) Honigmelone
Cassis Pouilly-Fumé Ananas Lindenblüten
Sancerre
Grapefruit Holunderblüten
Basilikum Litschi
grüne Banane grüne Paprika (streng)
tiefgründiger Boden Pfirsich Loire grüne Bohne
Bordeaux Tomatenblätter Passionsfrucht

Total: 124.800 ha

Frankreich: 30.000 ha (24 %), Neuseeland: 21.400 ha (17 %), Chile: 15.200 ha (12 %), Südafrika: 9200 ha (7 %), USA: 6500 ha (5,4 %)

Silvaner

Champignon gipsiger Lehm Pfalz
rosa Grapefruit Honigmelone
Keuper Rheinhessen grüne Apfelschale
nasser Stein reifer Apfel Weißdorn Heu
Zitronengras
Haselnuss (frisch) Baden Verwitterungsböden
Muschelkalk Rhabarber Quitte Kartoffelschale
Franken erdig Stachelbeere

Silvaner ist eine alte, vermutlich aus Österreich stammende, zufällige Traminerkreuzung. Jahrelang wurde über seine Herkunft und seinen genetischen Ursprung gerätselt. Es ist bis heute ungewiss, ob er nun aus Transsilvanien stammt oder eventuell sogar aus einer kleinen Stadt Mittelasiens namens Silvan.
Seine 350 Jahre alte Geschichte wurde in Franken, wo er mit 75 Prozent Anteil die stärkste Sorte im Anbau ist, gebührend gefeiert. In Rheinhessen steht er an zweiter Stelle der Beliebtheitsskala, es gibt sogar eine eigene Selektion unter dem Label „RS Rheinhessen Silvaner".
Leider wird der Silvaner, der ehemals mit y geschrieben wurde, immer noch zu Unrecht vernachlässigt. Dass er früher gelegentlich auch in unsagbar schlechten Cuvées verwendet wurde, ist immer noch nicht vergessen, aber die Renaissance ist inzwischen deutlich spürbar.

Silvaner gilt als frühreif sowie ertragsreich und eignet sich sehr gut für Neuzüchtungen. Wenn er in Frankens besten Lagen steht, etwa in Würzburg oder Castell, läuft die Sorte zur Höchstform auf und überrascht mit Komplexität ebenso wie finessenreicher Feinheit. In der Küche ist er als vielseitiger Partner, besonders zu Gemüsen, Salaten und Flussfischen, beliebt. Sein neutrales Bouquet ist von Vorteil, lässt aber manchmal etwas Charakter vermissen. Die Zurückhaltung im Duft wird durch seinen sehr feinen, teils gehaltvollen Geschmack wieder ausgeglichen.

TYP: Von leicht und duftig bis mittelkräftig, trocken, saftig, harmonisch.
Kann von jung bis gereift getrunken werden, vom knalltrocken ausgebauten Wein bis zu höheren Prädikatsstufen mit deutlicher Restsüße wie Beerenauslesen.

Total: 6900 ha
Deutschland: 4900 ha (72 %), Frankreich (Elsass): 1100 ha (16 %), Schweiz: 240 ha (3,5 %)

Viogner

Mit einer Rebfläche von etwa 13.000 Hektar weltweit spielt die Sorte Viognier mengenmäßig im Weinbau eine Nebenrolle. Das größte Handicap sind die sehr geringen Erträge, die meist unter 20 Hektoliter pro Hektar liegen und somit kein Argument für wirtschaftliche Vernunft darstellen. Sprechen wir aber über ihre Qualität und die Weine, die aus ihr gekeltert werden, steht Viognier ganz sicher weit vorne. Sein Charakter ist ein großes Plus. Der Wein ist ein einziges Konzentrat, eine sogenannte Weinessenz. Allein der Duft ist ein Hit, weckt er doch Erinnerungen an weiße Blüten im Frühsommer. Im Geschmack ist ein guter Viognier immer sanft, cremig, buttrig, leicht ölig, ohne fett oder plump zu sein. Ein Widerspruch in sich, weil auf der einen Seite ein Kraftpaket steht und auf der anderen Seite eine so feine, zarte, fast filigrane Persönlichkeit. Seine Milde und Stärke faszinieren zugleich.

Seine Heimat ist Frankreich, wo er im Rhônetal in den Appellationen Condrieu und Château-Grillet die höchste Wertschätzung genießt und das mit besten Weinen dankt.
Es mag sein, dass die Seltenheit dieser Weine eine gewisse Magie und Begehrlichkeit ausübt – wer aber je die Chance bekommen hat, einen wirklich guten Viognier zu verkosten, kommt nie wieder von ihm los. Das ging mir so, das geht Ihnen so, wetten ...? Außer an der Rhône finden sich ein paar rare und gute Beispiele in Kalifornien und Australien, seit kurzer Zeit sogar in Südafrika.

TYP: Sinnlich, sanft, mit weicher Textur, seidig und üppig. Oz Clarke schreibt in seinem Lexikon der Rebsorten: „Viognier drohte, ein Sexsymbol zu werden, das viele begehrten, sich aber nur wenige leisten konnten."

Kamille Lehm Aprikose
Mango Rhône Akazienblüten Blütenhonig
gelbe Rosen Birne Haselnuss laktisch
leichter glimmerhaltiger Sand Pfirsich Granit
Condrieu Buttermilch Quitte Weißdorn
Banane Maiglöckchen Kalkstein

Total: 13.000 ha
Frankreich: 6400 ha (50 %), USA: 1400 ha (11 %), Italien: 1200 ha (9,4 %)

Weißburgunder

Kalk Akazie gelber Apfel Litschi
Kerbel Grapefruit wasserdurchlässig Kohl tonhaltig
Williamsbirne Kieselerde Ananas Nahe
warm Kamille Haselnuss Kürbis Rheinhessen Weißdorn
tiefgründig Aprikose nicht zu kühl Sesam
Fenchel Pfalz Zitrone Piment Baden

Weißburgunder gilt immer noch als kleiner Bruder des Grauburgunders und ist unter dem Synonym Pinot Blanc, vor allem im Elsass, sowie als Pinot Bianco in Italien bekannt. In der Ampelographie kann die Rebsorte bis ins 14. Jahrhundert zurückverfolgt werden. Sie gilt als edle Sorte, deren Herkunft im französischen Burgund angenommen wird. Entstanden ist sie durch eine Spätburgunder-Mutation. Ihre Verwandtschaft mit Grau- und Spätburgunder kann meistens erst nach beginnender Traubenreife festgestellt werden.
Auf deutschen Weinkarten war Weißburgunder bis vor 20 Jahren weniger präsent, die Rebsorte zählt aber gemeinsam mit dem Grauburgunder nicht nur im Rebsortenspiegel zu den Gewinnern der letzten Jahre. Deutschland, mit der Hochburg Baden, ist mittlerweile das Land mit der größten Weißburgunder-Rebfläche, Italien folgt auf Platz zwei. In kleineren Flächen findet man die Rebe noch in Österreich, Frankreich und der Tschechei.

Die Ansprüche an Boden und Klima sind hoch und lassen hier die Verwandtschaft zum Spätburgunder besonders deutlich erkennen. Möglichst warm und trocken, in sonnenreichen Lagen, fühlt sie sich am wohlsten. Das dankt sie dann nach einer langen Reifezeit am Rebstock mit besten Mostgewichten und feinsten Qualitäten.
Der Weißburgunder ist ein idealer Partner bei Tisch, da er in seiner feinblumigen, duftigen und sehr ausgewogenen Art vielseitig eingesetzt werden kann und ein Menübegleiter schlechthin ist. Die Sorte wird auch gern als Grundwein für Sekte verwendet.

TYP: Elegant, leicht und frisch, das sind seine drei wichtigsten Eigenschaften. Feinduftig, blumig, sommerlich, mittelkräftiger bis mächtiger Charakter, wenn im Holz ausgebaut. Gewöhnlich säurebetonter, etwas leichter als Grauburgunder.

Total: 16.600 ha
Deutschland: 5200 ha (31 %), Italien: 3100 ha (19 %), Österreich: 2000 ha (12 %), Frankreich: 1200 ha (8 %)

AGIORGITIKO
BAGA
CARMÉNÈRE
PINOT NOIR
GRENACHE
GAMAY
PINOTAGE

BLAUFRÄNKISCH
CABERNET SAUVIGNON
SYRAH
MALBEC
MERLOT
SANGIOVESE
TEMPRANILLO

Agiorgitiko

In der Weinwirtschaft Griechenlands sind die vielen autochthonen Rebsorten der größte Reichtum, was glücklicherweise auch die Produzenten erkannt haben. So pflegen sie neben den internationalen Sorten etwa die rote Agiorgitiko als eine der ältesten Rebsorten der Welt, die unter anderem als St. Georgs-Rebe bekannt ist. Sortenrein ausgebaut hat sie sehr viel Potenzial und positive Eigenschaften, mit denen sie auch außerhalb Griechenlands zur Kategorie der besten Rebsorten gezählt werden kann.

Einer ihrer großen Vorteile ist ihre Flexibilität im Anbau. So wird sie in verschiedenen Regionen in differierenden Höhenlagen von 250 bis 600 Höhenmetern angepflanzt, was zu ganz unterschiedlichen Weinen führt. Das Hauptanbaugebiet aber bleibt Nemea, wo auch ihre besten Weine produziert werden.

Die Agiorgitiko kann jedoch nicht nur im Weinberg, sondern auch in der Vinifizierung unterschiedlich ausgebaut werden, und zwar von der Kohlensäuremaischung (Macération carbonique) für Jungweine bis zum Holzfassausbau für anspruchsvolle Qualitäten. So reicht ihr Geschmacksbild von beerig, blumig, frisch, saftig oder als schmeichlerischer Gaumenfreund bis hin zum nachtschwarzen, kernig würzigen, mittelkräftigen oder gehaltvollen, robusten Charakter. Mit Barriqueausbau gilt Agiorgitiko als ernstzunehmender Rotwein, der mit großer Qualität auftreten kann.

TYP: Vielseitig, vom leichten Rosé über Alltagsweine bis hin zum anspruchsvollen Rotwein. Fruchtig, smart in der Jugend, mit betonter Säure, ausgeprägtem Tannin, groß im Reifepotenzial.

Attika Brombeere
Muskatnuss Rauch nördliches Makedonien
Unterholz Himbeere Waldpilze Granit
Schokolade (bitter) Peloponnes/Nemea
Leder Lehm Kirsche Kaffee
Gewürznelke Ton Petrol

Total: 3400 ha
Griechenland: 3400 ha (100 %)

Baga

Trüffel Kalkstein Tannenholz
Pflaumenmus Rittersporn Feigenkompott
Tabak
Dao Lehm getrocknete Kräuter Zedern
fermentierter Tabak Granatapfel Ton
geröstete Nüsse Heu schwarze Oliven
Waldbeeren Waldboden Bairrada
Lilien Zwetschgen

Als Weinbau treibendes Land nimmt Portugal immer noch in vielerlei Hinsicht eine Außenseiterrolle ein. Doch die Zeit der Anonymität und der kommunikativen Enthaltsamkeit ist nahezu vorbei. Vielleicht hat dazu auch die rasante Marktentwicklung des spanischen Nachbarn beigetragen.

Erstaunlich ist dabei die Beharrlichkeit, mit welcher die Rebsortenkultur beibehalten wird, die ohne Zweifel die Identität Portugals im Bereich Weinbau bewahrt. Von den unzähligen Rebsorten des Landes wird die rote Sorte Baga, die früher Poeirinho genannt wurde, am meisten angebaut – und das, obwohl sie nicht einmal die feinste ist, sondern als robust und streng gilt, mit mittlerem Qualitätsniveau. Die kleine Traube reift spät und benötigt daher viel Sonne und Wärme, damit die dickschaligen Beeren mit den vielen Gerbstoffen zur vollen Reife gelangen. Beste Ergebnisse findet man ausschließlich in ihrer Heimatregion, in der Bairrada.

Traditionell erzeugte Weine aus der Sorte Baga werden teils immer noch mit den Rappen (Stielen) vergoren und sind daher extrem tanninbetont. Die etwas nobleren Weine sind deutlich sanfter, aber immer noch straff und kompakt, dennoch wesentlich zugänglicher. In Summe sind die intensiven, robusten Weine langlebig, reifen sehr gut, sind weder fruchtig noch edel, aber voll eigenständigem Charakter. Schwere Kaliber, wie sie seit neuestem von Luis Pato oder einem erfahrenen Weinbesessenen wie Dirk Niepoort hergestellt werden, besitzen eine eigene Persönlichkeit und haben dank ihrer Vinifizierung ein ganz eigenes Qualitätsniveau erreicht.

TYP: Streng genommen ist Baga eine Rebsorte mit einem rustikalen, derben und groben Geschmacksbild. Bei bester Qualität der Lagen und Reben erreicht sie neben gehaltvoller, reicher Struktur auch Schliff, Präzision und Klasse.

Total: 6800 ha

Portugal: 6800 ha (100 %)

Blaufränkisch/Lemberger

In Ungarn ist Blaufränkisch unter dem Synonym Kékfrankos stark vertreten und hat hier mit etwa 7300 Hektar Rebfläche weltweit den höchsten Anteil. Neben Österreich und Deutschland, wo er unter den Namen Blaufränkisch sowie Lemberger bekannt ist, wird die Sorte auch in Tschechien und der Slowakei angebaut. Ihre Heimat wird in Österreich vermutet, wo sie erstmals im 18. Jahrhundert nachgewiesen wurde. Spätestens seit 2001 wird sie dort als die rote Rebsorte des Landes gefeiert. Die internationale Fachpresse, an erster Stelle Robert Parker, würdigte die Weine von Roland Velich aus seinem 2001 gegründetem Projekt „Moric", was diesen in seinem beharrlichen Glauben an das große Qualitätspotenzial des Blaufränkisch bestätigte. Seither verhelfen zahlreiche Talentschmieden der Rebsorte im Mittelburgenland, insbesondere um Eisenberg, zu immer weiteren Erfolgen.

In Deutschland hat der Lemberger beachtliche Flächen in der Pfalz und in Württemberg, wo man seinen Wert immer mehr zu schätzen weiß. Hier kommt er dann ins Glas, wenn gehaltvoller Rotwein gewünscht wird. Qualität und Charakter hängen stark von den geernteten Mengen und der Ausbauart im Keller ab. Entsprechend unterschiedlich sind auch der Geschmack, seine Intensität, Struktur und Persönlichkeit.

Bis auf wenige Ausnahmen wird die Sorte nie ein großer Rotwein werden, doch seine Qualität ist sehr solide, mit viel Kraft und Komplexität – insgesamt so gut, dass er mehr Beachtung verdient hätte.

TYP: Ist sehr farbintensiv, oft schwarzrot. Fruchtig, würzig, mittelkräftig bis gehaltvoll. Gerbstoffreicher Charakter mit großer Komplexität und enormer Stoffigkeit, die sich sehr markant, mehr oder weniger sanft präsentieren kann.

Cassis Lehm
Provençalische Kräuter Wacholderbeeren
Leder Heidelbeere
Moos Blaubeere Muschelkalk Minze
Unterholz Schiefer Burgenland Veilchen
Württemberg Schwarzkirsche Pfeffer
tiefgründig + schwer Waldpilz Banane
Lorbeer Holunder

Total: 17.000 ha

Ungarn: 7300 ha (43 %), Österreich: 3000 ha (18 %), Deutschland: 1850 ha (11 %)

Cabernet Sauvignon

Waldbeeren

wasserdurchlässige Böden Waldpilze rote Paprika

schwarzer Pfeffer Holzausbau = Vanille Eiche

Rauch Schotter Kirsche Eukalyptus Languedoc

Gewürznelke Bordeaux schwarzer Trüffel

Zedernholz Loire

Zimt Kies Leder Cassis

Provence Unterholz Moos

Cabernet Sauvignon oder „Cab", wie die Amerikaner den berühmtesten Vertreter unter den roten Rebsorten nennen, hat seine Hochburg in Bordeaux. Von hier aus hat sich die Rebsortenkreuzung Cabernet Franc x Sauvignon Blanc auf den Weg rund um den Globus gemacht. Durch Aquitanien, wo seine Anbaufläche inzwischen größer ist als in Bordeaux, in das Languedoc, die Provence bis an die Loire, die ihm genauso lieb ist wie die übrige Weinwelt. Die reisefreudige Rebsorte ist vergleichsweise anspruchslos bezüglich Boden und Klima. Wenn das Spiel zwischen allen Elementen der Natur funktioniert und die Sonne nicht versagt, schafft sie Qualitäten, für die Weinkenner weltweit ihr letztes Hemd eintauschen würden.

Im Vergleich zu Merlot hat Cabernet Sauvignon, sortenrein ausgebaut, nicht ganz die gleiche Klasse, obwohl es wie immer ein paar Ausnahmen gibt. In Europa wird er daher in seltenen Fällen als Solist abgefüllt, was in Übersee sehr viel häufiger vorkommt. In Verbindung mit Merlot läuft die Sorte dann zur Hochform auf – von Pauillac nach Margaux bis St. Émilion, von Italien, insbesondere in der Toskana, bis nach Spanien.

Wie kaum eine andere Rebsorte benötigt Cabernet Sauvignon den Ausbau im Eichenfass. Beste Lagen und Jahrgänge legt man gern zu hundert Prozent in neue Barriques, die dem Wein in der ersten Reifephase entsprechend viele Holzaromen, aber ebenso Finesse, Dichte, Würze und Tannine abgeben, vorausgesetzt, die Fässer sind allerbester Herkunft.

TYP: Cab wird weltweit unterschiedlich interpretiert, vom leichten bis hocheleganten Stil mit ausgeprägter Vielschichtigkeit im Duft und Gaumen. Dunkelbeerige Frucht und Würze, wenn auch nicht so überwältigend fein wie bei Pinot Noir. Festes Tannin mit bestem Reifepotenzial.

Total: 283.000 ha

Frankreich: 49.800 ha (18 %), Chile: 43.200 ha (15 %), USA: 37.700 ha (13 %), Australien: 24.000 ha (9 %)

Carménère

Die Geschichte der sehr alten Sorte Carménère ist mit derjenigen der Malbec im Bordelais vergleichbar. Noch während des 18. Jahrhunderts hatte sie hier ihre Blütezeit, war speziell im Médoc weit verbreitet und hat mit ihren Qualitäten zum guten Ruf der Weingüter beigetragen. Doch die Reblaus machte ihr den Garaus. Und einer ihrer größten Nachteile, die Neigung zur Verrieselung und die damit verbundenen geringen Erträge, wurden ihr dann letztendlich zum Verhängnis. Was noch an Rebmaterial vorhanden war, wurde schlichtweg durch weniger empfindliche Sorten wie Cabernet Sauvignon, Cabernet Franc und Merlot ersetzt.

In Chile, etwa eine Autostunde südlich von Santiago, wurde Carménère seit dem späten 19. Jahrhundert weiter kultiviert. So entkam sie dem völligen Untergang zunächst unter dem Deckmantel der Merlot-Traube, mit der sie lange verwechselt wurde. Erst eine DNS-Analyse von 1994 ließ ihre wahre Identität erkennen. Sie wird in Chile in den besten Tälern (Valle Colchagua) als die Rebsorte des Landes gefeiert und bringt es dort mit etwa 80 Prozent im Rebsortenspiegel qualitativ ebenso zu ganz ordentlichen Ergebnissen.

Ihre geschmackliche Verwandtschaft zu Merlot und Cabernet Sauvignon ist auch hier eindeutig erkennbar, man erkennt sofort die frischen grünen Paprikanoten. Die späte Reife und die geringen Erträge sind nach wie vor ihr Handicap und verhindern eine weitere Verbreitung. Ihre Herkunft ist bis heute nicht eindeutig festgestellt, man vermutet aber eine natürliche Kreuzung von Gros Cabernet und Cabernet Franc.

TYP: Nahezu nachtblau neigt sie zu hochfarbigem, schwarzblauen Saft. Im Geruch ungewöhnlich, teilweise vegetal, mit dominierenden Gewürzen. Im Mund süßlich, wenig Säure, von sanfter, weicher Textur geprägt.

Rapel Pflaume getrocknete Kräuter blaue Feige
lehmhaltiger Kies Kakao Brombeere Tabak
Leder grüne Paprika Süßholz
Kirsche Kies grüne Pfefferkörner Blaubeere Bitterschokolade
Karamell Colchagua Schiefer Himbeere
Granatapfel Maipo Bleistift Cachapoal

Total: 13.400 ha
Chile: 10.900 ha (81 %)

Gamay

Hagebutte Beaujolais Banane gelbe Paprika
Kastanienblüten Sedimente aus Ton und Kalk
Erdbeere Birne (Williams) Fruchtdrops
rote Paprika pflanzlich
Granit Kirsche Schiefer Veilchen
kandierte Früchte
Heu rote Rosen Himbeere

Die Zeiten, in denen sich in der Region Beaujolais in der Nacht zum 14. November kilometerlang die mit Beaujolais „Primeur" oder „Nouveau" vollgeladenen Lastwagen auf den Routes nationales stauten, sind längst vorbei. So begrüßenswert das ist, es ist trotzdem schade, dass damit auch die Nachfrage nach den besseren Weinen aus Cru-Lagen von Fleurie, Brouilly, Chiroubles, Moulin-à-Vent oder Morgon eingeschlafen ist. Selbst mit den besten Qualitäten aller Zeiten haben es diese Weine bis dato nicht mehr geschafft, ihren Weg noch einmal aus der Region herauszufinden. Dabei hat die traditionelle Rebsorte aus den Dörfern nördlich von Lyon – wo auch ihre Heimat ist – einen Charakter, den sehr viele Weintrinker schätzen. Das mag auch der dort typischen Methode der Vergärung (Macération carbonique) und deren Resultaten geschuldet sein. Bei der schnellen Gärmethode unter Luftabschluss, der Kohlensäuremaischegärung, entwickelt sich nämlich das bekannte Bananenaroma. Generell sind die Weine aus Gamay jung zu trinken, mittlerweile gibt es aber Qualitäten der jungen Winzergeneration, insbesondere aus den Cru-Lagen, die sehr anspruchsvoll sind und daher einige Jahre Reife in der Flasche gut vertragen. Vereinzelt findet man die Sorte noch im Loiretal, der Touraine und im Mâconnais. In der Westschweiz, im Wallis, wird Gamay zwar angebaut, verschwindet aber in der Regel in der roten Weinsorte Dôle. Die Trauben neigen zu früher Reife und sind damit auch für kühlere Standorte geeignet. Leicht gekühlt ist Gamay nicht nur bei sommerlichen Temperaturen ein idealer Wein zum Grillen, sondern auch dank wenig Tannin ganz allgemein ein idealer Rotwein zu Schalentieren und gebratenem Fisch.

TYP: Leicht, frisch, saftig und aromatisch. Im Duft ausgeprägt fruchtig, teils blumig. Sehr trinkfreudig, süffig und angenehm im Gaumen mit wenig Gerbstoffen. Die Fruchtsäure ist erfrischend, Trinkspaß pur.

Total: 28.700 ha

Frankreich: 26.500 ha (92 %), Schweiz: 1300 ha (5 %)

Grenache

Ganz egal, ob die mediterrane Rebsorte „Grenache" wie in Frankreich, „Garnacha" wie in Spanien oder „Cannonau" auf Sardinien genannt wird, es handelt sich stets um die gleiche, sehr alte Sorte, die mit knapp 170.000 Hektar zu den meist angebauten roten Reben der Welt zählt. Bei einer derartig weiten Verbreitung ist auch verständlich, dass ihre Charaktereigenschaften zwangsläufig unterschiedlich sind. Sie waren bis vor 20 Jahren auch lange nicht so hochgeschätzt wie heute. Hohe Mengen werden oft automatisch mit Massenware assoziiert, was in gewisser Weise auch richtig ist. Ebenso richtig ist aber, dass es gewaltige Qualitätsunterschiede gibt, die in der Weinwelt bestens bekannt sind.

Wenn zum Beispiel ein Weingut wie Château Rayas in Châteauneuf-du-Pape es fertigbringt, von den 13 zugelassenen Rebsorten sich auf eine, nämlich Grenache, zu beschränken, und daraus einen so begeisternden Wein zaubert wie Jacques Reynaud das konnte, dann ist das doch durchaus einen Versuch der Nachahmung wert. Dass so etwas auch außerhalb Europas funktioniert, beweisen beste Weine aus Australien, Kalifornien und seit neuem auch in Südafrika. Ihre großen Auftritte aber feiert Garnacha in ihrer vermuteten Heimat, in Spanien. Was hier im Priorat dank junger, engagierter Winzer auf den steilen Schieferterrassen in glühender Hitze produziert wird, ist großartig. Dort liefert Garnacha Weltklasse, Nebenwirkungen bei 15 Prozent Alkohol mit inbegriffen.

Eine Besonderheit der Traube ist, dass sie hohe Zuckerwerte bildet und so auch für süße Varianten geeignet ist. An der spanisch-französischen Grenze gibt es exzellente Banyuls, Rasteau oder Maury.

TYP: Alleskönnerin! Wild und sexy, als kräftiger Roséwein, hellroter Alltagswein bis zum granatroten Edelstoff mit mächtigen Tanninen, Würze, Rasse und Klasse, bestes Reifepotenzial.

Erdbeere karges Gestein

Süßholz Languedoc-Roussillon

Provencekräuter Waldbeere Schiefer Lakritz

Granit

weißer und schwarzer Pfeffer Rosinen

Castilla-La Mancha Bleistift Himbeere

Pflaume Priorat Lorbeer Rhône

Total: 168.000 ha

Frankreich: 85.400 ha (51 %), Spanien: 61.400 ha (37 %), Italien: 6370 ha (4 %)

USA: 2660 ha (2 %)

Malbec

Meine letzte Reise ins Cahors liegt schon einige Jahre zurück, aber ich denke immer gern an die wunderschöne Landschaft, die deftige und exzellente Küche und dazu die dunklen, nahezu nachtschwarzen Rotweine aus der Rebsorte Malbec, die man dort auch unter den Namen Cot oder Auxerrois kennt.

Schon damals haben die Weine unter ihrem angestaubten Image gelitten, was sich bis heute nicht geändert hat. Die Wertschätzung, die dieser Rebsorte noch im 19. Jahrhundert entgegengebracht wurde, ist endgültig vorbei. Zumindest in Frankreich, wo man sie auch ihres späten Reifezeitpunktes wegen nicht länger anbauen wollte.

In Argentinien fand die Sorte Malbec eine neue Heimat. Hier spielt sie mit etwa 75 Prozent der Rebfläche nicht nur die erste Geige, sondern kann auch sehr gute Ergebnisse liefern. Bevorzugt kultiviert man sie in der wärmeren und sehr trockenen Region Mendoza, wo sie gleich gute Resultate wie im Südwesten Frankreichs hervorbringt. Gewiss, sie erzeugt auch hier keine Weine mit Premier-Cru-Eigenschaften eines Bordelaiser Gewächses, aber die besten sind von sehr guter Qualität. Es ist alles eine Frage der Lage, der Erntemengen, der Vinifikation und der Reifezeit.

Noch heute sind bei Cavas de Weinert in Mendoza Meisterwerke im Alter von 20 Jahren, traditionell in großen Holzfässern ausgebaut, käuflich zu erwerben, Malbec at its best! In Argentinien gibt es auch einen modernen Typ Malbec, Topqualitäten aus über 100-jährigen, wurzelechten Rebstöcken, die in einer Höhe von 1000+ Metern angepflanzt wurden. Achaval-Ferrer, ein kleines Privatweingut, das mit dem Jahrgang 1998 startete, steht heute mit seinen Malbec nicht nur an der Spitze Argentiniens, sondern ist damit weltweit anerkannt.

TYP: Farbintensiv, nachtschwarz, fruchtbeladen und balsamisch. Mit mittlerem bis reichhaltigem Tannin ausgestattet, straff, geschliffen, teils sogar nobel, mit bestem Reifepotenzial.

Total: 51.900 ha

Argentinien: 40.400 ha (77 %), Frankreich: 6900 ha (13 %), Chile: 2300 ha (4,5 %)

Merlot

Wenn man den Statistiken Glauben schenkt, dann stehen immer noch 45 Prozent aller Merlot-Reben in Frankreich. Und wer das Zahlenspiel weiterverfolgt, stellt fest, dass in den berühmten Weinbergen des Bordelais mehr als doppelt so viel Merlot wie Cabernet Sauvignon angepflanzt ist. Umso erstaunlicher ist die Tatsache, dass Merlot in der Wahrnehmung dennoch stets in der zweiten Reihe steht und vornehmlich im Verschnitt mit Cabernet Sauvignon angebaut wird. Berühmte Ausnahmen wie Pétrus in Pomerol, ein nahezu 100-prozentiger Merlot, beweisen aber das riesige Qualitätspotenzial und somit auch seinen Stellenwert.

Ich habe es noch nie erlebt, dass ein Weinkenner bei der Wahl zwischen einem Cabernet Cuvée eines Premier Cru – etwa einem Mouton- oder Lafite-Rothschild – und einem Pétrus sich gegen diesen entschieden hat. Da stellt man sich zu Recht die Frage, weshalb es den talentiertesten Önologen bis heute noch nicht gelungen ist, das Merlot-Monument Pétrus zu kopieren. Liegt es am speziellen Mikroklima oder dem einzigartigen Terroir mit den schweren, eisenhaltigen Lehmböden oder gar an der Kombination von beiden? Ich würde auf Letzteres tippen. Unverständlich ist aber auch, weshalb die vielen Merlot aus Italien, der Schweiz oder Kalifornien vom Image des berühmten Bordelaiser profitieren? Diese sogenannten „Me too"-Merlot sind nicht nur teuer, ihre Preise liegen oft weit über der Schmerzgrenze.

Guter Merlot wird gern als Gaumenschmeichler gelobt, es gibt aber auch weniger gute Beispiele von zu jungen Reben oder zu großen Produktionsmengen mit zu frühen Ernten, die eher als dünn und charakterlos zu bezeichnen sind.

TYP: Fruchtbeladener Duft und Geschmack. Feinster, dichter Stoff, der sich im Mund samtig weich, seidig, rund, mit großer Länge präsentiert. Im günstigsten Fall sind großartige Merlot sogar bezahlbar.

sandiger Kies Kaffeebohne St. Émilion
Tanne getrocknete Feige Bordeaux Kirsche Ton
rote Bete eisenhaltiger Lehm Leder Zwetschge
Bitterschokolade Himbeere Kakao Minze
Cassis Zedernholz Pomerol rohes Fleisch
Languedoc-Roussillon Brombeere Graves Lorbeer

Total: 255.000 ha

Frankreich: 114.600 ha (45 %), Italien: 23.600 ha (9 %), USA: 20.700 ha (8 %)
Chile: 12.200 ha (4,8 %)

Pinot Noir/Spätburgunder

Tanne Schattenmorelle Unterholz Ahr
Tomatenblätter Bleistift Burgund Himbeere
Leder Mergel rote Rosen Waldpilze Zimt
Teesatz Ton Sauerkirsche Rauch
Champagne Schiefer feuchtes Laub
Baden Kalk Erdbeere Pfalz

Der Spätburgunder ist in Qualität und Klasse seiner weißen Konkurrenz, dem Riesling, durchaus vergleichbar. Die beiden stehen in der Weinwelt mit gemäßigtem Klima an der Spitze der Qualitätspyramide und gelten als die Royals der Rebsorten.

Bei der Wahl des Standorts stellt der Spätburgunder ebenso hohe Ansprüche wie seine Königin, der Riesling. Er bevorzugt die nicht zu kalten, aber auch keine sehr warmen Lagen, mag weder Wind noch zu viel Nässe, denn seine dünne Schale neigt schnell zur Fäulnis. Durch seinen frühen Austrieb ist er empfindlich für Spätfröste und Verrieselung.

Genetischen Untersuchungen zufolge handelt es sich bei Spätburgunder um eine natürliche Kreuzung aus Traminer und Schwarzriesling. Sein Ursprung ist nicht endgültig geklärt, in Burgund wird die Rebsorte schon ab dem 4. Jahrhundert erwähnt. Was die Anbaufläche angeht, steht in Frankreich allerdings die Champagne an der Spitze. Das ändert jedoch nichts an der Tatsache, dass die gesuchtesten Pinot Noir der Welt aus Burgund, der Côte de Nuits und deren Spitzenlagen kommen, nicht zuletzt von der Domaine de la Romanée-Conti. Außerhalb von Frankreich punktet Deutschland mit einigen großartigen Produzenten, ebenso wie die USA, Neuseeland und Südafrika.

Spätburgunder ist von vielen Weinfreunden sehr geschätzt, weil er alle Attribute und Reize eines idealen Rotweins verkörpern kann. In perfekter Qualität ist der sinnliche Wein die Verführung schlechthin, zugleich aber ein sündteures Vergnügen. Alternativen gibt es zum Glück reichlich, denn der Wein ist auch im Anbau derzeit sehr beliebt.

TYP: Ausgeprägter Duft von blumig, fruchtig, rotbeerig bis verführerisch und aromatisch. Von mittelkräftig bis gehaltvoll, opulent, von samtig weich bis zu frischen, jungen gerbstoffbetonten Typen.

Total: 98.000 ha

Frankreich: 32.200 ha (33 %), USA: 23.300 ha (24 %), Deutschland: 11.800 ha (12 %), Italien: 5000 ha (5,3 %)

Pinotage

Bei aller Liebe der Südafrikaner zur eigenen Heimat und zur Herkunft ihrer Produkte ist mir in den vergangenen Jahren aufgefallen, dass ihr Glaube an das Qualitätslevel heimischer Rebsorten wie Chenin Blanc und Pinotage nicht wirklich gefestigt ist. Allerdings sind auch gegenläufige Tendenzen spürbar und bei Chenin Blanc dreht sich das Blatt bereits, seine Vorteile und sein Qualitätspotenzial überzeugen zunehmend. Der Entwicklungsprozess ist hier in vollem Gang.

Beim Pinotage ist ein gesteigertes Interesse noch nicht erkennbar, was an sich erstaunlich ist, denn die Rebsorte gehört immerhin zum nationalen Erbe Südafrikas. Sie wurde 1925 an der Universität in Stellenbosch von Professor Perold durch eine Kreuzung von Pinot Noir und Cinsault (dort Hermitage genannt) geschaffen – daher auch der Name Pinotage. Ein durchschlagender Erfolg lässt noch auf sich warten, obwohl anfängliche Mängel im Weinberg oder bei der Vinifizierung längst behoben sind. Aus der heutigen Sicht der Önologie ist Pinotage als Wein durchaus mit internationalen Qualitäten vergleichbar. Den Trendsorten wie Cabernet, Merlot und Co. hat er einiges an Persönlichkeit entgegenzusetzen. Kein Wein schmeckt auch nur annähernd so wild, rustikal, erdig, balsamisch würzig wie Pinotage und das ist gut so, solange die Qualität stimmt. Von Vorteil für das Land ist es auch, dass es Pinotage nahezu nur in Südafrika gibt.

Viele Produzenten schätzen die Rebsorte aktuell als Lieferant für aromatische, würzige und früh trinkreife Weine. Pinotage kann aber viel mehr, vorausgesetzt, er steht in guten Lagen, man lässt ihn bis zur Vollreife am Stock und fährt seine Erträge zurück.

TYP: Balsamisch, wild, teils auch streng und animalisch im Bouquet. Gehaltvoll, kräftig, mit reichlich Würze, Erde, manchmal leicht schmutzig. Mit festen, strammen Tanninen.

Paarl geräucherter Speck Lakritz
schwere, lehmige Böden Melasse Brombeere
Wacholderbeeren getrocknetes Laub Swartland
Schmorbraten Maulbeere Wermutkraut
Holzrauch Stellenbosch Flint und Schwarzpulver
Schwarzkümmel Pflaume Schwemmsand

Total: 7200 ha

Südafrika: 7100 ha (98 %)

Sangiovese

Preiselbeere Kakao
kalkreicher Boden Erdbeere Heu
Veilchen frische und getrocknete Tomate
Gewürznelke Sauerkirsche Toskana
Marken leichte Böden Vanilleschote Hagebuttenblüten
Himbeere Eichenholz rote Johannisbeere
Apulien Tomatenblätter Umbrien

Wenn von der Rebsorte Sangiovese gesprochen wird, dann fast immer im Zusammenhang mit Italien, wo sie als die am häufigsten angebaute (rote) Traube bekannt ist. Sangiovese bedeutet in Italien aber in erster Linie Toskana, Chianti oder Brunello di Montalcino, wo er die besten Qualitäten liefert. Bekannt wurde er in einer mit Bast umwickelten, bauchigen Korbflasche, dem sogenannten Fiasco. Die Zeiten, als Chianti, genauer gesagt Sangiovese, der Flasche wegen verkauft wurde, sind vorbei, seine Qualität hat sich um Längen verbessert. Als Hauptdarsteller bleibt er in Zukunft in Italien gefragt, auch wenn nach den beiden Weinikonen Tignanello und Sassicaia weitere, sehr erfolgreiche Blends mit Cabernet, Merlot und Co. den italienischen Markt beleben. Mittlerweile müssen per Gesetz einem Chianti keine Weine mehr aus Canaiolo, Trebbiano und Malvasia beigefügt werden. Der frische, moderne Stil ohne Partner, mit wenigen Holznoten, Sangiovese in „Purezza“ wie der Italiener sagt, ist heute angesagt. Aufgrund seiner starken Neigung zur Mutation gibt es eine Vielzahl von Variationen unterschiedlicher Klone, Stile, Regionen, Lagen und Böden, was eine präzise Beschreibung seiner Charakteristik erschwert. Was aber eindeutig seinem Typ entspricht, egal wo er steht, sind seine klaren fruchtigen Noten von Sauerkirsche, die prägnante Fruchtsäure und die daraus resultierende Frische. Häufig wird er auch im neuen Holzfass ausgebaut, wodurch ein moderner Sangiovese-Stil entsteht, dem mit Vanille- und Toastaromen ein neues Gesicht verliehen wird. Der Anteil neues Holz wird dabei zum Glück immer mehr reduziert.

TYP: Fein, edel und elegant, mit frischer Fruchtsäure, knackig bis teils kernige Tannine, nahezu rustikale Art. Er zählt zu den mittelschweren Weinen, die etwas kühler getrunken werden sollten.

Total: 60.000 ha

Italien: 54.000 ha (90 %), Argentinien: 1800 ha (3,0 %), Frankreich: 1600 ha (2,7 %)

Syrah

Syrah wird unter vielen Synonymen, etwa Shiraz oder Petite Sirah, von Australien bis Zypern angebaut. Seinen Ursprung vermuten viele Rebenforscher im Iran, was aber laut José Vouillamoz, Koautor bei Jancis Robinsons „Wine Grapes", ein Mythos ist. Seine tatsächliche Heimat liegt eindeutig in Frankreich, an der nördlichen Rhône. Carole Meredith und ihre französischen Kollegen haben 1998 durch einen DNA-Test die natürlichen Eltern des Syrah, Mondeuse Blanche aus Savoyen und Dureza aus der Ardèche, entdeckt. Seine Ansprüche an die Natur sind groß: trockene Hitze, kühle Nächte, karge Böden wie Schiefer- und Granitgestein.

Wer je Gelegenheit hatte, einen Hermitage von Jean-Louis Chave, Michel Chapoutier oder Jaboulet zu kosten, versteht den Hype um die Rebsorte. Ebenfalls beeindruckend sind die Weine von den Terrassen der Côte-Rôtie. „Rôtie" bedeutet geröstet, rauchig. Nur den besten Herstellern gelingt es, dieses Aroma zum Ausdruck zu bringen. Weine aus den Nachbarorten Gigondas oder St. Joseph sind preiswertere Alternativen, aber dennoch eigenständige Weinpersönlichkeiten.

Dass die Neue Welt von Kalifornien bis Südafrika überzeugende Weine hat, ist kein Geheimnis mehr und die Australier lieben ihren Shiraz besonders. Hier stehen immer noch die Helden Henschkes „Hill of Grace" und Penfolds „Grange Bin 95" an erster Stelle – sündteuer, aber eben gesuchte Klassiker. Aus der Schweiz bevorzuge ich den Primus inter pares unter den Syrah, Cayas von Jean-René Germanier, der 2016 bei einer Vertikalprobe mit 20 Jahrgängen seine Größe bewies.

TYP: Opulent, tief und reich, vielschichtig mit würzigem, orientalischem Parfum. Üppig, aromatisch, stoffig, warm mit satten, weichen Tanninen. Gehaltvoll, sehr facettenreich mit Lagerpotenzial.

Gewürznelke Granit Olivenpaste Hermitage
animalisch Leder Himbeere Provence
Côte-Rôtie Schiefer schwarzer und weißer Pfeffer
geräucherter Speck Brombeere Bitterschokolade
Salbei Languedoc-Roussillon Wacholderbeeren
Lorbeer Lavendel Piment Zwetschge
Rhône

Total: 183.000 ha

Frankreich: 66.400 ha (36 %), Australien: 38.900 ha (21 %), Spanien: 19.800 ha (11 %)
Argentinien: 12.800 ha (7 %), Südafrika: 9900 ha (5 %)

Tempranillo

eingekochte Preiselbeeren
Castilla-La Mancha eisenhaltige Tonerde
Leder animalisch Sauerkirsche Wildbret
feurig Kalkton Ribera del Daero Dörrobst Rioja
rote Johannisbeere Tomatenblätter Rosenblätter
Sandstein Zigarrenkiste
Zimt Laub Kreide Extremadura Harz blaue Feige
geräucherter Speck Korinthen Weihrauch

Egal ob man die rote Rebsorte Tempranillo in Spanien in einem Weinhandel oder auf einer gut sortierten Weinkarte unter dem Namen Tinto Fino, Tinta de Toro oder Tinta del País sucht, man kennt sie im ganzen Land und sie bleibt im spanischen Rebsortenspiegel unter den roten Trauben die Nummer eins. Es gibt kaum eine wichtige Region auf der Iberischen Halbinsel, von Rioja, Ribera del Duero bis Navarra oder Somontano, wo sie nicht angebaut wird. Selbst in Portugal spielt sie im Douro, wo man sie Tinta Roriz nennt, eine bedeutende Rolle, und zwar nicht nur bei der Herstellung von Portwein, sondern auch bei den besten Rotweinen des Landes. Erst 2012 wurde entdeckt, dass es sich bei Tempranillo um eine spontane Kreuzung der weißen Albillo-Rebe und der roten Benedicto-Rebe handelt.

Ähnlich wie bei Sangiovese hängen ihre eindeutigen Charaktermerkmale von der jeweiligen Region ab, in der sie angebaut wird. Mit anderen Worten, die Rebsorte ist flexibel vom Anbau bis zum Ausbau. In der Rioja steht Tempranillo maßgebend für die Qualität der Weine. Die traditionelle, langjährige Holzlagerung wird inzwischen zugunsten der Frische und Frucht etwas reduziert.

TYP: Vom hellroten, gefälligen, jung zu trinkenden Typ bis zum eleganten oder rustikalen und tanninreichen, säurebetonten, kraftstrotzenden und alkoholischen Burschen. Zu lange im Fass gelagert, schmeckt er zuweilen kantig, unharmonisch, mager und ausgezehrt.

Total: 227.000 ha

Spanien: 201.100 ha (89 %), Portugal: 17.900 ha (8 %), Argentinien: 6150 ha (2,7 %)

VON PERLEN & BLASEN

Champagner, Sekt und Co.

—

WAS BEWEGT SICH IN DER WELT DER PRICKLER?

Anlässe, die Korken knallen zu lassen, die Gläser zu heben und zu feiern, bis sich die Balken biegen, haben wir genug. Wir trinken auf das Wohl der Familie, das Gelingen einer neuen Firma – wenn es sein muss, findet sich gern auch mal spontan ein Grund, eine beliebige Gelegenheit mit Schaumwein zu begießen.

Bei der Wahl des Schaumweins für das Fest entscheiden sich die meisten immer noch für Champagner. Warum sollte man Cava, Franciacorta, deutschen Winzersekt oder gar Prosecco trinken, wenn es doch Champagner gibt?

Vor gar nicht langer Zeit wäre die erste Antwort auf diese Frage gewesen: Weil sie nicht so teuer sind und auch gut schmecken. Das mit dem Preis stimmt, zumindest was Basisprodukte anbetrifft, auch heute noch. Wichtiger ist aber, dass sich die Qualität von Cava, Franciacorta und Winzersekt in Summe enorm verbessert hat, deshalb sind sie auch konkurrenzfähig geworden. Selbst wenn man dabei ein wenig Äpfel mit Birnen vergleicht, letztlich gibt es ein Angebot für den richtigen Schaumwein zur richtigen Zeit, dem richtigen Ort und dem richtigen Anlass. Gute Schäumer sind inzwischen überall dort zu finden, wo Reben wachsen.

Was bewegt sich in der Welt der Prickler, der Schäumer – Champagner, Schaumwein, Prosecco, Franciacorta und Cava? In der Welt der Perlen und Blasen herrscht Aufbruchstimmung, mehr dazu lesen Sie in diesem Kapitel.

Champagner

Champagnerlaune kommt schnell und verbreitet sich leicht. Die Frage nach der richtigen Marke, der Cuveé, der besten Lage oder dem besten Stil eines Produzenten ist heute viel schwieriger zu beantworten als vor einigen Jahren. Das liegt meiner Meinung nach in erster Linie daran, dass es in der Champagne auf den ersten Blick so viele neue Winzer- und Champagnerprodukte gibt. Aber der Reihe nach.

Champagner hat sich erst im 19. Jahrhundert zum weltweit verbreiteten Luxusgetränk entwickelt und gilt bis heute rund um den Globus als das festlichste Getränk. Das ist aber nicht nur eine Frage seiner Qualität und des Geschmacks, sondern seiner Aura und seines Images. Dafür sorgten die großen Handelshäuser, die man in Frankreich Les Grandes Marques nennt. Ihnen verdankt die gesamte Region letztendlich ihr Wohlergehen, das internationale Renommee, manch einer auch seine Existenz. Dass diese großen Marken nicht nur tonangebend sind, sondern auch den Markt dominieren, ist ganz klar – Champagner ist mit etwa 310 Millionen verkauften Flaschen weltweit ein Riesengeschäft.

90 Prozent der gesamten Rebfläche sind derzeit im Besitz von etwa 15.800 Winzern (Vignerons), von denen mehr als zwei Drittel ihre Trauben an die Big Players verkaufen. Das knappe restliche Drittel der Winzer, zwischen 4400 und 4800 im letzten Jahrzehnt, produziert seinen eigenen Champagner, der als Winzerchampagner auf den Markt kommt und in den vergangenen Jahren für eine breite öffentliche Wahrnehmung gesorgt hat.

Obwohl die Anzahl der selbst produzierenden Winzer keineswegs größer geworden ist, erlebt der „Winzerchampagner" in der Champagne und auf dem Weltmarkt eine sehr dynamische Entwicklung. Das zeigen die Bio- und Naturweine, die von der Weinwelt seit einigen Jahren erst richtig wahrgenommen werden. Dadurch erfahren nicht nur kleine Betriebe mit Charakter und Individualität eine größere Wertschätzung, sondern

Im Reifekeller bei Jacques Selosse: Bevor die Hefe nach der zweiten Gärung wieder aus den Champagnerflaschen entfernt werden kann, müssen die Flaschen auf Rüttelpulte gesteckt und regelmäßig gedreht werden, bis sie sich im Flaschenhals gesammelt hat.

es werden auch die eindeutigen Qualitätsverbesserungen honoriert, welche bei den Winzerchampagnern mittlerweile erkennbar sind. Kombiniert mit einem sehr geschickten Marketing und entsprechend hoher Publicity, einem sehr guten Auftritt (auch im Netz), bester Vernetzung und guter Pressearbeit wurde aus Winzerchampagner sehr schnell ein weitgreifender Trend. Nicht nur die Händler in Deutschland waren dafür dankbar, denn sie hatten nun ein neues Luxusprodukt, das sie – im Vergleich zu den großen Champagnermarken – meist billiger einkaufen und dann zu teils günstigeren Preisen vermarkten konnten.

Das alles hat die Champagnerlandschaft in der Wahrnehmung der Verbraucher sehr verändert. Zumindest haben die Winzerchampagner der Region einen neuen Touch und jugendliche Dynamik verliehen, die ihr sehr gut stehen. Doch auch wenn die Zeichen aktuell günstig erscheinen für unabhängige Winzer, sollte man nicht vergessen, dass die Entscheidung, die Trauben aus dem eigenen Weinberg selbst im Keller zu verarbeiten und zu vermarkten, durchaus zu einer Existenzfrage werden kann.

Man braucht sehr viel Mut und einen weitsichtigen Banker, wenn man eine Kellerei betreiben oder gar neu gründen möchte, ohne eine Reserve von x-tausend Flaschen zur Cuvéetierung im Keller zu haben. Das ist jene Reserve, auf die alle Chefs de Cave berühmter Häuser stets zurückgreifen können, um die Basislinien der Markenchampagner Jahr für Jahr im Geschmack gleichbleibend herstellen zu können. Die Winzer dagegen folgen ihrer Idee einer eigenen Stilistik, sie produzieren selten oder keine hochkomplexen Cuvées im althergebrachten Stil. Das Produkt soll nicht, wie bei großen Marken, möglichst immer gleich oder vergleichbar schmecken, man sucht die Individualität.

Markenchampagner machen die „Großen", die Winzerchampagner sind handwerklich geschaffene, authentische Produkte mit regionalem Charakter und tragen die Handschrift der jeweiligen Winzer. Sie folgen ganz nebenbei vereinzelt der neuen Welle, der Biodynamie und der Naturweinszene, was großen Häusern schwerfallen dürfte. Das klingt visionär und romantisch, hat aber auch Schattenseiten. Erstens ist nicht jeder Winzerchampagner vom Feinsten – Trittbrettfahrer gibt es überall. Zum zweiten spielt in dieser kalten und feuchten Region der Wettergott oft üble Streiche und lässt die Trauben nicht zur notwendigen Reife kommen. Das grüne, unreife Traubenmaterial ruft dann einen kühlen, feuchten Jahrgangston hervor, der sofort Kritiker auf den Plan bringt.

Markenchampagner, wie ich sie mag:

Ayala, **Aÿ**
· *Brut Majeur*

Billecart-Salmon, **Mareuil-sur-Aÿ**
· *Brut, Réserve*
· *Cuvée Elisabeth Salmon, Brut, Rosé, Millésime*

Bollinger, **Aÿ**
· *Special Cuvée, Brut*
· *La Grande Année, Brut, Millésime*

Deutz, **Aÿ**
· *Brut, Classic*

Gosset, **Épernay**
· *Grande Réserve, Brut*
· *Grand Millésime, Brut*

Moët & Chandon, **Épernay**
· *Dom Pérignon, Brut, Millésime*

Pol Roger, **Épernay**
· *Brut Réserve*
· *Sir Winston Churchill, Brut, Millésime*

Charles Heidsieck, **Reims**
· *Brut Réserve*

Krug, **Reims**
· *Grande Cuvée, Brut*
· *Brut, Millésime*

Louis Roederer, **Reims**
· *Brut Premier*
· *Cristal, Brut, Millésime*

Taittinger, **Reims**
· *Rosé Brut Prestige*
· *Comtes de Champagne, Blanc de Blancs, Brut, Millésime*

Laurent-Perrier, **Tours-sur-Marne**
· *Grand Siècle, La Cuvée, Brut*

Champagner darf nur mit Naturkorken verschlossen werden.

So beliebt individueller Charakter ist, wenn aber der Eindruck von säurebetonten Ecken und Kanten dominiert, verlieren die Produkte schnell ihren Reiz. Hier spielen die großen Champagnerhäuser ihre Stärken aus, da sie auch in ungünstigen Jahren auf eine riesige Reserve an Basisweinen zurückgreifen und so kontinuierlich stabile Qualitäten erzeugen können. Henry Vizetelly bemerkte schon in seinem 1882 erschienenen Buch „Eine Geschichte des Champagners": „Das Besondere an Champagner ist, dass seine Herstellung erst beginnt, wo die Bereitung anderer Weine gewöhnlich endet."

Die großen Unternehmen haben Luft nach oben, leben vom natürlichen Wechsel, dem Kommen und Gehen ihrer Winzer. Nicht ohne Grund verarbeiten sie ja seit ewigen Zeiten den Löwenanteil der gesamten Rebflächen in der Champagne. Im Übrigen winken Rebflächen, die bereits neu zugelassen sind oder noch zugelassen werden. Der französische Markt bewegt sich also mit der allgemeinen Stimmung in der Welt, die Umsätze steigen und fallen in ihrem eigenen Zyklus. Die Champagne sieht guten Zeiten entgegen, denn die Nachfrage nicht nur nach Luxusperlen steigt weltweit. Auf in die Zukunft!

Tipps zu Winzerchampagnern

Agrapart & Fils, **Côte des Blancs**
· *Minéral, Extra-Brut, Blanc de Blancs, Millésime, Grand Cru*

Dhondt-Grellet, **Côte des Blancs**
· *Le Bateau Cramant, Vieille Vigne, Extra-Brut, Millésime, Grand Cru*

Jacques Selosse, **Côte des Blancs**
· *Substance, Blanc de Blancs, Brut*

Larmandier-Bernier, **Côte des Blancs**
· *Rosé de Saignée, Extra-Brut, Premier Cru*
· *Les Chemins d'Avice, Blanc de Blancs, Extra-Brut, Grand Cru*

Pascal Doquet, **Côte des Blancs**
· *„Le Mesnil sur Oger" Blanc de Blancs, Extra-Brut, Grand Cru*

Pierre Gimonnet, **Côte des Blancs**
· *Special Club Millésime de Collection, Blanc de Blancs, Premier Cru*

Pierre Péters, **Côte des Blancs**
· *Les Chétillons, Cuvée Spéciale, Blanc de Blancs, Brut, Millésime, Grand Cru*

Philippe Gonet, **Côte des Blancs**
· *Brut, Réserve*

Suenen, **Côte des Blancs**
· *Millésime, Blanc de Blancs, Grand Cru*

Alexander Salmon, **Montagne de Reims**
· *100 % Meunier, Brut*

Éric Rodez, **Montagne de Reims**
· *Blanc de Noirs, Brut, Grand Cru*

Paul Bara, **Montagne de Reims**
· *Comtesse Marie de France, Blanc de Noirs, Brut*

Jacques Lassaigne, **Côte des Bar**
· *Le Cotet, Extra-Brut, Blanc de Blancs, Grand Cru*

Jacquesson, **Vallée de la Marne**
· *Cuvée N° 734, 735, 736 Dégorgement Tardif, Extra-Brut*

Deutscher Schaumwein

Nach den letzten Statistiken steht Deutschland wiederholt an erster Stelle der Weltrangliste, wenn es um den Konsum von Schaumwein geht – Chapeau!
Bei den Glückwünschen muss man allerdings etwas aufpassen, denn die konsumierten Mengen sind leider nicht alle Qualitätsschaumweine erster Güte. Stolz können die Briten sein, die immer noch im Champagnerkonsum weltweit den ersten Platz einnehmen.
Eigentlich eine schöne Story, wenn man erzählen könnte, wie das mit den deutschen Weltmeistern im Schaumweinkonsum ist: Wie locker und entspannt wir Deutschen doch den Alltag sehen und wie gut wir es verstehen, Feste zu feiern. Ein Durchschnittspreis von 4 Euro (inklusive 1,02 Euro Sektsteuer) pro Flasche ist allerdings weder löblich, noch ein Grund, stolz zu sein. Diese, mit Verlaub gesagt, Plörre, die teilweise durch deutsche Kehlen fließt, würde ich trotz prophezeiter Wirkung des vielgelobten Schaumweinbades auch nicht zur Körperreinigung verwenden. Es kann beim Weingenuss gar nicht oft genug gesagt werden: wenn schon, denn schon, aber gute Qualität! Eine Flasche Sekt, die für 4, 5 Euro im Regal steht, sollte für Genießer indiskutabel sein, wenn Sie allein die Kosten für die Flasche, Ausstattung (Kork etc.), Werbung, Vermarktung, Vertrieb und Gewinn betrachten. Da bleibt für das Wichtigste, nämlich den Inhalt, ein erschreckend geringer Rest.

INFO

Man unterscheidet laut Weingesetz drei Arten von Schäumern: Sekt, Schaumwein und Perlwein.

SEKT

Sekt wird auch Schaumwein und Qualitätsschaumwein genannt, drei leicht verwirrende Begrifflichkeiten. Deshalb rate ich vor dem Kauf, das Etikett genau zu lesen, auch weil bei Sekt im Gegensatz zu anderen Weinarten so ziemlich genau alles, was man wissen sollte, auf dem Etikett steht. Somit ist für Klarheit gesorgt, vorausgesetzt, man weiß, um was es geht.
Sekt ist ein Qualitätserzeugnis, das durch eine erste und zweite Gärung hergestellt wird, wobei kein Kohlensäurezusatz erlaubt ist. Er kann in drei unterschiedlichen Verfahren hergestellt werden: Tankgärung, Transvasierverfahren und klassische Flaschengärung. Daraus ergeben sich erhebliche Preisunterschiede. Sekt, der im klassischen Flaschengärverfahren hergestellt wurde, muss mindestens neun Monate auf der Hefe liegen, während beim Transvasierverfahren (Kombination aus Flaschen- und Tankgärung) genauso wie bei der Tankgärung nur 90 Tage Hefekontakt vorgeschrieben sind.
Steht auf dem Flaschenetikett nur Sekt, ohne eine Zusatzbezeichnung, dürfen die Grundweine, die bei uns verarbeitet werden, aus verschiedenen Ländern (also auch außerhalb von Deutschland) kommen. Eine täuschende Bezeichnung für den Verbraucher, weil jemand, der in Deutschland eine Flasche Sekt von einem deutschen Abfüller erwirbt, nicht im Traum daran denkt, dass dieser dafür billigste Grundweine aus Nachbarländern verwenden darf. Als ob es davon nicht genügend bei uns geben würde. Es lohnt sich, Kleingedrucktes zu lesen, um zu erfahren, wer denn hinter diesen Abfüllern so steckt. Es ist schwer zu glauben, auf welch niedriges Niveau manche Hersteller sich hierzulande herabbegeben.
Besser wird es schon bei Produkten mit der Aufschrift „Deutscher Sekt“. Sie dürfen nur aus deutschen Grundweinen hergestellt werden, können aber aus verschiedenen Anbaugebieten miteinander verschnitten werden. Ein „Sekt b.A.“ (bestimmtes Anbaugebiet) darf nur aus den Weinen gekeltert sein, die aus dem Anbaugebiet stammen, das auf dem Etikett angegeben ist. Fehlt das Wort Flaschengärung, handelt es sich um die Méthode Charmat, was dem preisgünstigen Tankgärverfahren entspricht.

Norbert Bardong im historischen Gewölbekeller der Sektmunufaktur Bardong.

Sekt hat in Deutschland seit dem 19. Jahrhundert Tradition und war in dieser Zeit außerordentlich beliebt. Im damaligen Kaiserreich wurde er nicht nur in Luxushotels kredenzt, sondern auch auf den schönsten Schiffen, wo die Reichen und Schönen deutsche Sektmarken in einem Atemzug mit Champagner erwähnten.

Große deutsche Kellereien von Rotkäppchen bis Mumm, Fürst von Metternich oder Henkell produzieren zwar immer noch Millionen von Sektflaschen, machen das große Geschäft auf dem Markt aber mit Qualitäten, die nicht den Vorstellungen von Sektmanufakturen entsprechen, denen heute ihre Flaschen förmlich aus den Händen, sprich Kellern gerissen werden. Die Ziele der großen Produzenten sind eher gewinnbringender Natur – eigentlich jammerschade, denn eine Luxus-Cuvée könnte für alle ein Vorteil sein und macht bei der aktuellen Nachfrage auch Sinn.

Unsere Paradebeispiele der neuen Sektkultur, wie Bardong und Raumland, sind als Manufakturen zu betrachten. Das sind Familienbetriebe, die mit keinem geringeren Aufwand als in der Champagne ihre Produkte herstellen, beginnend mit besten Grundweinen bis zum mehrjährigen Hefelager.

Zur Herstellung eines guten Sektes bedarf es übrigens nicht nur guter Trauben. Ein langes Hefelager ist unabdingbar für große Qualitäten und die verlangen nicht nur Monate, sondern einige Jahre, je länger, desto feiner die Perlen. Rebsorten wie Riesling und die Burgunderfamilie sind ideal.

In Österreich hat sich die Sektwirtschaft per gesetzlicher Verordnung 2016 mit einer geschützten Ursprungsbezeichnung festgelegt. Grundsätzlich gilt die Bestimmung, dass „Österreichischer Sekt mit geschützter Ursprungsbezeichnung" („Sekt g.U.") nur in Verbindung mit den Begriffen „Klassik", „Reserve" oder „Große Reserve" und den in der Verordnung festgelegten Bedingungen entsprechend in den Verkehr gebracht werden darf. Die dreistufige Qualitätspyramide für „Sekt g.U.", „Klassik", „Reserve", „Große Reserve" wurde erfolgreich eingeführt.

WINZERSEKTE UND CRÉMANTS

Winzersekte und Crémants sind Premiumsekte, die zu 100 Prozent aus Trauben eigener Produktion, also Erzeugerabfüllungen, stammen und am Kürzel „Sekt b.A." leicht erkennbar sind. Die zweite Gärung setzt eine Flaschengärung voraus.

Hier zeigt sich bei den Produzenten, was machbar ist und wie breit das große Feld der Qualitätsschaumweine ist: von großen Lagen, einzelnen Rebsorten oder Cuvées, Grundweinen bester Qualität, die mit unterschiedlich langem Hefelager weiterverarbeitet werden. Es ist und bleibt auch weiterhin eine große Kunst, Sekte von großer Qualität zu produzieren. Bei Winzersekten handelt es sich um genau die Art Schäumer, die derzeit in aller Mund sind, auch bei jenen Weintrinkern, die anstelle eines Champagners gern mal einen deutschen Sekt genießen möchten. Wer nicht allein den Preis als Wertmaßstab zugrunde legen möchte, weiß jetzt genau, worauf beim nächsten Einkauf zu achten ist.

Meine Empfehlungen

Sekthaus Raumland, **Rheinhessen**
· *Blanc de Noir, Prestige Brut, Sekt b.A.*

Sektmanufaktur Bardong, **Rheingau**
· *Erbacher Honigberg, Brut, Riesling Sekt b.A.*

Reichsrat von Buhl, **Pfalz**
· *Reserve Brut, Sekt b.A.*

Wein u. Sektgut Winterling, **Pfalz**
· *Ruppertsberger Reiterpfad, Riesling, Brut, Crémant, Sekt b.A.*

Griesel & Compagnie – Sekthaus Streit, **Hessische Bergstraße**
· *Rosé, Extra Brut, Sekt b.A.*

Van Volxem, **Mosel**
· *1900 Riesling, Brut, Sekt b.A.*

PERLWEIN

Er wird unter dem hippen Namen Pet Nat (pétillant naturel) angeboten. In Frankreich ist dieser natürlich prickelnde Wein als „Vin Pétillant" bekannt. Die erste bei uns beliebte Version des Perlweins war „Keller-Geister" – der mit den nackten pausbackigen Engeln auf dem Etikett. Sie erinnern sich?

Perlwein ist ein leicht schäumender Wein mit natürlicher oder zugesetzter Kohlensäure, der in großen Tanks oder Fässern vergoren wird. Der noch gärende Most wird – noch bevor der gesamte Restzucker vollständig in Alkohol vergoren ist – auf Flaschen gefüllt, mit einem Kronenkorken verschlossen und gärt so in der Flasche zu Ende. So entsteht ein leichter, feinperliger Wein, der als „trocken" mit einem Restzucker bis zu 35 g/l bezeichnet werden darf. Als „halbtrocken" gelten 33 bis 50 g/l. Inzwischen wird Perlwein häufig auch als Secco angeboten. Ein beliebter Stoff in den Kreisen jüngerer Weintrinker.

INFO

WIE UNTERSCHEIDEN SICH:

*· **Champagner** Die Herstellung unterliegt strengen Vorschriften. So stammt er erstens immer aus der Champagne, Frankreichs nördlichstem Anbaugebiet, zweitens sind die Rebsorten Chardonnay, Pinot Noir und Pinot Meunier festgelegt und drittens ist die Handlese vorgeschrieben. Zudem muss er nach der „méthode champenoise" hergestellt sein und darf allein mit Naturkork verschlossen werden.*

*· **Sekt** Der Unterschied von Champagner zu Sekt liegt im Gärungsverfahren. Die Kohlensäure entsteht bei beiden Varianten aus der zweiten Gärung der Grundweine. Bei Champagner muss diese in der Flasche erfolgen, bei Sekt kann, muss sie aber nicht. Häufig entsteht sie in Tanks und reift dann neun Monate. Sehr gute **Deutsche Winzersekte** sind mit Champagnern gleichwertig.*

*· **Schaumwein** Nach unserem Lebensmittelrecht entsteht Schaumwein durch eine zweite Gärung in der Flasche oder Tankgärung. In der Flasche muss er mindestens 3 bar Druck enthalten, Kohlensäure darf nicht hinzugefügt werden. Ebenso müssen die Korken mit einem Drahtbügel verschlossen sein.*

*· **Perlwein** darf 2,5 bar Druck in der Flasche nicht unterschreiten, wobei Kohlensäure nachträglich zugefügt werden darf. Abgefüllt in Flaschen, muss sich Perlwein äußerlich von Schaumwein unterscheiden. So darf der Naturkorken nicht mit Drahtbügel, aber mit einer Schnur verschlossen sein. Auch eine Kapselfolie um den Flaschenhals, wie bei Schaumwein, ist nicht erlaubt. Vorsicht: Prosecco frizzante wird zu den Perlweinen gezählt. Diese Gruppe unterliegt nicht der Schaumweinsteuer.*

Prosecco

Mit dem klangvollen Namen Prosecco wird Italiens berühmtester Schaumwein bezeichnet und vermarktet. Früher stand Prosecco für das Produkt und die Rebsorte, seit 2009 jedoch nennt man Glera, die Hauptrebsorte der Region, bei ihrem Namen. Sie ist eine autochthone Sorte aus dem Nordosten Italiens, deren Wurzeln mindestens 2000 Jahre zurückreichen.

Prosecco hat es in weniger als 20 Jahren geschafft, mindestens so bekannt zu werden wie Champagner. Er steht nicht nur in den besten Weingeschäften, Feinkostläden und den besten Vinotheken der Welt, sondern auch auf vielen Bartresen und Restauranttischen zum Apéro. Sein Siegeszug begann Mitte der 1990er-Jahre, wobei keiner so genau erklären kann, wie es wirklich dazu kam. Ein bisschen erinnert dieser Erfolg an die Karriere des Grappa, die ja auch keiner vorausgesehen hat. Region und Prosecco-Produzenten haben jedoch die Gefahr des Erfolgs gerade noch rechtzeitig erkannt und mit entsprechenden Gegenmaßnahmen reagiert. Nicht nur die Qualität in der Produktion war gefährdet, auch der gute Ruf des bislang wenig geschützten Prosecco begann Schaden zu nehmen.

Nachdem die Nachfrage die Produktion bei weitem überstieg und man anfing, Prosecco auch außerhalb Italiens herzustellen (Paris Hilton ließ ihn sogar in Dosen abfüllen), wurde es Zeit, den Prosecco gesetzlich zu definieren und seinen Ursprung zu schützen. 2009 wurden in einer Neufassung Herkunft und Qualitätsstufen für Prosecco festgelegt. Die Spitze der Qualitätspyramide bildet Valdobbiadene Superiore di Cartizze DOCG, gefolgt von den beiden nächsten Stufen: Conegliano Valdobbiadene Prosecco Superiore Rive DOCG und

Fachsimpelei mit Sommelier-Kollege Michele Perego und Bollicine, wie die Italiener auch zu ihren Schaumweinen sagen.

Conegliano Valdobbiadene Prosecco Superiore DOCG. Den Abschluss oder die Basis bildet Prosecco DOC, ein Gebiet, das sich aus neun Provinzen zusammensetzt. Prosecco gibt es in drei Varianten, die sich durch ihren Kohlensäureanteil unterscheiden: Spumante, Frizzante und in einer unbedeutend klein produzierten Menge ein Tranquillo. Dabei handelt es sich um einen Stillwein, einen Wein ohne Kohlensäure.

SPUMANTE (SCHAUMWEIN)

Prosecco Spumante ist ein Qualitätsschaumwein aus der weißen Rebsorte Glera (früher Prosecco genannt), der durch gärungseigene Kohlensäure nach strengen Maßstäben im Nordosten, in der Provinz Treviso und in der Region Venetien, produziert werden darf. Er muss mindestens 9,5 Vol. Prozent Alkohol und einen Kohlensäuredruck von 3 Bar aufweisen. Unter Zugabe von Zucker und Hefe in den Grundwein wird die zweite Gärung, gewöhnlich in großen, hermetisch abgeschlossenen Tanks, in Gang gesetzt, die dabei entstehende Kohlensäure zeigt eine feine Perlage. Die besten Qualitäten erkennen Sie an den Kürzeln DOCG und DOC auf den Banderolen.

FRIZZANTE (PERLWEIN)

Beim Frizzante ist darauf zu achten, dass der Druck nur zwischen 1 und 2,5 Bar liegt und er somit wesentlich weniger schäumt als der Spumante, der mehr als 3 Bar aufweisen muss. Das ist für den Geschmack besonders wichtig, weil leider oft und immer noch ohne Ankündigung im offenen Ausschank die „ruhigere Variante" serviert wird. Die Flasche ist in der Anschaffung 1 Euro günstiger, weil für Perlwein keine Sektsteuer erhoben wird. Im Gaumen hat er aber natürlich viel weniger Nachdruck, schmeckt flacher, aus der Sicht echter Spumantetrinker gar müde. Ein Perlwein muss so sein, aber darauf achtet nicht jeder bei der Bestellung eines Glases Prosecco. Daher empfehle ich die Nachfrage, ob Spumante oder Frizzante ausgeschenkt wird.

TRANQUILLO (STILLWEIN)

Ein Prosecco Tranquillo ist ein nicht moussierender, also ein ruhiger Weißwein, der im Handel als reines Nischenprodukt erhältlich ist. Er wird nur in geringen Mengen hergestellt.

WORAN ERKENNE ICH EINEN GUTEN PROSECCO?

Prosecco hat im Vergleich zu anderen Schaumweinen wie Sekt, Cava und Champagner einen eindeutig anderen Geschmack. Er ist leichter und lieblicher im Charakter, sehr viel blumiger und fruchtiger im Duft. Dieser Geruch scheint unverwechselbar. Im Mund wirkt er sanfter, cremiger und weniger säurebetont. Der auslösende Moment der Begeisterung für Prosecco beginnt spätestens mit dem ersten Schluck. Bei Menschen würden wir den Typen als sehr nett, sympathisch und äußerst charmant bezeichnen. Ein Kerl mit weichem Kern, aber kein Softie, außer er kommt aus Cartizze, diese Vertreter sind immer einen Hauch süßer. Prosecco ist nicht so konzentriert und komplex wie andere Schaumweine und die Mousseux wirkt am Ende fein, oft auch deliziös. Er lässt sich leicht und zügig trinken, da die reduzierte Kohlensäure nicht gleich den ganzen Gaumen voll in Anspruch nimmt. Für lange Reifezeit ist er nicht geeignet, von wenigen Ausnahmen abgesehen. Es gibt die Geschmacksrichtungen brut, extra dry, dry und demi-sec.

Eine Auswahl

Adami Adriano, Treviso, **Venetien**
· *Vigneto Giardino, DOCG Prosecco Superiore, Brut*

Bisol, Valdobbiadene, **Venetien**
· *Crede, DOCG Prosecco Superiore, Brut*

Bottega S.P.A. Bibano di Godega di Sant'Urbano, **Venetien**
· *Il Vino dei Poeti Prosecco DOC Spumante, Brut*

Drusian Francesco, Bigolino, **Venetien**
· *Dru el Crù, Spumante, Extra Dry*

Nino Franco, Valdobbiadene, **Venetien**
· *Rustico, DOCG, Prosecco Superiore, Brut*

FRANCIACORTA

Geografisch betrachtet liegt das Weinanbaugebiet Franciacorta etwa 80 Kilometer entfernt von Verona Richtung Brescia. Die kontrollierte Herkunftsbezeichnung für Schaumweine, DOCG Franciacorta, gehört zum Anbaugebiet der Lombardei und wurde ziemlich genau vor 50 Jahren eingeführt. Kenner der Perlen und feinen Bollicine (Bläschen) nennen den Franciacorta auch gern den Champagner Italiens. Davon will Maurizio Zanella, ehemals Chef des Franciacorta-Konsortiums, aber gar nichts hören. Solange ich Maurizio kenne, kämpft er für die eine und einzige Sache, nämlich Franciacorta dauerhaft zum festen Terminus für den besten Schaumwein Italiens zu machen. Nichts anderes soll auf den Etiketten der Flaschen aus dieser Region stehen außer: Franciacorta. Ein weiteres Ziel wurde in relativ wenigen Jahren erreicht, nämlich, dass die Qualität der Schäumer es allemal mit der Champagne aufnehmen konnten. Mitte der 1990er-Jahre wurde mir prophezeit: „Die Zeit wird kommen, in der Italiener die Qual der Wahl haben, welche Flasche sie öffnen wollen, den omnipräsenten Champagner oder die Perle unter den italienischen Schaumweinen, Franciacorta." Das Ziel ist fast erreicht, die Qualität passt allemal und am Image wird noch etwas gefeilt.

Anlässlich meiner alljährlichen Besuche der Vinitaly in Verona entwickelte sich Franciacorta zu meiner bevorzugten Adresse. Dafür gab es mindestens drei gute Gründe: Gualtiero Marchesi mit seinem Drei-Sterne-Restaurant in Albereta, gleich neben der Cantina Bellavista, und unweit davon entfernt Ca' del Bosco, jene vielfach ausgezeichnete Kellerei mit ihrem Chef und unermüdlichen Kämpfer Maurizio Zanella. Allein diese beiden Kellereien haben für den guten Ruf der Spumante aus der Franciacorta alles geleistet, was möglich war, besonders, was die Qualität betrifft. Sie galten zu Recht lange als die besten Schaumweinhersteller in ganz Italien. Für Ca' del Bosco trifft das immer noch zu, Bellavista hat in den letzten Jahren leider diesen Qualitätsanspruch verloren. Seit dem Weggang des Chefönologen Mattia Vezzola leidet die Kollektion so manches Jahr, was sehr schade ist und sich hoffentlich bald wieder ändern wird, denn meine Vorliebe für den Satèn ist ungebrochen.

SORTEN UND QUALITÄTEN

Die kalkhaltigen Böden sind neben dem milden Klima des in der Nähe liegenden Iseo-Sees die ideale Grundlage für die beiden Sorten Chardonnay und Pinot Noir, die für Franciacorta in erster Linie verwendet werden. Die manuelle Lese der Trauben wird vorausgesetzt und ist ebenso verpflichtend wie die zweite Gärung auf der Flasche. Neben den klassischen Franciacorta gibt es noch die Qualitäten Rosé, Millesimato, Riserva und Satèn. Drei unterschiedliche Reifezeiten auf dem Hefelager sind vorgegeben: 18 Monate für die Basis, 30 bei Millesimato und 60 Monate bei Riserva und Método tradicional sowie für den Satèn. Letzterer ist eine besondere Spezialität, die mit maximal 5 Bar Kohlensäuredruck hergestellt wird – beim Spumante sind es im Vergleich bis zu 6,6 Bar.

INFO

Gesetzlich geregelte Geschmacksangaben bei allen Schaumweinen in Europa:

- *Brut nature/dosage zéro: 0–3 g Zucker pro Liter*
- *Extra brut: 0–6 g Zucker pro Liter*
- *Brut: unter 12 g Zucker pro Liter*
- *Extra-dry: 12–17 g Zucker pro Liter*
- *Sec: 17–32 g Zucker pro Liter*
- *Demi-sec: 32–50 g Zucker pro Liter*
- *Doux: über 50 g Zucker pro Liter*

Franciacorta zeichnet sich durch eine sanft angedeutete cremige Textur aus, seine Mousseux wirkt daher besonders trinkanimierend – mit delikaten, blumigen Noten, oft von weißem Pfirsich bis Apfel und Akazien begleitet. Wunderbar sind auch das helle Obst und die feine, zugleich dezente, aber frische Säure, die ihm eine Spritzigkeit und Leichtigkeit verleiht und zugleich eine wunderbare Trinkfreude vermittelt.

Meine Highlights

Barone Pizzini, Provaglio d'Iseo, **Lombardei**
· *Saten, Franciacorta, Brut*

Berlucchi, Corte Franca, **Lombardei**
· *Berlucchi '61, Franciacorta, Brut*

Ca' del Bosco, Erbusco, **Lombardei**
· *Vintage, Franciacorta, Collection Dosage Zéro Noir*

Le Marchesine, Passirano, **Lombardei**
· *Blanc de Blancs, Francicorta, Brut*

Die besten Schäumer in Italien sind aus Franciacorta und keinesfalls mit Prosecco vergleichbar, wie immer wieder versucht wird.

INFO

FLASCHENFORMATE

0,75 l Normalflasche
1,5 l Magnum (2 Fl)
3,0 l Doppelmagnum (4 Fl)
4,5 l Reoboam (6 Fl)
6,0 l Metusalem (8 Fl)
9,0 l Salmanasar (12 Fl)
12 l Balthasar (16 Fl)
15 l Nebukadnezar (20 Fl)

CAVA

Cava ist Spaniens Schaumwein schlechthin und zugleich auch Markenname. Irgendwie kennt ihn jeder, der einmal eine Flasche Schaumwein gekauft hat. Und wenn nicht, die kostspieligen Werbeauftritte im Fernsehen und in Hochglanzmagazinen erledigen den Rest im Kampf um die Aufmerksamkeit des wertgeschätzten Verbrauchers.

Seine Geschichte beginnt in Katalonien um 1850, vermutlich kam die Inspiration dazu durch die französische Nachbarschaft und deren Erfolge in der Champagner-Produktion. Josep Maria Raventós (1922–1986) war 40 Jahre lang Direktor bei Codorníu Cava und gilt nicht nur als Erfinder des Cava, sondern auch als Schlüsselfigur im katalanischen Weinbau.

Mit dem Beitritt in die EU 1986 musste aus rechtlichen Gründen ein neuer Name für die bis dahin gebräuchliche Bezeichnung „Xampàn" gefunden werden. Das stellte sich gar nicht so schwierig dar, denn der Name für Kellerei, „Cava", erwies sich als geeignet. Mit Cava werden die tiefen, unterirdischen Keller bezeichnet, in denen die Grundweine der Schäumer für Jahre auf dem Hefelager gelagert werden, bevor sie für den Genuss degorgiert, also trinkfertig gemacht werden. Die neuzeitliche Geschichte des Cava nahm so ihren Lauf.

Die neue D.O.P.-Cava-Regelung (regulierte Herkunft) ist 2016 in Kraft getreten. Im Gegensatz zur Champagne umfasst sie kein geografisch zusammenhängendes Gebiet. Für alle D.O.P. Cava gilt, dass sie nach der traditionellen Methode vinifiziert werden müssen, das heißt, Flaschengärung ist vorgeschrieben. Bei all den neuen Richtlinien wurde nach Meinung von Kritikern nicht unbedingt die Qualität in den Vordergrund gestellt. Ein Grund zur Sorge ist das allerdings nicht, denn selbst bei zeitweise schwächelndem Inlandsmarkt legen die Exporte vergangener Jahre nach England, Russland, Japan, China und, man staune, Frankreich zu.

Etwa 90 Prozent aller Cava stammen aus der Region Katalonien und davon 75 Prozent aus Penedès, jener Region mit ihren weißen, kalkhaltigen Böden entlang der Costa Brava. Sie ist heiß begehrt bei den Stadtbewohnern Barcelonas, die hier ihr Wochenenddomizil haben. Zu weiteren Regionen, in denen Cava hergestellt werden darf, zählen Rioja, Tarragona, Navarra oder Costers del Segre.

Bei den verwendeten Rebsorten bleibt man weitgehend traditionell: Macabeo, Parellada und Xarel-lo, dazu kamen 2007 Chardonnay und Pinot Noir. Für die Rosados sind seit Anfang der 1990er-Jahre Monsatrell und Garnacha Tinta zugelassen.

Erlaubt ist nur ein Herstellungsprozess nach der Metodo tradicíonal, also Flaschengärung. Das Mindesthefelager ist auf neun Monate festgelegt, Reservas müssen 15 Monate und Gran Reservas sogar 30 Monate reifen.

Auch wenn der Markt von gigantischen Unternehmen dominiert wird, in der Herstellung von Cava gibt es viele traditionelle Familienbetriebe, die individuelle Schäumer erstklassiger Qualitäten produzieren. Dabei sind sehr gute Cava, die Sie nicht nur bei Gelegenheit im Urlaub trinken sollten. Die Suche nach ihnen lohnt sich ganz sicher.

Meine Empfehlungen

Alta Alella, Alella, **Penedès**
· *Cava Privat, Brut Nature, Reserva*

Augustí Torelló Mata, Sant Sadurni d'Anoia, **Penedès**
· *Cava Gran Reserva, Brut*

Bohigas, Can Macià, **Penedès**
· *Cava Gran Reserva, Brut Nature*

Gramona, Sant Sadurni d'Anoia, **Penedès**
· *Imperial, Gran Reserva, Brut*

Jané Ventura, El Vendrell, **Penedès**
· *Cava Reserva de la Música, Brut Nature*

Juvé y Camps, Sant Sadurni d'Anoia, **Penedès**
· *Cava Gran Reserva, Brut*

Raventós i Blanc, Sant Sadurni d'Anoia, **Penedès**
· *Blanc de Blancs*

Recaredo, Sant Sadurni d'Anoia, **Penedès**
· *Intens Rosat, Brut Nature, Gran Reserva*

Sumarroca, Sant Sadurni d'Anoia, **Penedès**
· *Cava Núria Claverol, Gran Reserva*

Viñas Torreblanca, Torreblanca, **Penedès**
· *Cava Brut*

Etikettiert, gewaschen und getrocknet warten die Cava-Flaschen auf ihre Verpackung.

Vom richtigen WEINEINKAUF

GUT BERATEN VOM SUPERMARKT BIS ZUM ONLINESHOP

Wer die jahrtausendealte Geschichte des Weines einmal Revue passieren lässt, wird ganz schnell feststellen: Nie zuvor, zu keiner Zeit in der Weingeschichte, haben die Menschen aus einem so breit gefächerten Angebot exzellenter Weine auswählen können wie heute. Das wiederum hat zur Folge, dass die Auswahl viel umfangreicher geworden ist und Kaufentscheidungen ohne Beratung im Desaster enden können.

Diese Fülle an Weinen macht es allerdings nicht leichter, denn zur riesengroßen Auswahl gesellt sich noch die Frage: Wo kann ich kaufen und worauf muss ich achten? Macht es Sinn, sich auf Preisnachlässe, Rabatte und unzählige Sonderangebote zu stürzen? Wer bietet mir die beste Plattform: Supermärkte, Discounter, Handelsketten, der Fachhandel, Weinauktionen, Onlineshops? Oder bleibt das Weinerlebnis direkt vor Ort beim Winzer immer noch das Highlight meines Weineinkaufs? Ziel dieses Kapitels ist es, Ihnen als Weintrinker eine Anleitung zu einem kritischen und besseren Weineinkauf zu geben. Sie zu einem wissenden Kunden zu machen, der voller Freude vor prall gefüllten Regalen steht und nicht ängstlich nach dem Personal sucht, der sich wohlwissend vertrauensvoll an die Mitarbeiter wenden kann.

Wo kauft man richtig Wein ein?

Als Weintrinker lebt man inzwischen auch bei uns in Deutschland geradezu in einem Paradies. Wer gute Weine kaufen will, findet heute, was er sucht. Doch die unterschiedlichen Einkaufsquellen sind nicht für alle gleich geeignet. Wenn Sie kein Weinkenner sind, ist guter Rat beim Weineinkauf alles andere als zu teuer. Wer nicht umfassend informiert ist, findet sich ohne Beratung im Weindschungel der Discounter, Supermärkte und riesiger Fachgeschäfte, beim Großhändler sowie in kleinen und feinen Vinotheken nicht mehr mühelos zurecht. Selbst erfahrene Service-Mitarbeiter aus Gastronomiebetrieben schätzen heute bei den übergreifenden Weinprogrammen aus der ganzen Welt beratende Unterstützung. Woran das liegt? Abgesehen von der Komplexität des Angebots ist eine der Ursachen die heute vergleichsweise mangelhafte Ausbildung unseres Geruchs- und Geschmackssinnes, den unsere Eltern mangels Zeit häufig vernachlässigen. Auch in der Schule wird die Fähigkeit zu riechen und zu schmecken nicht mehr gefördert und verkümmert so. Später hört und liest man so einiges zu Wein, aber man kann kein Urteil durch Riechen und Schmecken abgeben – dabei ist das die erste Qualitätskontrolle vor dem Weineinkauf.

WEIN WILL EROBERT WERDEN

Je größer die Auswahl und das Angebot sind, desto problematischer wird die Entscheidungsfindung. Dabei zeigte eine Studie (Quelle: GfK, Store Effects), dass über 70 Prozent der Kaufentscheidungen im Geschäft vor dem Regal getroffen werden. Bevor Sie also losgehen, überlegen Sie zuerst, was Sie denn kaufen wollen. Günstige und zuverlässige Alltagsweine lassen sich ja noch problemlos fast überall entdecken. Sollen es die besten Weine sein, müssen Sie viel mehr wissen, als Sie glauben.
Wer sich auf Entdeckungsreise begeben will, um seinen Keller und Weinhorizont zu erweitern, plant am besten ein bisschen Zeit ein, denn dann wächst auch der Anspruch an das Sortiment und die Beratung. Hier hilft eine Vorabinformation für eine spätere Entscheidung. Das Internet bietet dafür reichlich Quellen, mit gut gepflegten Blogs, Onlineshops und Informationsportalen von Verbänden der ganzen Weinwelt. Sich hier zu informieren, benötigt Zeit, macht aber auch Spaß.
Besteht der Wunsch, große Weine zu finden, auch Weine, die nicht jeder kennt, müssen Sie sich darüber im Klaren sein, dass solche Tropfen nicht einfach auf Sie warten, sondern erobert werden wollen. Bevor Sie sich edle Weine für hohe Summen in den Keller legen, sollten Sie diese probieren. Das mag Sie jetzt überraschen, aber was nützt ein großer Wein mit bekanntem Etikett in Ihrem Keller, wenn Sie ihn doch nicht mögen? Ein Besuch im Fachhandel mit kompetenter Beratung ist angesagt, damit Sie sichergehen können, dass Ihnen Ihr Einkauf auch schmeckt. Wenn Sie das ABC des Weines dann kennen, macht der Einkauf erst richtig Spaß und benötigt irgendwann recht gute Bremsen.

Supermarkt

Da es für den Einkauf von Wein heute viele unterschiedliche Möglichkeiten gibt, insbesondere in Großmärkten, halte ich es für nötig, den Oberbegriff „Supermarkt" in Deutschland zu definieren: Discounter haben in der Regel ein kleineres Angebot an verschiedenen Artikeln und sind auf günstigere Preise fokussiert als ein Supermarkt. Es fehlen Abteilungen, die auf bestimmte Qualitätsprodukte wie Fisch und Fleisch ausgerichtet sind und auch bei Wein ist man nicht spezialisiert, sondern auf Masse ausgelegt.
Supermärkte können je nach Franchise ein sehr unterschiedliches Qualitätsniveau haben. Mancher Supermarkt kann sich im wahrsten Sinne des Wortes mit einem super Weinangebot samt guter Beratung von seinen Konkurrenzbetrieben abheben. Edeka und Edeka sind noch lange nicht das Gleiche, ebenso wie Rewe und Rewe manchmal unterschiedlicher nicht sein können. Ein guter Indikator für ein mögliches gutes Niveau

INFO

Nicht das größtmögliche Programm ist hilfreich, sondern ein gezielt ausgesuchtes Sortiment mit Profil. Angebote können auf ein Land oder international ausgerichtet sein, sich auf Themen spezialisieren wie Bio- und Naturwein oder ausgefallene Weine, individuelle Winzer, handwerklich arbeitende Weingüter, Erzeuger mit kleinen Mengen – auch die Klassiker sind nicht zu vergessen.

bei Wein ist übrigens die Fleisch- und Fischtheke. Wenn dort gute (Bio-)Qualitäten angeboten werden, können Sie davon ausgehen, dass es beim Wein auch nicht darum geht, nur die billigsten Flaschen einzukaufen. Spezialisierte Kaufhäuser mit besser ausgestatteten Weinabteilungen sind schon zum Weinfachhandel zu zählen. Dennoch muss man sich darüber im Klaren sein, dass man bei einem Einkauf im Supermarkt nur bedingt gute Qualität bekommen wird und auch ganz selten eine gute Beratung. Die Häufigkeit lässt sich mit den Chancen beim Lottospielen vergleichen. Damit ist zum Erwerb von Supermarktweinen schon ziemlich viel gesagt, zumindest für Menschen ohne Vorkenntnisse. Zusätzlich sind die Weine dort dem Licht von Neonröhren und allerlei unpassenden Düften, vom Käse bis zum Fisch, ausgesetzt, was sich bei geringen Umschlägen schon mal bemerkbar machen kann. Wer aber einfache Qualitätsweine zum kleinen Preis und anspruchslosen Genuss sucht, kommt hier zurecht. Bietet sich die Gelegenheit, in Prospekten das Angebot daheim zu studieren, machen Sie davon Gebrauch, vergleichen Sie mit anderen, dabei kann man gleich was lernen. Für wenig Geld lässt sich etwas finden, das Ihrer Vorstellung entspricht. Sortiert wird recht einfach nach Ländern, Regionen, Farben und dem Preis. Übrigens: In der Schweiz und Frankreich sind die Weinangebote weitaus besser als bei uns.

Weinfachhandel

Fachgeschäfte sind für mich bei einem gewissen Anspruchsniveau das A und O des Weineinkaufs. Solange ich Weine kaufe und trinke, ist meine Quelle für ge-

Exquisite Weinfachgeschäfte mit perfekt klimatisierten Lagerräumen sind in der Regel eine Garantie für Qualität. Ich bezahle dafür gern etwas mehr.

Der gute Weinfachhandel bietet immer mehr kleine Köstlichkeiten zur Weinprobe, wie hier Garibaldi München-Nymphenburg.

pflegten, guten, zuverlässigen und stets aktuellen Weineinkauf der Weinfachhandel. Hier habe ich als Weinliebhaber meine Heimat, fühle mich am idealen Platz. Gewöhnlich gibt es gute Weinhandlungen in jeder Stadt und wenn Sie die richtige gefunden haben, sollten Sie dafür zur Not auch einen Umweg in Kauf nehmen.

Was einen guten Weinladen ausmacht? Das Wichtigste ist die kompetente Beratung, Menschen, die Menschen verstehen, ihnen zuhören können, um zu erfahren, was Sie wollen. Aus einem schier unübersehbaren Angebot muss ein Weinhändler nicht nur eine kluge Vorauswahl treffen, sondern diese seiner Kundschaft auch vermitteln können. Das setzt voraus, dass der Weinhändler seine Klientel schätzt und versteht.

Eine gute Lagerung und der schnelle Umschlag des Sortiments sind bei einem guten Weinhandel Voraussetzung, ebenso die Selbstverständlichkeit, dass er Beliebtes und Bewährtes kontinuierlich beschaffen kann. Eine gepflegte Homepage mit vielen Informationen zählt heute zum Standard einer guten Weinhandlung, manche druckt lobenswert für die Stammkunden ihre Kataloge auf Papier. Ein guter Weinhändler ist also Kaufmann und Psychologe, Heger und Pfleger in einem. Ein Visionär steckt auch in ihm, denn seine Sortimentsgestaltung sollte stets vorausschauend mit Aktuellem und Trends bestückt sein. Dabei wird nicht von ihm erwartet, dass er heute dies und morgen wieder etwas Neues anbietet. Die wirklich guten Weinhändler sind Vertrauenspersonen und Mittler zwischen Produzenten und Genießern. Sie kennen ihre Winzer und deren Weine, wissen um die Höhen und Tiefen, Stärken und Schwächen der Jahrgänge und beraten somit kompetent ihre Kunden. Das sind Talente, die man gar nicht genug schätzen kann. Der Mehrwert, den der Fachhandel bietet, kompensiert in der Regel locker die etwas höheren Preise.

Onlinehandel

Welchen Wein auch immer Sie im Onlinehandel erwerben möchten, suchen Sie sich einen bekannten, bewährten oder vertrauenswürdigen Anbieter. Dazu zählen auch die vielen namhaften Weinhandlungen, deren Sortiment ebenso per Internet bestellt werden kann.

Vorsicht geboten ist bei Quellen wie Ebay und Amazon, wo viele Weine aus privaten Haushalten landen, die häufig schlecht und falsch gelagert wurden. Hier kann man nur von einer Falle sprechen: Unmengen an Wein werden auf diese Weise verkauft, die längst in den Abfluss gehören und nicht einmal das Porto wert sind. Das Risiko ist groß, wobei man durchaus auch Glück haben kann. Weineinkauf ist eine Vertrauensfrage, denn er kann nur unmittelbar nach erfolgter Lieferung reklamiert werden. Liegen die Flaschen aber noch Monate oder Jahre in Ihrem Keller und es stellt sich dann heraus, dass sie unsachgemäß gelagert wurden oder es sich gar um Fälschungen handelt, haben Sie keine Chance zu reklamieren.

Dazu kommen oft versteckte Extrakosten, Lieferschäden oder lange Lieferzeiten – Betrüger gibt es eine ganze Menge. Daher Augen auf beim Onlinekauf! Kaufen Sie nur bei Händlern mit sicherem Ruf, lassen Sie sich die Bestellung per Telefon bestätigen, prüfen Sie Transportkosten und stellen Sie eine Nachverfolgung des Auftrags sicher.

TIPP

Wo auch immer Sie einkaufen, Vorsicht bei Rabatten! Prüfen Sie die Preise erst mal sorgfältig nach. Oft werden auf überhöhte Preise Nachlässe gewährt, die eigentlich keine sind. Seien Sie nicht bei jeder Rabattschlacht dabei. Am Ende haben Sie zu viele „Sonderangebots"-Weine im Keller, die Sie in kurzer Zeit leeren sollten – „alte Krücken" will schließlich niemand mehr trinken.

Weinketten

Der Fokus von Weinketten liegt mehr auf den Produzenten, vor allem aber unterscheiden sie sich von den Supermärkten durch ein etwas individuelleres Angebot. Die Weine können hier meistens auch verkostet werden. Als Kunde wird man registriert, bekommt regelmäßig Infopost und wird vor Ort gut beraten. Trotz der günstigen Preise ist das Personal meist gut geschult und vermittelt ein gewisses Kauferlebnis. Ein Manko sind die immer noch sehr vielen kommerziellen Weine.

Weinauktionen

Wein bei einer Versteigerung zu kaufen, birgt ebenso viele Vorteile wie Nachteile, wie ich selbst schon erfahren habe. Es ist wichtig, darauf zu achten, wo die Auktion stattfindet. Anders als in Deutschland fallen im Ausland Zollkosten an und die sind neben den Transportkosten nicht ganz unerheblich.

Die wichtigsten Vorteile einer Auktion sind die oft exzellenten Jahrgänge, Weine aus vergangenen Jahrhunderten, zahlreiche Sammlerstücke in alten Jahrgängen oder die vielen verfügbaren trinkreifen Weine. Ebenso die häufig günstigen Preise und auch die Chance auf Anlagemöglichkeiten für spätere Verkäufe mit großen Gewinnaussichten. Ein Nachteil ist, dass bei schriftlichen oder telefonischen Geboten nichts begutachtet werden kann. Eine Rückgabe ist so gut wie ausgeschlossen, es wird keine Haftung für gefälschte Inhalte übernommen und die Nebenkosten sind hoch.

TIPP

DARAUF SOLLTEN SIE UNBEDINGT ACHTEN:

- *Inspizieren Sie das Angebot gründlich und probieren Sie vorher, falls möglich.*
- *Bevor es losgeht: Holen Sie Vergleichsangebote ein.*
- *Setzen Sie sich ein persönliches Limit.*
- *Nehmen Sie während der Auktion in der ersten oder letzten Reihe Platz, damit andere Bieter Ihre Handzeichen nicht sehen können.*
- *Prüfen Sie die ersteigerten Flaschen sofort nach der Übergabe, denn nur so haben Sie eine Chance auf Reklamation.*
- *Prüfen Sie ihren eigenen Keller und kontrollieren Sie den Bestand. Nur so wissen Sie, was noch fehlt oder ergänzt werden kann.*

Eine Weinauktion bei Christie's ist immer ein Erlebnis. Wenn Sie die Gelegenheit einmal nutzen, setzen Sie sich in die erste oder letzte Reihe, damit Mitbieter Ihre Handzeichen nicht sehen können.

Erhalte mir DIE QUALITÄT

VON DER LAGERUNG BIS ZUM GLAS

Wohin mit all den Flaschen? Braucht der Nicht-Experte einen eigenen Weinkeller oder tut es auch das Nebenzimmer? Oder reicht gar ein Klimaschrank? Wer gern Wein trinkt und Gäste zu Hause verwöhnt, muss die Möglichkeit haben, seine Weinflaschen gut lagern zu können – aber bitte nicht im Kühlschrank.

Sie können sicher sein, dass sich Ihr Wein an Ihnen rächt, wenn Sie ihn schlecht behandeln. Er schreit Ihnen zwar nicht wie ein Flaschengeist üble Schimpfworte zu, dass es ihm zu hell, zu warm oder zu trocken ist, aber er „dankt" Ihnen jede längerfristige Misshandlung dieser Art mit schlechter werdender Qualität. Er bockt ganz einfach und das ganz gewaltig. Den Kampf werden Sie verlieren, daher stellen Sie sich gut mit Ihren Flaschen, finden Sie für sie den entsprechenden und geeigneten Platz, damit sich jede einzelne Flasche bis zum letzten Moment wohlfühlt. Wenn dann der Moment gekommen ist, die Flaschen geöffnet werden sollen, weil die beste Zeit zum Trinkgenuss der Weine gekommen ist, werden zwei Utensilien von größter Bedeutung: das richtige Glas und wenn die Flaschen verkorkt sind, ein geeigneter Korkenzieher. Mehr dazu erfahren Sie hier.

Keller, Klimaschrank, Korkenzieher

Ist ein Wein erst einmal abgefüllt, sind seine größten Feinde Sauerstoff, Licht, Temperaturschwankungen sowie schlechte Luft. In einem Natursteinkeller, wie sie früher üblich waren, hat man dieses Problem nicht, weil es hier gewöhnlich dunkel und gleichmäßig kühl ist, bei einer Temperatur zwischen 12 und 14 °C. Das einzige Problem sind vielleicht Fremdgerüche, etwa von stark riechenden Lebensmitteln wie Zwiebeln und Kartoffeln oder Heizöl und Kohlen, die in der Nähe gelagert werden. Heute haben leider immer weniger Menschen das Glück, einen solchen Keller zu besitzen, da in neugebauten Häusern keine Vorratsräume zur Lagerung von frischen Lebensmitteln gedacht sind. Wo lagert man also seinen Wein?

Weinregale mit ausfahrbaren Schubkästen sind ideal für bequeme Lagerung, weil ohne Kraftaufwand Flaschen entnommen werden können.

INFO

Neueste Untersuchungen behaupten, dass auch Flaschen mit Korken nicht liegend, sondern ruhig stehend gelagert werden können. Da wage ich doch deutlichen Widerspruch.

Kühlschrank?

Nein! Vermeiden Sie es in jedem Fall, Weinflaschen länger als ein paar Wochen in einem Kühlschrank zu lagern. Das Klima in Kühlschränken ist zu trocken und es gibt keine entsprechende Belüftung. Die Korken trocknen aus, Luft zieht ein. In der Regel sind sie auch zu kalt und durch die Vibration des Motors entsteht eine ständige Bewegung. Wein muss ruhig gelagert werden.

Kellerabteile

Kellerabteile in modernen Wohnungen sind zu warm, häufig auch einsehbar und somit unsicher. Also wohin mit den Flaschen? An den kühlsten Platz im Hause, den Flur oder das Schlafzimmer? Bitte nicht!

Weinklimaschränke

Für unterschiedliche Räumlichkeiten sind Weinklimaschränke eine gute Lösung. Die gibt es für jeden Bedarf, von klein bis groß, als Unterschränke eingebaut, als schöne Möbel in einer Wohnküche oder als

Für Wohnungen ohne Keller sind Klimaschränke mit individueller Temperaturregelung ideale Lagerplätze.

simplere Lagerschränke, die im Hintergrund aufgestellt werden können. Garantiert sind perfektes Klima, auch bei zwei Klimazonen für Weißweine und Rotweine, gleichmäßige Temperatur sowie geregelte Feuchtigkeit und Dunkelheit. Was will man mehr? Ruhe, denn Ruhe ist auch bei Wein angesagt. Die steten, kaum wahrnehmbaren Bewegungen und Vibrationen durch das Ein- oder Ausschalten des Kühlaggregats in Ihrem edlen Klimaschrank nehmen Ihnen Ihre wertvollen Flaschen auf Dauer übel. Es ist belegt, dass Weine, die in vibrationsfreien Klimaschränken gelagert wurden, sich gut entwickelt haben.

Worauf man achten muß

- Wie groß soll der Schrank sein und welche Flaschenkapazität muss er haben?
- Wo soll der Schrank stehen oder eingebaut werden? Im Keller braucht man keine kostspielige Verkleidung.
- Sollen die Weine langfristig im Einzonenklima gelagert werden? Oder als Vorrat zum baldigen Trinkgenuss in Multiklimazonen?
- Wie sind die Regalfächer im Schrank ausgestattet?
- Wo ist der Motor verbaut? Er sollte sich auf keinen Fall, auch nicht aus Platzgründen, im Inneren des Geräts befinden, weil er beim Ein- und Ausschalten vibriert.
- Wird das Gerät gut belüftet?
- Gibt es Glastüren? Wenn ja, sollten sie verdunkelt sein. Licht ist tödlich für den Wein.
- Ist der Wartungsservice geregelt?

INFO

Bei der Anschaffung eines Weinklimaschrankes sollten ein paar wichtige Details beachtet werden. Erst recht, weil diese Möbel in der Anschaffung ihren Preis haben, aber leider nicht alle gleich geeignet sind, auch wenn sie noch so schön aussehen. Einen Klimaschrank, dessen eingebauter Motor ständig vibriert, können Sie gleich vergessen.

Klimageräte

Wer sich keinen Klimaschrank zulegen möchte, jedoch über eine separate Räumlichkeit, etwa im Keller, verfügt, könnte sich mit einem Klimagerät behelfen. Wenn der Raum isoliert und verdunkelt wird, hat man mit einem Klimagerät und entsprechenden Regalen, beispielsweise Modulsystemen, schnell einen idealen Weinkeller. Beim Boden ist zu beachten, dass er wegen der notwendigen Feuchtigkeit von 65 bis 70 Prozent im Idealfall nicht aus Holz (wegen Schimmel), sondern aus Stein oder Beton ist. Gestampfte Erde wäre ein Traum. Schubfächer mit Rollen, auf denen Kisten abgestellt werden können, machen als ideale Regalsysteme spätere Entnahmen von Einzelflaschen leichter.

Direkt lagern beim Weinfachhändler

Seit neuestem vermieten auch Weinfachhändler in ihren Lagerräumen Kellerboxen. Dort finden die Kunden ideale Lagermöglichkeiten für ihre besten Flaschen, wobei es je nach Platzbedarf unterschiedliche Lösungen gibt. Das ist eine gute Sache für beide Seiten. Achten Sie aber zusätzlich zu den Lageranforderungen auf die Sicherheit und darauf, dass die Ware mit einem Wiederbeschaffungswert versichert wird, um einem eventuellen Verlust vorzubeugen.

INFO

GUT GELAGERT

- *So komplex Weine im Ausbau sind, so anspruchsvoll sind sie in ihrer Pflege.*
- *Wein liebt Dunkelheit, Luftfeuchtigkeit zwischen 50 und 70 Prozent und recht kühle, vor allem aber gleichbleibende Temperatur (optimal sind 10 bis 16 °C). Was er nicht mag, sind Fremdgerüche und Erschütterungen.*
- *Wein ist zum Trinken da, genauer: zum zügigen Genuss. Den meisten Kommerzweinen bekommt lange Lagerung gar nicht gut.*
- *Für die kleine, feine Gruppe großer Ausnahmeweine gilt: Die gerbstoffreicheren brauchen länger zur Trinkreife als die gerbstoffarmen. Leichte Rotweine sind früher reif als schwere.*
- *Vergeht mehr als eine Stunde, bevor sich ein Wein öffnet, kann man ihm ruhig noch ein paar Jahre in der Flasche gönnen.*
- *Es gibt nur wenige, ganz wenige Weißweine, die sich länger lagern lassen. Süßweine dagegen schon. Äußerste Vorsicht bei Schaumweinen und Champagner: Hier sind Vintage-Qualitäten zu bevorzugen.*
- *Große Weine sind in jeder Entwicklungsstufe groß. Einfache Qualitäten werden durch lange Lagerzeiten nur schlechter.*

Mehr Spaß im Glas

In meiner beruflichen Laufbahn bin ich so ziemlich mit allen Gefäßen und Behältern in Berührung gekommen, die als Weingläser verwendet und verkauft wurden. Sie stammten von mehr oder weniger namhaften Herstellern und kamen in den unterschiedlichsten Formen daher. So gab es den einfachen Römerpokal, der in den Weinstuben vom Rhein bis an die Mosel alltäglich verwendet wurde, oder senfglasähnliche Becher in einfachen Kneipen, aus denen verdammt viel Wein gebechert wurde. Oder aber Kristallpokale mit Goldrändern, die nur an Festtagen oder zu familiären Feierlichkeiten aus den Vitrinen geholt wurden. Dass sich diese meist schweren Gefäße eher als Fischbowls oder Blumenvasen denn zum Weintrinken geeignet hätten, ist bis in die frühen 1980er-Jahre nur wenigen Menschen aufgefallen, schon gar nicht im gelobten Weinland Frankreich.

Die Rückständigkeit Frankreichs in Bezug auf die Glaskultur ist fast schon wieder kultig, zumindest, wenn man sich in einem einfachen Bistro niederlässt. In Restaurants mit Topweinkarten lässt die Glaskultur noch sehr oft viele Wünsche offen, gilt als althergebracht, nahezu vorsintflutlich. Teils wirkt das auch arrogant, denn nichts ist hier wichtiger als der Wein selbst, das Glas schon gar nicht.

Als Beispiel sei die Situation in einem Drei-Sterne-Tempel in Eugénie-les-Bains genannt. Die vorbildliche Weinkarte und ihre teils verlockenden Preise animierten uns zur Bestellung einer gereiften, edlen Flasche weißen Burgunders, Le Montrachet 1990, und eines roten Bordeaux aus St. Émilion, Cheval Blanc 1982. Der Weißwein wurde in einem recht dickwandigen, robusten Typ Glas serviert, das für einen Landwein ausreichend gewesen wäre. Warum war das nicht gut? Ein guter Wein, ein sehr guter noch mehr, verlangt viel Raum im Glas, um reichlich Sauerstoff aufzunehmen und so seinen Duft entfalten zu können. Damit man das Glas nicht mit den Händen am Kelch anfassen muss, der Wein kühl bleibt und die Finger auch keine Fettflecken hinterlassen, hat ein perfektes Weinglas einen entsprechend langen Stil. Dünnwandig, schnörkellos und ohne Goldrand sind alle Weingläser, die mehr zum Genuss denn zur Ausstellung in Vitrinen gedacht sind.
Der Wunsch nach einem größeren Glas, wir hätten auch das Rotweinglas genommen, konnte uns in Frankreich nicht erfüllt werden. Mit Stolz und Überzeugung wurde erklärt, dass im Hause für Weiß- und Rotweine nur dieses eine Glas zur Verfügung steht. Den Weißwein haben wir getrunken, den Rotwein abbestellt. Noch heute reise ich deshalb nach Frankreich stets in Begleitung meiner Gläsertasche.

FORM UND FUNKTIONALITÄT

Auch wenn sich die Weinkultur in Frankreich auf höchstem Niveau bewegt und es dort bedeutende Glasmanufakturen gibt, die geeigneten Gläser für größtmöglichen Genuss haben nicht die Franzosen entwickelt. Die heutige weltweit geschätzte Weinglaskultur, diese Genusskultur auf dem Zenit der Zeit, kommt von der Familie Riedel aus Kufstein in Tirol, die mittlerweile in elfter Generation das Geschäft führt.
Mit der Entwicklung der Serie „Sommelier" im Jahr 1973 wurde das Familienunternehmen mit Claus Riedel durch harte Überzeugungsarbeit zum Marktführer im Bereich „genussgerechte Weingläser". Dank der Weiterführung durch seinen Sohn Georg blieb Riedel Jahrzehnte unangefochten die Nummer eins auf dem Markt. Kein Weinglas konnte die Anforderungen eines Weines, ob weiß oder rot, auch nur annähernd so erfüllen, wie es die Riedelgläser vermochten. Für die Kunden waren die feinen, dünnwandigen und langstieligen Geschöpfe etwas ganz Besonderes, sie gehörten zum absoluten Genuss eines großen Weines. Dank ihrer Haptik veredeln sie jeden Wein. Sie waren und sind die Ferraris in der Branche. Auf Dauer waren sie aber preislich sehr anspruchsvoll, denn für die Spülmaschine waren die Kelche der „ersten Wahl" zu fein, zu

Die vier gezeigten Zalto-Gläser: Burgund, Universal, Bordeaux und Champagner v.l.n.r. sind meine Favoriten unter den Gläsern. Nicht nur der Anblick dieser zartbesaiteten, federleichten Glasgeschöpfe weckt Begierde, sie in Händen zu halten und an die Lippen zu führen, hier folgt die Form ihrer Funktionalität in Perfektion.

Weingläser sollten wegen des Temperaturempfindens und des Gefühls an den Lippen dünnwandig sein, der Effekt ist der gleiche wie bei Teetassen.

dünn und leicht zerbrechlich. Es entstand beim alltäglichen Gebrauch ein großer Verlust und letztendlich auch Verdruss. Riedel dachte weiter, entwickelte neben der empfindlichen mundgeblasenen Serie eine etwas robustere handgefertigte Linie und landete damit weltweit in den besten Restaurants. Die „Sommelier"-Gläser wurden zum Weinglasmaßstab.
Durch die enorme Nachfrage für Gläser dieser Art, das wachsende Interesse von Seiten der Restaurants, der Vinotheken und der Weinproduzenten, versuchten auch viele andere Hersteller, mit unzähligen Glasserien den Anforderungen gerecht zu werden. Dabei sind viele brauchbare Modelle entstanden, aber dem einfachen Prinzip Form follows function des erfolgreichen amerikanischen Architekten Louis Henry Sullivan folgten wenige. So gibt es einige gute Glasserien von bekannten Manufakturen, doch das derzeit wohl erfolgreichste, wenn es um Form und Funktionalität geht, ist meiner Einschätzung nach die Glasserie „Denk'Art" der Firma Zalto aus Gmünd in Österreich. Die leicht kantig, eckig anmutende Form dieser Gläser, mit dem Neigungswinkel der Erde im Glasboden, ist nicht nur wunderschön, sondern auch federleicht, hauchdünn, langstielig, elegant und mit der entsprechenden Konfektionsgröße. Zu kleine Gläser bleiben ebenso nutzlos wie voluminöse Blumenvasen oder Fischbowls. Mich erinnert „Denk'Art" etwas an Johann Willsbergers Gourmetglas-Serie.
Was Zalto hier geschaffen hat, lässt das Herz eines ambitionierten Weinliebhabers höherschlagen. Das Kernsortiment besteht aus vier Glastypen: dem Universal, quasi One for all, einem für Burgundertypen und einem für Bordeauxstil sowie das Champagnerglas. Die Weingläser sind in ihrer Formschönheit funktionell, jedes für sich garantiert perfekten Weingenuss. Schwerelos, haarfein, fragil, langbeinig, haptisch nahezu erotisch und – fast unvorstellbar – sogar spülmaschinenfest. Formvollendet finden die unterschiedlichsten Weine in diesen Gläsern ihren optimalen Genuss, wobei ich mir beim Champagnerglas noch etwas mehr Volumen vorstelle, dafür bevorzuge ich öfters das Universal. Egal welches Glas in Zukunft in Ihrer Vitrine stehen wird, es bleibt am Ende eine Kostenfrage. Bekanntlich hat Qualität ihren Preis auch bei Gläsern, ein Vergleich lohnt immer. Dann sind schnell günstigere Markenprodukte von Spiegelau, Nachtmann, Stölzle oder Schott Zwiesel auf dem Schirm. Die Auswahl ist groß, da kommen Zweifel auf, welches Glas denn nun das richtige ist. Ich rate hier, über den Verwendungszweck nachzudenken. Schnell stellt sich dann heraus, dass sich aus günstigeren Gläsern auch ganz gut Wein trinken lässt. Ein High-End-Glas für simple Alltagsweine ist nicht zwingend nötig, wenn auch der Wein daraus besser schmeckt.
Und noch ein Tipp: Gläser, die in erster Linie für Verkostungen verwendet werden, dürfen in ihrem Volumen nicht zu groß ausfallen, weil die ausgeschenkten Probeschlucke ja oft viel kleiner sind. Auch dafür gibt es ein super Glas, sogar in zwei verschiedenen Qualitäten, „One for all" von René Gabriel.

TIPPS

WEINGLAS

- *Guter Wein schmeckt aus guten Gläsern besser.*
- *Die Qualität eines Weinglases richtet sich nach seinem Material, seiner Form, Größe und Wandstärke. Je dünnwandiger, desto besser, besonders wegen der Haptik und Trinktemperatur.*
- *Ein leichter Wein verliert sich im großen Glas.*
- *Je kräftiger der Wein, desto größer sollte das Glas für seine Entfaltung sein.*
- *Wer nicht so viel investieren möchte, fragt nach der zweiten Wahl. Oft sind die Fehler minimal und unsichtbar.*

Dekantieren

Man kann endlos darüber diskutieren, ob dieser Arbeitsschritt vor dem Genuss eines Weines denn nun hilfreich und notwendig ist oder nicht. Sicher ist jedenfalls, dass durch die Zufuhr von Sauerstoff der Wein einem beschleunigenden Reifungsprozess ausgesetzt wird. Und sicher ist auch, dass bei einem behutsamen Handling ein gereifter Wein mit Depot von diesem mühelos getrennt werden kann. Deshalb glaube ich, dass mindestens diese zwei Gründe für das Dekantieren eines Weines stehen.

Junge Weine, die vor allem zu früh, das heißt zu jung, getrunken werden, erfahren durch den Dekantierprozess eine positive Veränderung in Duft und Geschmack, die man bald danach erkennen kann. Man gibt dem Wein viel Sauerstoff, indem man ihn von oben, etwas vom Karaffenhals entfernt, schwungvoll in das Gefäß fließen lässt und ihn dann durch kreisende Bewegungen sozusagen mit der Extraportion Sauerstoff anreichert. Je nach Weintyp ist nach einer gewissen Zeit des Lüftens in der Karaffe schon ein Unterschied schmeckbar. Diejenigen Weine, egal ob weiß oder rot, die gleich nach dem Öffnen der Flasche sehr wenige Duftnoten aufweisen und raue, eckige, kantige Tannine im Mund präsentieren, sollten in eine möglichst dickbauchige Karaffe, die eine große Oberfläche bietet, dekantiert werden. Wer keine Karaffe zu Hause hat, kann auch einen Glaskrug verwenden. Unter dem Einfluss von Sauerstoff entwickeln sich die Weine relativ schnell, werden duftiger und reicher, die harten Gerbstoffe werden weicher, geschmeidiger und runder. Bei zu jungen Weißweinen, die im Barrique gereift sind, ist der Vorgang ebenfalls hilfreich.

Der zweite Grund, weshalb ich gereifte Weine dekantiere, ist deren Depot in der Flasche. Wird die Flasche mit dem Etikett nach oben richtig gelagert und dann zum entsprechenden Zeitpunkt mit möglichst wenig Bewegung zum Tisch gebracht, empfiehlt es sich, eine schmale Karaffe zu wählen, weil der Wein ja keine Extraportion Sauerstoff benötigt, und ihn dann kurz vor Genuss mit ruhiger Hand zu öffnen und in die Karaffe zu gießen.

Für die Anschaffung einer Karaffe ist keine große finanzielle Investition nötig, hier kann man auf alle Teile mit Silber oder Gold getrost verzichten.

Wer eine Lichtquelle, zum Beispiel eine kleine Taschenlampe oder eine kurze Kerze hat, kann mit dieser beim Umfüllen nahe am Flaschenhals sehen, wann das Depot als schmaler Streifen dort sichtbar wird, und dann den Vorgang stoppen. Wer es braucht oder will, darf das Depot probieren. Es ist sehr reich im Geschmack, aber nicht sehr angenehm im Mund, daher mahne ich zur Vorsicht. Einen Unterschied zwischen Dekantieren oder Karaffieren mache ich bewusst nicht, für mich macht das keinen Sinn.

Karaffenform, Breite des Bauches sowie Höhe beziehungsweise Länge des Flaschenhalses werden je nach Bedarf an nötigem Sauerstoff für den Wein gewählt.

KORKENZIEHER

Weshalb braucht man denn heute noch einen Korkenzieher, bei all den Alternativen wie Glas-, Schraubverschlüssen oder Kronenkork? Und wer weiß, was jetzt schon in den Köpfen erfindungsreicher Talente als Alternative ruht? Dennoch bleibt die Frage für Weintrinker, die (auch) Flaschen mit Korkverschlüssen öffnen, welches Instrument aus der reichhaltigen Angebotspalette das geeignetste ist: der einfache Hebelkorkenzieher, das Kellnermesser, das oft als Werbegeschenk verteilt wird, oder die Nadel-Luftpumpen bis hin zu den exquisiten, vielfach gefälschten Laguiole-Modellen oder perfekt gestylten Designteilen von Screwpull?

Vor einer Investition überlegen Sie bitte, wie oft Sie denn einen Korkenzieher verwenden werden. Wie viele verkorkte Flaschen ruhen in Ihrem Keller oder Klimaschrank und warten auf ihre Erlösung? Sind es viele, auch gereifte aus alten Zeiten, dann bin ich überzeugt, dass sich eine richtig gute Anschaffung lohnt.

Ein Korkenzieher, der oft zum Einsatz kommt, muss – einem guten Küchenmesser gleich – von bester Machart, Qualität und Herkunft sein.

TIPP

Beim Kauf ist höchste Vorsicht geboten. Die erstklassigen Laguiole-Messer sind nur mit dem eingetragenen Warenzeichen echte Laguiole-Produkte (ein aufgeklapptes Messer) und jeden Cent wert. Alles andere wird billigst und von schlechter Qualität in Asien produziert und unter gleichem Namen sündteuer verkauft.

Darauf kommt es an:

Funktion: Eine perfekte Handhabung ist einem coolen Design vorzuziehen.

Stabilität und Material: Kann nur mit bestem Material und Verarbeitung erreicht werden. Bevorzugen Sie Edelstahlmesser mit teflonbeschichteten, ausreichend langen Spiralen.

Das Messer: Vergessen Sie Kapselschneider. Ein spitzes Messer mit glattem Schliff ohne Zacken, im Korkenzieher integriert, mit einer Länge von mindestens 4 bis 6 Zentimetern ist für mich die beste Lösung.

Die Spirale: Die Spirale muss leicht geschliffen und kantig sein, eine ausreichende Länge von mindestens 6 Zentimetern, eine scharfe Spitze und idealerweise eine Beschichtung aus Teflon haben. Die Länge der Spiralen ist deshalb wichtig, damit sie auch bei den besten Korkqualitäten, die häufig länger als 5 Zentimeter sind, den Korken ganz erfasst.

Einfaches Handling unterschiedlicher Modelle: Die „Sommelier-Modelle“ mit dem zweistufigen Hebel erleichtern die Handhabung und verlangen weniger Kraft beim Herausziehen des Korkens. Das Handling ist einfach: Spirale möglichst mittig erst bis zur Hälfte in den Korken eindrehen, dann mit der ersten Stufe des geteilten Hebels anziehen, nachdrehen und mit der zweiten, verkürzten Hebelstufe den Korken vollends aus der Flasche heben. Vergessen kann man die Luftpumpen mit der langen Hohlnadel, die durch Zufuhr von Sauerstoff, das heißt mit Luftdruck, funktionieren.

Super einfach ist das „Leverpull“-Model von Screwpull, eine Kombination aus Flügel- und Hebelkorkenzieher. Die mit Teflon beschichtete scharfkantige Spirale wird in der Korkmitte angesetzt und mittels Hebelfunktion in einer Vorwärtsbewegung eingedreht und rückwärts wieder rausgezogen. Jede Art der Flaschen-Aerobic wird damit ausgeschlossen. Etwas komplizierter, aber für mich immer noch der Rolls-Royce unter den Taschenmodellen für Sommeliers ist das Original von Laguiole. Es ist seit Jahrzehnten mein ständiger Begleiter! Und wenn es mal in die Brüche geht, kann man es einfach an die Firmenadresse einsenden, eine kostenlose Reparatur ist selbstverständlich.

„The Durand“ ist das beste Modell für brüchige, mürbe, alte Korken. Hier hat kein Kork eine Chance, egal wie alt er ist.

Ein Korkenzieher-Stillleben mit antiquierten, modernen und wertvollen Modellen aus verschiedenen Materialien wie Horn oder Holz. Zwei der Exemplare, das blaue sowie das schwarzweiße, sind echte Laguiole und meine ständigen Begleiter.

Mit Freude

WEIN PROBIEREN

WEINGENUSS DAHEIM

Weinwissen ist keine Wissenschaft für sich. Die wichtigsten Voraussetzungen, um Weine kennenzulernen, bringt jeder Mensch mit: Auge, Nase, Gaumen und ein mehr oder weniger gutes Gedächtnis. Die Kunst besteht darin, diese Fähigkeiten richtig einzusetzen.

Der schnellste Weg, den eigenen Weingeschmack zu erkennen, Vorlieben und Abneigungen zu entdecken, den Geschmack zu schulen und vielleicht am Ende sogar zu perfektionieren, führt über das Probieren. Es gibt unzählige Möglichkeiten, wo Sie probieren können, zum Beispiel bei Weinhändlern. Inzwischen bieten viele von ihnen Verkostungen ihres Sortiments im Laden an. Eine sehr große Vielfalt präsentieren Weinmessen, Ausstellungen und Weinshows einzelner Länder oder Regionen. In Restaurants oder Vinotheken und Weinbars ergeben sich oft auch spontane Möglichkeiten. Für mich ist die schönste Art, Wein zu probieren, die Probe auf Reisen, vor Ort beim Winzer. Hier wird alles geregelt, vom Öffnen der Flasche bis zum Leeren des Spucknapfes.

Was aber, wenn Sie das zu Hause mit Gleichgesinnten oder bei Freunden machen möchten? Dieses Kapitel erklärt Ihnen, was zu tun und worauf zu achten ist.

Probieren geht über studieren

Die Ankündigung einer Weinprobe hat im ersten Moment immer einen ganz besonderen Reiz. Sie weckt bei Eingeladenen Neugier auf das, was geboten wird, und Vorfreude, wenn man weiß, worum es geht, Ehrgeiz, wenn sie den sportlichen Charakter einer Blindprobe hat, oder Stolz, wenn die eigenen Trouvaillen mit im Rennen sind.

Weinproben können eine ernsthafte Angelegenheit sein oder ein unbeschwertes Vergnügen. Wenn Sie selbst der Gastgeber sind, sollten ein paar Punkte vorab geklärt sein. Sind nicht-weinaffine Teilnehmer überhaupt erwünscht? Nichts ist bei einer ernsthaften, professionellen Weinprobe für Gastgeber und Gäste tödlicher als vereinzelte Prosecco- oder Wassertrinker, die mit ihrem Desinteresse anderen die Stimmung verderben. Geht es um eine ernsthafte Probe oder soll es auch Unterhaltung geben? Wenn der Wein im Vordergrund steht, sollten eventuelle Unterhaltungseinlagen an das Ende der Verkostung gesetzt werden.

Sind die Gäste Weinenthusiasten oder vor allem trinkfreudig? Es macht keinen Sinn, edelste und rare Flaschen in Minischlückchen zu kredenzen, wenn in der Runde so mancher eher ein Freund gut gefüllter Gläser ist und mit Sicherheit am Ende schlechte Laune haben wird.

WEINPROBE ZU HAUSE

Worauf kommt es an, was ist wichtig bei einer Weinprobe, die in den eigenen vier Wänden stattfindet? Zuallererst, dass Sie und Ihre Gäste Spaß haben. Eine „bierernste" Weinprobe ist in Fachkreisen nichts Ungewöhnliches, zu Hause sollten Charakter, Motto oder das Ziel genau definiert sein. Wenn Sie ein Profi sind, müssen Sie hier nicht unbedingt weiterlesen.

Überlegen Sie, ob die Probe blind sein soll. Das bedeutet allerdings, dass die Gäste sich konzentrieren müssen und das Ganze leicht in einen Wettbewerb abrutschen kann. Bei einer privaten Probe rate ich, den Spaßfaktor im Auge zu behalten und niemanden aufs Glatteis zu führen. Sie sollten nicht mehr verlangen als das, was Sie selber können.

Sprechen Sie auch nicht allein über Ihre Weine, stellen Sie Fragen und animieren Sie die Gäste zum Austausch. Bedenken Sie bitte, dass das Thema Wein ein komplexes ist und man beim vielen Erzählen gern mal den Faden verliert. Vergessen Sie nicht, Notizen zu machen. Dafür gibt es einen Fahrplan: Farbe, Geruch und Geschmack. Natürlich riecht man nicht jeden Tag gleich gut, man schmeckt auch anders. Das ist die sogenannte Tagesform. Trotzdem notieren Sie neben erkennbaren Düften, ob der Wein süßlich, trocken, salzig, bitter, hart oder weich, rund oder kantig schmeckt. Hier passen gut zwei beliebte Plattitüden: Aller Anfang ist schwer und Übung macht den Meister. Wein trinken und probieren will gelernt sein.

INFO

Wein probieren und Wein trinken sind zwei Paar Schuhe! Wenn Sie eine Verkostung mit anschließendem Trinkvergnügen kombinieren, sollte sie maximal zwei Stunden dauern.

TIPP

DAS SOLLTEN SIE VERMEIDEN

- *Den vorherigen oder gleichzeitigen Konsum von Kaffee, Tee, Zigaretten, Schnupftabak.*
- *Minzbonbons oder Zahnpasta schaden Ihrem Geschmackssinn.*
- *Auf Parfums oder andere duftende Kosmetik sollten Sie verzichten, um Ihr eigenes Geruchsempfinden und das der Teilnehmer nicht zu beeinträchtigen.*

Auf einer Weinprobe im Freien kann wegen Zugluft nicht so gut verkostet, dafür aber umso intensiver gefeiert werden. Bitte immer erst probieren und danach feiern.

Die maximale Füllmenge bei einer Verkostung mit vielen Weinen sind 5 bis 6 Zentiliter (hier ist sie optimal).

Bevor es losgeht

BESTIMMEN SIE EIN THEMA FÜR DIE PROBE

Egal ob Ihr Weinkeller vielseitig oder fokussiert bestückt ist oder Sie den Wein für die Verkostung erst kaufen wollen, Sie sollten sich auf ein Thema festlegen. Nehmen Sie, wenn nötig, einen guten Rat Ihres Weinhändlers an. Je nach Weinwissen und Interesse können Sie ein Thema wählen und beliebig ausdehnen: eine Länderprobe mit einer oder mehreren Rebsorten, eine Region und ein Weintyp von unterschiedlichen Winzern, eine Selektion von einem Winzer oder eine Jahrgangsprobe. Wenn Sie etwas Übung haben, wagen Sie sich ruhig an Anbau- und Ausbaumethoden oder Stilistik. Egal wofür Sie sich entscheiden, bereiten Sie sich ein wenig vor. Schreiben Sie die Weinfolge auf, machen Sie dazu Notizen, zum Einkauf, zum Jahrgang, etwas zum Winzer, zum Wein, zu der Region.

Öffnen Sie vor der Probe alle Flaschen und probieren Sie auf eventuelle Fehler. Dekantieren Sie, wenn nötig, und nummerieren Sie die Karaffen.

DIE RICHTIGE ANZAHL DER WEINE

Wie viel unterschiedliche Weine wollen Sie Ihren Gästen präsentieren? Für den Anfang sind normalerweise sechs Weine ausreichend. Die Probe auf zehn Weine auszudehnen, ist normal und bei etwas geübten Weintrinkern auch kein Problem. Aber behalten Sie die Zeit im Auge. Vor der Probe gibt es zur Begrüßung eine Erfrischung: entweder etwas Prickelndes oder einen leichten Weißwein. Nach der Probe, die für weniger Geübte nicht länger als zwei Stunden dauern sollte, gibt es dann etwas zu essen und dazu einen passenden Wein. Während der Probe können Sie selbstverständlich auch einzelne Gänge servieren, die sollten dann aber auf die Weine abgestimmt werden.

RAUMTEMPERATUR UND BELEUCHTUNG

Will man in angenehmer Atmosphäre Wein verkosten, sollte die Zimmertemperatur maximal auf 20 °C steigen. Ich bevorzuge einen kühlen Raum, weil die Gäste selbst für einen natürlichen Anstieg der Temperatur sorgen. Frischluft ist immer gut, Zugluft bitte vermeiden. Tageslicht ist ideal. Wenn am Abend verkostet wird, muss für ausreichend Licht gesorgt werden. Kellerromantik ist hier nicht gefragt.

Bei den sogenannten Blindproben trinkt man nicht mit Augenbinde, sondern die Flaschen werden verpackt und die Weine ohne Kenntnis des Etiketts verkostet. Am besten alle Kapseln abschneiden, denn Weinfüchse erkennen auch daran die Herkunft der Weine.

GÄSTE

Laden Sie die richtige Anzahl Gäste ein. Sie sollten am Tisch so viel Platz haben, dass alle bequem sitzen und eventuell auch schreiben können. Überlegen Sie sich, wie viele Flaschen Sie pro Sorte servieren möchten. Bei einer reinen Verkostung reicht eine Flasche für zehn bis zwölf Personen. Dazu kommt pro Sorte eine Reserveflasche, falls die erste fehlerhaft ist, zum Beispiel nach Kork schmeckt.

WEINGLÄSER

Es macht keinen Sinn, eine Weinprobe mit zu wenigen oder den falschen Gläsern zu veranstalten. Sind nicht genügend vorhanden, fragen Sie Ihren Weinhändler oder bestellen Sie beim nächsten Mietservice. Sollten Sie regelmäßig trinken und probieren, ist die einmalige Anschaffung vernünftiger Gläser anzuraten (siehe Seite 158). Grundsätzlich gilt: Von kleinen Weingläsern, die in der Form und Größe einem Sherryglas ähneln, rate ich ab, weil sich in ihnen weder Geruch noch Geschmack so entwickeln, wie sie sollen. Die Gläser sollten Sie im Halbmond aufstellen, ein Wasserglas nicht vergessen. Pro Wein benötigen Sie für jede Person ein Glas, bei sechs Sorten sind das also pro Gast sechs Gläser. Meist wird nicht jeder Wein gleich ausgetrunken, nicht alle Gäste verkosten im selben Tempo – und es macht einen Riesenspaß, die Weine über unterschiedliche Temperaturen und Zeiten im Glas zu beobachten. Dadurch bekommt man viele Anhaltspunkte für das Entwicklungspotenzial der Weine.

UTENSILIEN

Zu einer Weinprobe gehören weiße Tischdecken oder Sets, Schreibpapier und Stift sowie ein paar weiße Papierservietten. Zum Einschenken Dropstops (Weinausgießer) nicht vergessen. Stellen Sie neutrales Weißbrot und stilles Wasser bereit, ebenso einen Behälter zum Spucken für die Gäste, die den Wein nicht schlucken wollen.

DIE WEINTEMPERATUR

Geruch und Geschmack des Weines werden im Wesentlichen von seiner Temperatur beeinflusst und im positiven Fall optimal zur Geltung gebracht. Falsche Temperaturen können den Charakter des Weines neutralisieren, im schlimmsten Fall auch deutlich negativ beeinflussen.

WEISSWEINE

Bei Weißwein lässt sich die Qualität umso schlechter erkennen, je kälter wir ihn trinken. Die leider beliebte Mode, Weißweine deutlich zu kalt zu servieren, ist ebenso problematisch wie die Vorstellung, dass ein Rotwein sich umso besser entwickelt, je wärmer er getrunken wird. Weißweine sollten kühl getrunken werden, um ihre Frische und Fruchtigkeit zu unterstrichen. Es gibt allerdings Unterschiede, beispielsweise ob man von einem jungen Sauvignon oder einem gereiften Chardonnay spricht. Letzterer braucht höhere Temperaturen, um Aromen und Duftstoffe zu entfalten, zu kühl temperiert schmeckt er eher neutral und verschlossen.

TIPPS

BEI DER TRINKTEMPERATUR IST ZU BEACHTEN:

- *Zu kalte Weine können Aromen und Duftstoffe nicht entfalten, sie schmecken dann eher neutral und verschlossen. Das ist ein besonderes Problem bei hochwertigen Weißweinen.*
- *Zu warme Weine wirken alkoholisch und „breit", da sich flüchtige Substanzen wie Alkohol bei hohen Temperaturen verstärken. Aus diesem Grund werden gehaltvolle Rotweine oft als anstrengend und unharmonisch empfunden.*
- *Die gefühlte Süße steigt mit der Temperatur, das heißt, zu warme Rotweine schmecken süßer.*
- *Die gefühlte Bitterkeit und Salzigkeit verstärkt sich bei niedrigeren Temperaturen, das heißt, zu kalte Weißweine wirken oft bitter.*
- *Rotweine mit mittleren Tanninen schmecken bei 22 °C kantig und kurz, bei 18 °C sind sie weicher und runder. Unter 14 °C werden sie ruppig und adstringierend. Um das Geschmackserlebnis nicht dem Zufall zu überlassen, werden Weine chambriert, sozusagen auf Temperatur gebracht, und, wenn nötig, dekantiert.*
- *Zu kalt getrunkene Orangeweine sind verschlossen, riechen nur ganz wenig, schmecken neutral, streng wie abgestandener Apfel, Birnen oder Quittensaft, schlimmstenfalls auch noch extrem bitter.*

Für den ständigen Gebrauch ist dieses Kellnerbesteck von Laguiole für mich das beste und mein ständiger Begleiter.

Bei einer Weinprobe dürfen die Weißweine generell etwas wärmer sein, je nach Sorte zwischen 10 und 12 °C. Es geht ja darum, Duft und Aroma schnell zu erkennen, daher ist eine zu kühle Temperatur bei Weinproben kontraproduktiv. Wenn die Weine noch nicht richtig temperiert sind, kann man ein paar Minuten vor Probenbeginn einschenken.

ROTWEINE

Bei den Rotweinen ist es bei einer Verkostung ideal, wenn sie leicht gekühlt bei 14 bis 16 °C eingeschenkt werden. Die kleinen Probemengen (5–8 cl) werden innerhalb von 5 bis 10 Minuten zimmerwarm. Das mag für schwere

Österreichs bedeutendste Weinshow, die VieVinum, lockt alle zwei Jahre Fachpublikum aus der ganzen Welt nach Wien in die Hofburg.

Rotweine wie Barolo oder Amarone akzeptabel sein, für die meisten anderen Rotweine aber sind 22 °C zu warm. Richtig temperierte Weine erhöhen nicht nur das Trinkvergnügen erheblich, sondern auch die Chance, Unebenheiten sowie kleine Fehler bei der Weinprobe direkt zu erkennen.

Rotweine trinkt man wärmer, da bei höheren Temperaturen die Aromastoffe flüchtig werden. Leider werden Rotweine gern bei Zimmertemperatur, also 22 °C, serviert, was oft tödlich für seine Qualität ist. Die Faustregel „Zimmertemperatur für Rotwein" stammt nämlich aus einer Zeit, als Wohnungen generell kühler waren. Ich beobachte regelmäßig, dass perfekt zwischen 16 und 18 °C temperierter Rotwein als zu kühl empfunden wird und deshalb vor dem Trinken in der hohlen Hand angewärmt und auf Temperatur gebracht wird. Bei dünnwandigen Gläsern bedeutet das je nach eingeschenkter Menge in 1 bis 2 Minuten einen Temperaturanstieg von bis zu 5 °C. So wird der gut temperierte Wein in Kürze auf 21 °C Zimmertemperatur gebracht und lauwarm getrunken, wie schade!

TIPP

Beim Einschenken ist darauf zu achten, dass alle Gäste möglichst gleich viel Wein ins Glas bekommen und am Ende möglichst ein Schluck für alle Fälle in der Flasche bleibt. Wenn Sie den Service nicht selbst beherrschen, holen Sie sich Hilfe aus ihrem Lieblingsweingeschäft oder auch Restaurant. So dürfte nichts mehr schiefgehen und ich wünsche frohes Gelingen.

ORANGEWEINE

Für Weißweine, die wie Rotweine hergestellt werden, also auf den Schalen vergoren sind und dementsprechend mehr Inhaltsstoffe in den Wein abgeben, gilt das gleiche Prinzip wie bei Rotweinen. Daher muss beim Servieren dieser Weine unbedingt darauf geachtet werden, dass sie bei gleicher Temperatur wie Rotweine getrunken werden, also nicht kälter als 14 bis 16 °C.

Generell empfehle ich, zwischen Service- und Trinktemperatur zu differenzieren. Einmal eingeschenkt, erwärmt sich der Wein in dickwandigen Gläsern ebenso schnell (da diese ja raumtemperiert sind) wie in dünnwandigen.

Weinmessen, Weinshows, Weinfachhändler

Ist Ihnen der Aufwand zu Hause zu groß oder doch zu kompliziert, dann empfehle ich eine Runde mit Freunden auf einer der zahlreichen Weinveranstaltungen, die es über das ganze Jahr gibt.

Eine Weinmesse wie die Forum Vini in München bietet zur Winterzeit eine günstige Gelegenheit. Der Verband der Deutschen Prädikatsweingüter (VDP) hat jedes Jahr regelmäßige Präsentationen in mehreren Städten in Deutschland und organisiert Verkostungen der High-End-Qualitäten des Deutschen Weines. Von der ÖWM aus Wien werden einzelne Verkostungen im Veranstaltungskalender themenbezogen angeboten, was einen guten Einblick in die vereinzelten Regionen erlaubt. Aus Italien winken unterschiedliche Konsortien, sei es aus dem Friaul, Trentino, Chianti oder vom „Gambero Rosso", der roten Bibel des italienischen Weines. In Berlin findet seit ein paar Jahren eine Bio-, genauer gesagt, eine Raw-Naturweinmesse statt. Sie gilt unter den Freaks in der Szene als wegweisend. So gibt es mehr oder weniger quer durch Deutschland Weinproben in Hülle und Fülle. Genügend Gelegenheiten, satt Weine zu probieren. (Info siehe Seite 234)

Sehr zu empfehlen sind nach meiner Erfahrung die regelmäßigen Hausmessen des Weinfachhandels. Dort bekommt man über die Jahre mehr oder weniger alles präsentiert und zu probieren, was im Angebot steht, und somit in Summe einen sehr guten Überblick.

Es gibt für Veranstaltungen dieser Art Listen und Programme, die ankündigen, wer kommt und wer was ausstellt. Daraus stellen Sie Ihren Plan der Probe zusammen. Welche Länder, Regionen, Winzer und Weine möchten Sie kennenlernen? Mehr als probieren geht nicht. Wenn Sie Schwerpunkte setzen, haben Sie ein geballtes Wissen zu einem oder zwei Ländern mit einer oder zwei Regionen, deren Winzern und ihren Weinen. Damit können Sie was anfangen, am Ende – am besten dann zu Hause. Wenn möglich, trinken Sie, wenn überhaupt, auf diesen Veranstaltungen selektiv, nur das Beste darf auch mal geschluckt werden, den Rest bitte spucken! So behält man den Überblick und trägt anstelle eines Rausches Weinwissen nach Hause und Spaß hat es trotzdem gemacht.

TIPP

Passen Sie gut auf sich und Ihren Anhang auf. Machen Sie es auf keinen Fall wie die vielen Opfer derartiger Veranstaltungen, die so viel trinken, dass sich ihr bezahltes Ticket auch doppelt und dreifach gelohnt hat. Deshalb empfiehlt sich: Bevor Sie probieren, legen Sie genau fest, was, wo und bei wem Sie verkosten wollen.

Messerabatte sind okay, führen aber zu Hamsterkäufen auch unter Alkoholeinfluss. Lassen Sie das, am Ende ist mehr gespart, wenn die Bestellung zu Hause überlegt wird.

Nicolas Spanier, Chef-Sommelier im Tantris hat stets gute Tipps.

WEINKARTEN
und Sommeliers in der Gastronomie

ZWISCHEN ALIBI UND ZUMUTUNG LIEGT DAS VERGNÜGEN

Gute Küche allein genügt heute vielen Menschen bei einem Restaurantbesuch oft nicht mehr. Das Ganze soll oft etwas wie Eventcharakter haben. Da bietet sich Wein natürlich an, denn mit ihm kann man viel erreichen. Gleichzeitig rücken die neuen Stars der Gastroszene, die Sommeliers, lange nach ihren französischen Kollegen nun auch bei uns in den Vordergrund. Sie gelten, mit ihrem Fachwissen rund um Wein und Champagner, bevorzugt in Sternerestaurants als die Experten.

Ausgefeilte Weinkonzepte werden um den Rebensaft gestrickt. Mal geht es um Biowein, auch sogenannte Vins naturel, oder um Riesling, Weine aus den USA oder Südamerika. Die Inhalte der besten Weinkarten von heute verantworten meistens Sommeliers. Dabei geht es in erster Linie nicht um prallgefüllte Seiten, sondern um innovative Sortimente, um ihre Vorlieben, im besten Fall auch ideale Begleiter des gebotenen Küchenstils. Erstklassige Weinkarten mit begehrten Positionen, Klassikern und Trendsettern, fairen Preisen, klug aufgebaut und eingeteilt, gelten als rare Visitenkarten in Restaurants. Was sie auszeichnet, worauf es ankommt, weshalb sie mit einer kompetenten Beratung für glückliche Gäste mit verantwortlich sind, lesen Sie hier.

Die Weinkarte

Den Untertitel „Zwischen Alibi und Zumutung liegt das Vergnügen" meine ich bierernst. Und das gerade, weil ich mich als Sommelière mit Leidenschaft dem Thema Weinkarten gewidmet habe. Auch ich konnte der Versuchung oft nur schwer widerstehen, zu zeigen, was im Keller ruht, und wollte alles auf die Karte packen. Junge wie alte Weine, trinkfreudig, genussreif oder nicht – Hauptsache, die Gäste sehen, welch wunderbare Kollektion wir doch im Restaurant zu bieten haben. Weinkarten dieser Art werden für den Gast schnell zu einer wahren Zumutung, vor allem, wenn sie nicht wirklich durch und durch geordnet sind.

Längst vorbei sind die Zeiten mit handgeschriebenen oder aufwendig gedruckten Weinkarten wie diese Originalkarte von Alain Chapel.

Eine solche Fülle erinnert mich ein wenig an jene Damen im Restaurant, die geschmückt wie Christbäume unter der Last zahlreicher Schmuckstücke, Diamanten und Perlen fast ein wenig gebückt durch die Räumlichkeiten ziehen, nur um gesehen zu werden. Die Reduktion auf das ein oder andere erlesene Teil hätte ihnen sicher deutlich besser zu Gesicht gestanden.

Ähnlich überladene „Monsterweinkarten" gibt es auch heute noch. Für mich sind sie eher Kandidaten für das „Guinness-Buch der Rekorde" als für den Tisch eines Gourmetrestaurants. Selbst umfangreiche Werke, die getrennt als Weiß- und Rotweinkarten gereicht werden, überfordern die allermeisten Gäste, sind aber andererseits der Grund für Besuche von Weinliebhabern, für welche die Karten dieser Art in erster Linie bestimmt sind.

Bei einem Weinkartenwettbewerb in der Schweiz wurden dieses Jahr beispielsweise zwei herausragende Werke ausgezeichnet: Eine der beiden Karten hat 4000 Positionen, die zweite, das Werk jahrelanger Sammlerleidenschaft, bringt 5,5 Kilogramm auf die Waage mit einem geschätzten Wareneinkaufswert von 26 Millionen Schweizer Franken. Das ist wirklich beeindruckend, zumal auch alles fein säuberlich in sechs Kellern, Flasche neben Flasche jederzeit auffindbar, gelagert wird. Aus meiner Sicht ist das mehr als lobenswert und ein Paradies für Weinliebhaber und Sommeliers. Aber was ist mit den anderen, die nicht so viel Ahnung von Wein haben oder einfach nicht so hohe Ansprüche? Sind diejenigen in diesen Restaurants denn auch willkommen? Vermutlich ja, denn in der Regel ist ein großer Teil der Auswahl auch für den Alltag und „normales" Trinkvergnügen gedacht. Diesen Teil muss man aber erst einmal finden, daher empfehle ich in diesem speziellen Fall zwei Weinkarten, eine detaillierte Profiliste und eine umfassende Basiskarte. Geschickt eingesetzt, können diese zwei Varianten alle Bedürfnisse der Gäste erfüllen.

WOZU EINE WEINKARTE?

Die Weinkarte? Nein danke! Bitte empfehlen Sie uns doch den passenden Wein zu unserem Menü. Regelmäßig, täglich x-mal habe ich diese Antwort auf meine Frage, wem ich die Karte reichen darf, bekommen. Welch großes Vertrauen mir hier entgegengebracht wurde, war unmissverständlich klar. In diesen Fällen war die Weinkarte als Wegweiser zur Information über Angebot und Preisgefüge nicht notwendig. Dennoch geht es ohne sie auch nicht. Wenn man mal von der gesetzlichen Pflicht einer Getränke- und Weinkarte absieht, dann gilt die Speisekarte immer noch als die Eintrittskarte und die Weinkarte als die Visitenkarte eines Hauses.

Inhalt und Konzept müssen langfristig zufriedene Gäste schaffen und zum Wiederkommen motivieren. Natürlich sind dabei Reserven in der Kasse für Neueinkäufe ebenso gefragt wie ein prägendes Image in der Öffentlichkeit. Man sollte aber bedenken, dass ein guter Ruf als Restaurant mit Weinkompetenz keiner Alibi-Weinkarte und nicht nur Moden unterworfen sein darf, sondern vor allem Substanz braucht.

Große Weinkarten, fulminante Werke mit Hunderten, Tausenden Weinen, oft kiloschwere Bücher, haben auch ihre Berechtigung, sind aber dennoch für viele Gäste eine Zumutung und überfordern sie. Fair kalkuliert sind sie für Weinliebhaber allemal die Reise wert. In jedem Fall erfordern solche Weinkarten die Beratung des Sommeliers, um dem Gast das Gefühl von zu großer Komplexität zu nehmen oder auch, um ihm das Vergnügen des Austauschs über die angebotenen Schätze zu gönnen. Wenn die Weinkarte gut und sinnvoll gestaltet ist, richtet sie sich nach Stil und Angebot der Küche, ebenso wie nach dem Typ des Restaurants. Ein Sternerestaurant mit französisch orientierter Küche braucht eine andere Weinkarte als ein gutbürgerliches bayerisches Wirtshaus oder ein spanisches Spezialitätenrestaurant. Auf dieser Basis und entsprechend dem Standort ergeben sich dann Inhalt, Umfang und Präsentation der Weinkarte.

Papier oder Tablet?

Gedruckte Weinkarten mögen in manchen Kreisen als antiquiert gelten, sie haben aber gegenüber Versionen auf Tablets immer noch ein paar Vorteile, was die Übersicht und auch das Handling angeht – vorausgesetzt, sie wiegen nicht gleich einige Kilo oder sind so riesig, dass ein extra Tisch angefahren werden muss.

Bei der Suche nach einem oder mehreren geeigneten Weinen in der Karte ist es ja gewöhnlich so, dass zuerst das ganze Angebot durchstöbert wird. Man merkt sich ein paar Weine, geht auf der Suche weiter vorwärts bis zum Ende, dann wieder rückwärts und nochmal nach vorne wegen der Preise usw. Das alles ist mit einer klassischen Karte häufig einfacher als auf dem Tablet, bei dem man sich auch gern mal vertippt.

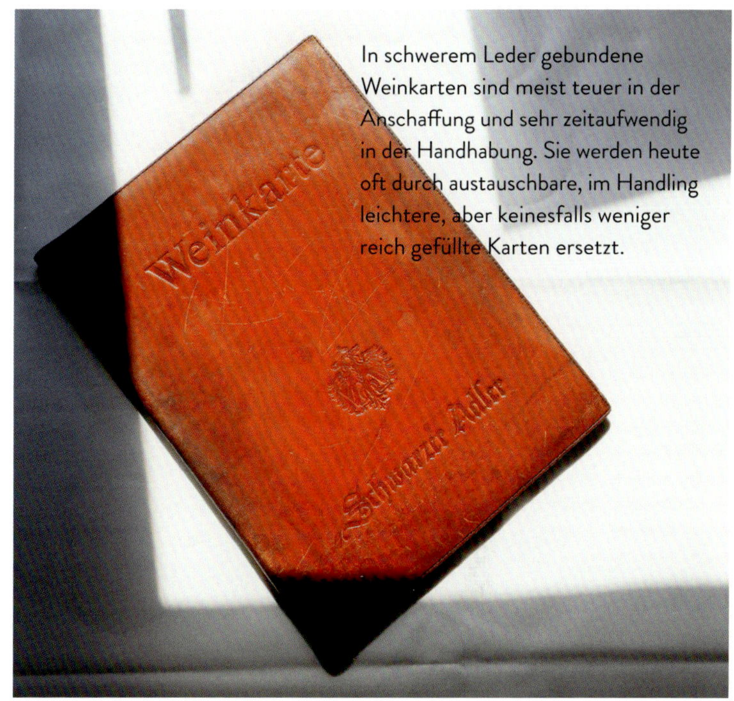

In schwerem Leder gebundene Weinkarten sind meist teuer in der Anschaffung und sehr zeitaufwendig in der Handhabung. Sie werden heute oft durch austauschbare, im Handling leichtere, aber keinesfalls weniger reich gefüllte Karten ersetzt.

INFO

Als Jurymitglied beim jährlichen Weinkartenwettbewerb des Deutschen Weininstituts (DWI) habe ich mit meinen Kollegen einen aktuellen Einblick in die Situation der Weinkarten vieler Restaurants und gastronomischer Weinkonzepte in Deutschland. Wir freuen uns alle darüber, dass sich nicht nur das Niveau der Karten stets verbessert, sondern sie auch mit erstaunlich guten und fantasievollen Ideen präsentiert werden.

Die Auswahl

Die Qualität einer sehr guten Weinkarte hängt nicht von der Anzahl ihrer Positionen ab, sie bietet je nach Qualität der Gastronomie neben einer raffinierten, repräsentativen, auch regionalen Auswahl die besten Klassiker aus allen berühmten Weinregionen, möglichst weltweit. Persönlich meine ich, je umfangreicher Weinkarten sind, desto notwendiger und hilfreicher ist der Service, dem Gast einen Einblick in das aktuelle, zumindest reduzierte Angebot auf der Homepage des Restaurants zu bieten. Hier kann man sich dann bequem daheim im riesengroßen Sortiment schon mal einen Überblick verschaffen und an den Preisen orientieren. Die Auswahl vorab spart viel Zeit, was für alle Beteiligten ein großer Vorteil ist. Die Aussichten auf baldigen Genuss aus der Küche wie dem Keller reduzieren sich auf ein Minimum, will heißen, die erste Flasche ist ganz schnell bestellt.

Ein Wort zur Einteilung und Reihenfolge

Je einfacher, kleiner und pauschaler eine Weinkarte ist, desto leichter gestaltet sich die Sortierung, macht einen beliebigen Wechsel des Sortiments möglich. Bei umfangreicheren Weinkarten mit mehr Tiefe im Angebot werden häufig mehrere Rebsorten, Jahrgänge und unterschiedliche Qualitätsstufen von einem Winzer angeboten. Bei dieser Einteilung sind die Weine gewöhnlich so geordnet, dass die leichten mit einfacheren Qualitätsstufen oder auch handwerklich weniger anspruchsvolle Basisweine im preisgünstigen Segment zuerst aufgeführt sind. Diesen Gruppen folgen dann die gehobeneren und mittelkräftigen Weine mit mehr Anspruch an Qualität, Rebsorten und Ausbau. Ihr Preisunterschied ist deutlich.

INFO

Nehmen Sie umfangreiche Weinkarten mit ganzen Kollektionen einzelner Weingüter, ohne Entscheidung für weniger, aber ausgesuchte Qualitäten, nicht ernst. Eigeninteressen, Ignoranz der Gästewünsche und mangelnde Fähigkeit zur Erkennung von Qualität sind dafür meist die Hintergründe.

Im Schwarzen Adler im badischen Oberbergen ist Sommelière Melanie Wagner für die vorbildlich strukturierte und vielfach ausgezeichnete Weinkarte verantwortlich. Die Preise suchen nicht nur in Deutschland ihresgleichen.

Als letzte Gruppe finden Sie in der Regel die Spitzen des Angebots mit bekannten Lagen, vom Großen Gewächs bis zu Grand Crus, Gran Reservas, weltbekannten Winzern und am Ende die süßen Klassiker.

Die großen Weinkarten der Spitzengastronomie haben in der Regel ihre eigene Ordnung, der ein ausführlicher Index zur schnellen Orientierung vorangestellt ist. Mit den Schaumweinen und/oder glasweisem Sortiment geht es los, regionale oder heimische Weiß- und Rotweine folgen. Das Angebot ist ganz nach Leidenschaft, Vorlieben und Kenntnissen des Besitzers oder Sommeliers ausgerichtet. Die Preisklasse ist meist von Standort, Stadt oder Land und Mitbewerbern geprägt.

Ein Wort zu den Jahrgängen

Die Unsitte, auf die Angabe von Jahrgängen zu verzichten, verbreitet sich in der mittelklassigen Gastronomie immer mehr zum Leidwesen vieler Gäste und nur zum Vorteil der Wirte. Vordergründig wird die Komplexität für den Gast reduziert, was in einfacheren Restaurants mit kleinen, anspruchslosen Weinkarten auch in Ordnung sein mag. Ab einem gewissen Anspruch an das Niveau der Weine gehören Jahrgänge auf die Karte, denn es macht einen großen Unterschied, ob Sie einen Riesling, Bordeaux oder Barolo aus 2010, 2013 oder aus 2015 trinken. Natürlich ist es für die Gastronomen Aufwand, die Jahrgänge auf den Karten aktuell zu halten, ausgetrunkene zu streichen, neue Jahrgänge einzupflegen und so weiter. Der eine oder andere hat es so auch einfacher, zu gereifte Weißweine und zu junge Rotweine an den Mann oder die Frau zu bringen, viele Gäste fragen ja nicht nach. Grundsätzlich gilt: Wenn Qualitätsweine angeboten werden, bei denen der Jahrgang eine Rolle spielt, sollte er auch auf der Karte stehen. Fehlt die Jahrgangsangabe, mahne ich zur Vorsicht. Scheuen Sie sich nicht, bei jeder Flasche, für die Sie sich interessieren, nachzufragen. Das mag die Servicekraft nerven, zeigt aber, dass man Ihnen nicht alles andrehen kann. Wäre ein Sommelier für diese Weinkarte zuständig, würden die Jahrgänge nicht fehlen, wenn auch schon mal einer überholt sein kann.

Die Preise

Auf hochwertigen Weinkarten sind Weine aller Preisklassen vertreten. Das unterschiedliche Preisniveau hat gleich mehrere, bedeutende Hintergründe. Sind die Weine hochpreisig kalkuliert, was heute dank mobiler Technik schnell geprüft ist, gibt es oft zu wenige Reserven in der Kasse. Häufig wird falsch und zu teuer eingekauft, die Finanzkraft der Gäste wird überschätzt oder sie werden als ahnungslose Opfer betrachtet. Standorte wie München, Hamburg, Paris, Zürich oder auf dem Lande spielen eine bedeutende Rolle bei der Preisgestaltung. Dazu kommen die Klasse, das Interieur und die Qualität des Hauses. Von großer Bedeutung sind die Gläser, welche durch Bruch ein enormer Kostenfaktor sind. Gibt es keinen Platz im Keller – man kauft quasi zu Tageskursen ein – oder es herrscht Unkenntnis beim Einkauf, liegt das hohe Preisniveau in der Politik des Hauses begründet.

Sind aber Weine sehr günstig kalkuliert, mit Jahrgangstiefen aus Bordeaux oder Burgund, mit besten Produzenten, handelt es sich vermutlich um einen Weinliebhaber, weinaffinen Besitzer oder Sommelier, der frühzeitig, richtig und somit günstig eingekauft hat. Ein angeschlossener Weinhandel wäre eine gute Gelegenheit für einen Weineinkauf.

Wie letztendlich die Weine kalkuliert sind, wird schnell erkannt. Entweder man fühlt sich wohl, weil man sich nicht entscheiden kann, welche Flasche zuerst bestellt werden soll, oder man lässt es ganz, weil überzogene Preise das Trinkvergnügen trüben.

TIPP

Eine gute Karte erkennt man beginnend an ihrer Gliederung, ihrem Index, was auf den ersten Blick einen klaren Überblick verschafft. Für Sie als Gast zählt ein abwechslungsreiches Angebot, in einer Weinregion mit Spezialitäten regionaler Herkunft, Trendsettern, Newcomern ebenso wie Klassikern. Bei umfangreichen Karten finden Sie mehr oder weniger bekannte Weingüter aus weltweiten Anbaugebieten. Letztendlich ist eine faire Preisgestaltung der Schlüssel für Ihre Wahl. Ist Ihr gesuchter Wein nicht im Angebot, werden Sie nicht nervös, niemand erhebt mit seiner Weinkarte den Anspruch auf Vollständigkeit. Sprechen Sie mit dem Sommelier, eine große Karte bietet Ihnen genügend Alternativen.

Die Sommeliers

In der Sternegastronomie hat sich der Beruf des Sommeliers inzwischen etabliert. Er sind im Service Stütze und manchmal auch Erlebnisfaktor, wenn es an die Weinauswahl und darum geht, welchen Wein man trinken möchte oder sollte. Aber zur Vorsicht rate ich, wenn auf Ihre Frage „welchen Wein empfehlen Sie mir denn zu meinem Menü“ eine direkte Antwort anstelle einer Gegenfrage kommt. Ein Sommelier, der sich nicht nach Ihren Wünschen, Vorlieben, Gewohnheiten und Abneigungen erkundigt, erweist sich als schlechter Gastgeber, weil er an Ihnen weniger interessiert ist als daran, seine präferierten Weine zu platzieren. Natürlich folgt ein Sommelier bei einer Weinempfehlung zunächst immer seiner eigenen Idee und das ist auch gut so, denn das wünscht sich jeder Gast, der um einen Rat bittet. Trotzdem gibt es beim Wein nicht nur eine Wahrheit und ein Sommelier sollte immer versuchen, die Brücke zwischen seinen Ideen, der Philosophie und dem Stil der Küche sowie den Wünschen und Vorstellungen der Gäste zu schlagen. Eine Weinkarte lebt auch von den Lieblingen des Sommeliers, von Weinen, die ihn am meisten überzeugen, Weine, die er nicht nur gern mag, sondern die seinen Idealvorstellungen entsprechen. Fragen Sie nach seinem Weinstil, forschen Sie nach seiner Geschmacksvorliebe und lassen Sie sich bei Gelegenheit darauf ein. Sollte der eine oder andere Wein nicht Ihrem Gusto entsprechen, nimmt ein guter Sommelier diesen Wein anstandslos zurück und versucht, Sie mit einem anderen Weintyp zu erreichen. Mit all seinen Ideen erzeugt ein Sommelier eine ganz bestimmte Atmosphäre, die solange als animierend und wunderbar empfunden wird, solange er sich auch nach dem Portemonnaie der Gäste richtet. Hat er dann am Ende richtig im Sinne der Kunden entschieden, wird der Besuch zu einem Erlebnis, wenn nicht, geht das auf Dauer zu seinen Lasten.

Ihnen als Gast empfehle ich, machen Sie die Damen und Herren der Flaschen zu Ihren Verbündeten, im Restaurant, in einer Vinothek oder in der kleinen Weinbar um die Ecke. Sie werden viele gute Flaschen probieren und auch trinken, solange Sie eine gemeinsame Sprache sprechen. Scheuen Sie sich daher nie, dabei Ihrem eigenen Geschmack, Ihren Vorlieben wie Abneigungen zu folgen, man lernt ja gern dazu, aber bitte nicht um und zu jedem Preis.

PROFITIPP VON PAULA BOSCH

Hüten Sie sich vor Sommeliers, die kein Interesse an Ihren Weinwünschen zeigen und nicht mal fragen, welchen Typ Wein Sie gern trinken, welchen nicht.

Ein solches burgundisches Tastevin wurde noch bis Ende des 20. Jahrhunderts in den Weinkellern benutzt. Im asymmetrischen Reliefdekor lassen sich auch bei schwacher Beleuchtung die Farbe, ihre Intensität und Klarheit des Weins begutachten.

Immer mehr Gastronomen ignorieren die Jahrgänge ihrer Weine. Wenn man Ihnen eine Weinkarte ohne diese Angaben in die Hände drückt, dann trinken Sie lieber ein Bier oder bleiben Sie beim Wasser. Nichts ist nerviger, als die Servicemitarbeiter damit zu löchern, welcher Wein welchem Jahrgang entstammt.

Essen und **TRINKEN**

IST ALLES ERLAUBT, WAS SCHMECKT?

Ja, erlaubt ist, was schmeckt. Diese Binsenweisheit ist zwar nicht neu, wird aber immer öfter, immer vehementer und mit noch mehr Nachdruck zitiert. Stimmt ja auch, zumindest bis zu einem gewissen Punkt. Aber nicht alles, was erlaubt ist, macht auch Sinn.

Essen und Trinken ist eine überaus sinnvolle, aber auch mit Genuss verbundene und lustvolle Tätigkeit, die ihren Höhepunkt im ganz persönlichen Geschmacksempfinden haben muss. Nur so können Menschen nach meiner Erfahrung beim Essen und Trinken glücklich gemacht werden. Ein Diktat ist hier nicht angebracht, wohl aber eine Hilfe oder ein Wegweiser.

Den benötigt dann derjenige, der sich im Restaurant auf Weinreise begibt. „Weinreise" ist für viele Sommeliers ein Zauberwort für gewöhnliche und ungewöhnliche Weinempfehlungen zu verschiedenen Menüs. Manche davon sind irre gut, andere wiederum schräg, aber deshalb nicht schlecht, manche sind – höflich ausgedrückt – suboptimal.

In diesem Kapitel geht es genau darum, um eine Weinreise mit 26 Rebsorten und deren Eigenschaften, wozu sie passen und besonders gut schmecken. Es geht um simple Alltagsküche, mediterrane, exotische sowie asiatische Küche, auch mit scharfen Gewürzen. Um Fisch und Fleisch, Salat, Gemüse, Risotto, Pasta, Käse und – nicht zu vergessen – süße Speisen.

Speisen- und Wein-Kombinationen

Vor jedem genussvollen Essen, und sei es nur im Alltag, taucht immer wieder die eine Frage auf: Was sollen wir dazu trinken? Genauso alltäglich ist die umgekehrte Variante: Was sollen wir zu dieser Flasche Wein denn essen? In Restaurants, mit einer Beratung durch den Sommelier oder die Sommelière, ist das in der Regel kein Problem, zu Hause schon eher. Muss es aber nicht, wenn Sie sich ganz locker, dafür aber umso bewusster, mit dem Thema beschäftigen. Es geht ja um Genuss mit Leidenschaft und Freude. Menschen, die es gelernt haben, bewusst zu essen und zu trinken, genießen in ihrem Alltag ein Butterbrot mit Schnittlauch, Schinken oder Käse mit einem Glas Bier oder einem einfachen Müller-Thurgau nicht weniger als ein großes Menü im Sternerestaurant.

DIE BASIS BESTIMMT DEN KURS

Genießen lernen kann man immer. Beginnen Sie im Alltag zu Hause mit der Basis zur Schulung Ihres persönlichen Geschmacks – in der Runde mit Freunden macht es noch mehr Spaß. Lernen Sie ganz entspannt, was auch wir Sommeliers uns mit einem Glas in der Hand als ersten Schritt angeeignet haben: zu erkennen, was uns schmeckt oder eben nicht. Ihr ganz privater „Was-passt-wozu-Kurs" beginnt mit einem Teller, einer Speise und ein paar unterschiedlichen Weinen. Wer möchte, kann das auch jederzeit mit unterschiedlichen Biersorten ausprobieren. Dazu servieren Sie ein paar Schnittchen, Wurst, Käse, Geräuchertes, frische und getrocknete Tomaten, Oliven, Sardellen, Essiggurken, süßes, scharfes, salziges Gebäck.

Probieren Sie löffel- oder häppchenweise jeweils mit einem anderen Wein. Auf diesem Weg lernen Sie Ihren eigenen Geschmack kennen, gewinnen ein Verständnis für gelungene und weniger gelungene Kombinationen. Mit etwas Bereitschaft und Toleranz treffen Sie auf neue Kombinationen oder Geschmäcker, die Sie so nie gewählt oder noch nie erlebt haben, die aber dennoch überzeugend sind. Es wird nicht lange dauern, bis Sie mit sicherer Hand Weine für jeden Teller, auch ein mehrgängiges Menü, aus dem Keller holen.

BEKANNTSCHAFTEN MIT WEIN

Wein und Speisen gelungen zu kombinieren, kann mit der Erfahrung zur Kunst werden. Die Grundlagen für diese scheinbar nicht ganz leichte Wissenschaft finden Sie ganz locker vor Ihrer Tür, wenn Sie in den Restaurants in Ihrem Umfeld auf typische Weinbegleitungen achten. Spätestens im Urlaub werden Sie typische Speisen und Getränke bemerken, die ganz selbstverständlich zusammen serviert werden. Besonders dort, wo Wein angebaut wird, gibt es regional gewachsene und kulturell typische Verbindungen von Speisen und Getränken. So habe ich auf meinen Weinreisen ganz nebenbei einen Extrakurs für Essen und Wein bekommen. Sie müssen einfach nur genau hinschauen, was auf den Speisekarten der empfehlenswerten Gastronomie so steht. In Franken liebt man zum Spargel den Silvaner, während in Baden ein Gutedel oder Burgundertyp als passend gilt. Riesling zum Sauerkraut hat im Elsass Tradition und in der Bretagne wird zur frischen Auster ein knackig frischer Muscadet serviert, während in Italien zur Pasta mit Tomatensauce ein leichter, aber gerbstoffreicher Rotwein aufgetischt wird. Im Burgund wird zum Coq au Vin natürlich Pinot Noir serviert, weil dieser auch damit zubereitet wird. Es muss ja nicht gleich ein Chambertin Grand Cru sein. In Argentinien trinkt man in einem Steakrestaurant Malbec, was sonst? Ein Bordeaux-Blend würde auch ganz gut harmonieren, aber warum Bordeaux, wenn wir doch in Argentinien oder im Argentinischen Steakhaus irgendwo in Deutschland sitzen.

In Bayern trinkt man ein Weißbier zu Weißwurst und Breze, weil es einfach schmeckt, auch wenn immer wieder vereinzelt Champagner dazu probiert wird. Das sind alles kulturell und regional bedingte Klassiker, sicher wie eine Bank und so variabel wie das Wetter.

TIPP

Trinken Sie, was Ihnen schmeckt und wagen Sie sich auch an mutigere Experimente. Mit Gustotests ist es letztendlich so: Sie können nie verlieren – egal wie es ausgeht, Sie sind um eine Erfahrung reicher.

Die folgende Zusammenstellung von Gerichten in Kombination mit den Rebsorten entspricht meiner persönlichen Erfahrung, welche Traubensorte zu welcher Speise ein harmonisches Miteinander ergibt oder wegen ihrer Verschiedenheit im Kontrast ergänzen kann. Ich gehe auch grob auf die Qualitätsstufen der Weine ein, vom Basiswein bis zum großen Gewächs, vom leichten und jungen Merlot bis zum mächtigen Pomerol aus Bordeaux, denn das sollte bei der Kombination mit Essen berücksichtigt werden. Sehen Sie die Informationen als Leitfaden für den Alltag, der keineswegs dogmatisch sein soll, sondern als Empfehlung aus meiner Erfahrung mit den unzähligen Speisenkombinationen, die ich in über 30 Jahren als Sommelière gemacht habe.

Ich bin davon überzeugt, dass es bei der Frage, wie man Essen mit Wein kombiniert, auch darauf ankommt, wie der Wein gemacht ist, denn davon hängen sein Geschmack und seine Stilistik ab. Ist ein Wein „verhunzt", kommt es auf die Rebsorte auch nicht mehr an. Bei gut gemachten Cuvées, also Rebsortenverschnitten, kann man teils auf deren Inhalte schließen.

Maischevergorene Orangeweine kann ich hier nicht empfehlen. Warum? Weil ich der Auffassung bin, dass bei der Mehrzahl dieser Weine der Rebsortencharakter so verändert, verdeckt oder versteckt ist, dass die Weine nicht mehr beispielhaft für die Rebsorte sind. Ich gehe sogar soweit in meinem Urteil, dass ich hier die stets proklamierte Individualität eher vermisse. Viele Weine schmecken gleich, von leicht bis stark oxidiert, alt wie abgestandener Apfelsaft, grasig, stumpf, ohne jeglichen Trinkfluss, mit

Weineinkauf mit Probe bedarf kleiner Naschereien zwischendurch.

Tipp dazu: leicht, saftig, weiß und rot, keine spezielle Rebsorte.

einem extra Bremsklotz, der sich im Mund breitmacht. Die wenigen rühmlichen Ausnahmen sind so rar, dass man sie hier nicht als stellvertretende Beispiele nennen kann.

Man kann sicher darüber streiten, ob das so richtig ist. Ich treffe diese Entscheidung aber, weil ich die Persönlichkeit der Rebsorte und ihren Charakter, ihre Individualität bei dieser Weinart vermisse. Orangeweine sind darüber hinaus aufgrund der langen Maischestandzeiten stärker mit Histaminen belastet als andere Weißweine, was sie in der Regel nicht zu idealen Begleitern eines Menüs macht.

In der Schule des guten Geschmacks und auf der Suche danach gibt es erfreulicherweise noch keine Patentrezepte. Für mich gilt: Probieren ist das A und O und erlaubt ist, was schmeckt, aber Sinn muss es machen.

Austern und Champagner sind nur dann eine ideale Kombination, wenn der Champagner gut gereift und bester Herkunft ist.

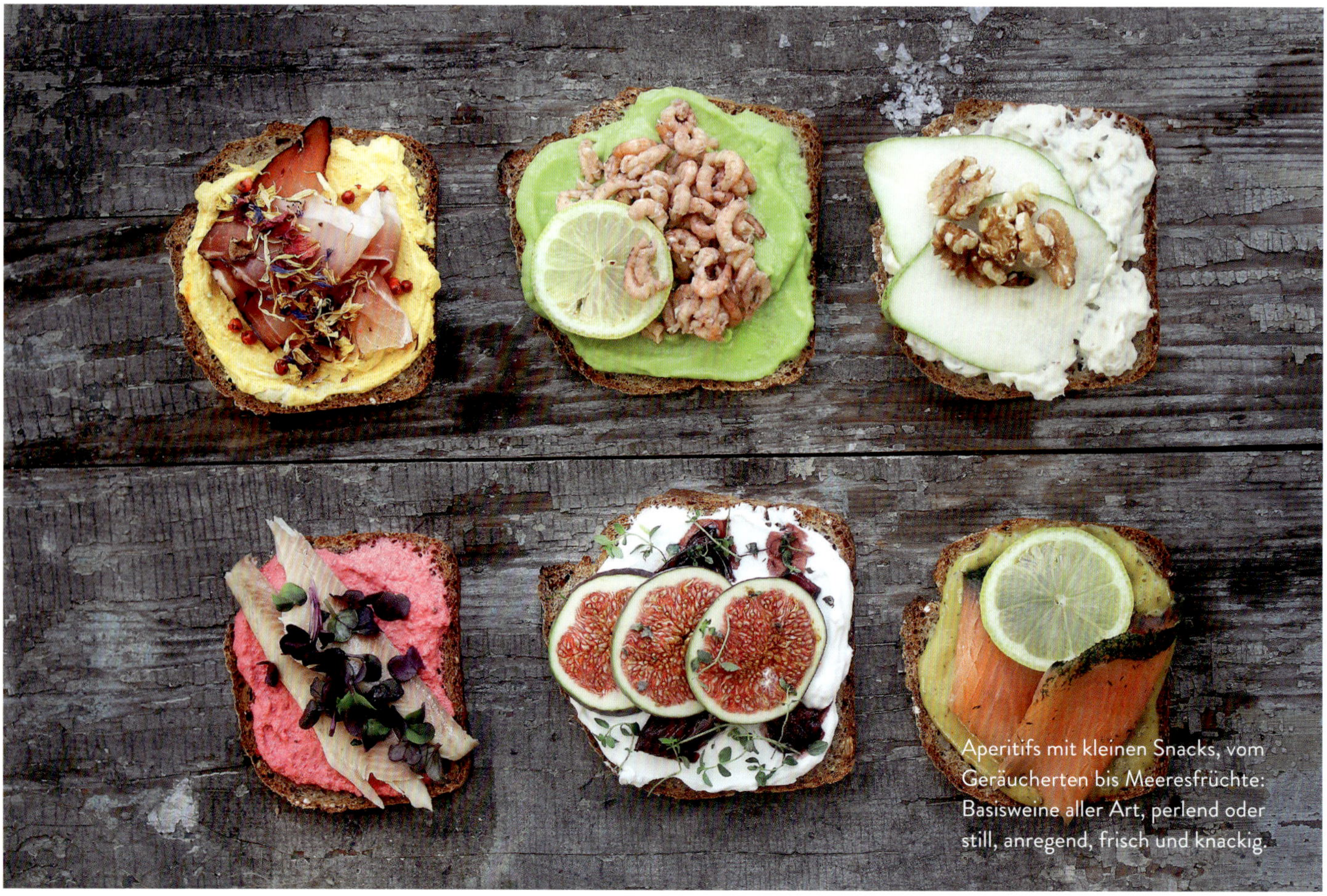

Aperitifs mit kleinen Snacks, vom Geräucherten bis Meeresfrüchte: Basisweine aller Art, perlend oder still, anregend, frisch und knackig.

SALATE

Am wichtigsten ist das Dressing: Die bei Salaten sehr geschätzte Vinaigrette ist aufgrund der Säure schwierig mit Wein zu kombinieren. Am besten verwendet man wenig, aber erstklassigen Essig oder Limettensaft, kombiniert mit feinem, fruchtigen Oliven- oder Nussöl. Vermeiden Sie Senf und Kren.
Weil Säure im Wein und Säure in der Vinaigrette sich verstärken, sollten Weine gewählt werden, die von Haus aus eine gewisse Cremigkeit mitbringen. Da wir mit Salaten im Vorspeisenbereich sind, seien Sie vorsichtig mit fetten Chardonnays, die schnell zu wuchtig werden.

Grüne Salate wie Kopfsalat, Feldsalat mit Brotkrusteln, Speck und gebratenen Pilzen

Grüner Veltliner der frischen Art (Wagram, Kamptal, Kremstal oder Weinviertel) bietet in seinen mittleren Qualitätsbereichen bei diesen Salaten wunderbare Möglichkeiten für eine gute Kombination. Idealerweise ist der Wein knochentrocken, mit packender Textur. Würze, Rauch und Pfeffer ergänzen sich ideal mit den Pilzen, Speck und Krusteln.
Denkbar ist auch ein weniger knackiger, eher feinfruchtiger und dennoch trockener **Rosé** aus **Spätburgunder.** Jugendliche Frucht (Granatapfel), sanfte Töne in der Säure, mittelkräftiger Körper, kein Holz, trotzdem stoffig, am liebsten ein Typ, der auf der Zunge zergeht.
Leichtere **Grauburgunder** aus Baden, Franken oder der Pfalz sind ebenfalls eine gute Wahl. Sie dürfen durchaus Schmelz und etwas Fülle zeigen, brauchen aber auch noch Frische. Hier treffen sich toastige, nussige und speckige Noten, auch dezente Anklänge von exotischen Früchten wie Banane, Mango und Papaya. Frische Pilzaromen sind für gut gereifte Grauburgunder typisch, so zum Beispiel Wiesenchampignons.

INFO

Seien Sie vorsichtig bei dünnen, sauer schmeckenden Grauburgundern, sie passen eigentlich zu gar nichts.

Bei Salat ist Vorsicht mit der Säure im Dressing geboten.

Wildkräutersalat: Jakobsmuscheln oder geräucherter Fisch wie Aal, Forelle und Lachs

Ein gehaltvoller, 2- bis 3-jähriger **Silvaner** als Spätlese trocken hat mit seinen Kräuternoten, seiner mittelkräftigen bis milden Säure und terroirbetonten Art beste Chancen als Begleiter. Silvaner neigen zudem zur einer vegetalen, leicht bitteren Richtung, die den Wildkräutern gut steht.
Eine andere Möglichkeit ist hier ein gereifter, 2 bis 4 Jahre alter **Sauvignon Blanc** mit Barrique wie eine Große Steirische Klassik-Lage oder weißer Bordeaux. In Kalifornien gibt es die etwas molligeren Weine mit deutlich weniger Säure. Mit Sauvignon Blanc findet die Paarung der Aromen schlechthin statt: Neben Basilikum, Sauerampfer, Spargelkraut, Wildkräutern und Tomatenblättern kommen Gemüsenoten und Fruchttöne zum Vorschein, die alle ideal zu den aufgelegten Beilagen wie den Jakobsmuscheln oder Forellen passen. Die typischen dezenten Barrique-Töne von Holz, Rauch und Vanille stellen sich Geräuchertem wie Aal oder Lachs zur Seite. Sauvignon Blanc hat in Summe etwas mehr Säure, die fettere Speisen verträglicher macht.

Fenchel: Orangenfilets mit Meeresfrüchten, Langustinen oder frischen Krabben

Bei dieser Art von Salat handelt es sich eher um eine Fischvorspeise mit Aromen von Zitrusfrucht und Fenchel und lauwarmen oder kalt marinierten Meerestieren. Hier ist eine mediterrane Begleitung angesagt, die Mineralität und Salzigkeit von Weinen aus steilen Lagen und von kargen Böden.

Der intensive Fenchel braucht einen adäquaten Gegenspieler, aber möglichst mit Rundungen und etwas auf den Hüften, wie es so schön heißt. Ein junger, frischer, satter **Chasselas** aus dem Waadtland, ein St. Saphorin, ein Dézaley oder Epesses könnte es mit seiner oft leicht schmalzigen, mineralisch-salzigen Note und der nussigen, blumigen Art mit dem Fenchelsalat aufnehmen. Wer gern auf mehr Säure und Kontrast setzt, wählt einen **Assyrtiko** von Santorin. Dieser säurereiche Wein ist ein Wunder der Natur und begeistert mit Frische, salzigen und jodigen Noten, die auch sehr gut zu den Meeresfrüchten passen.

Radicchio mit Wachtel und/oder gebratener Gänseleber

Vorspeisen dieser Art sind immer etwas mächtiger, man fällt quasi gleich mit der Tür ins Haus. Dennoch werden sie von den Gästen sehr geliebt, nicht nur der Weine wegen. Hier hat man viele Möglichkeiten – Weiß, Rosé, Rot und süß – und sollte sich daher überlegen, wie es im Menü weitergeht. Wenn Sie zum Beispiel zu dieser Vorspeise Rotwein trinken wollen, danach aber mit einer Fischvorspeise weitermachen, ist der Wechsel zum Weißwein nicht so einfach. Geschmacklich ideal ist ein älterer und reifer Rheingauer **Riesling** in der Qualitätsstufe einer Auslese. Die Rheingauer Rieslinge sind dichter, reicher und auch gehaltvoller vom Körper und der Struktur als die Moselaner. Sie verfügen über viele exotische Früchte und genügend Säure, die trotz der Fülle den Gaumen erfrischt. Auch ein Sauternes aus Bordeaux macht hier immer Freude. Wer es weicher und runder mit Schmelz und einem Hang zur expressiven Blumigkeit und Fruchtfülle liebt, wählt **Gewürztraminer.** Dieser ist etwas weniger süß, dafür mit mehr Frucht und delikatem Stoff aus Südtirol – die Elsässer haben gehaltvollere Gewächse mit einem Hauch mehr Restsüße zu bieten.

GEMÜSE

Dem Thema Gemüse wird eigentlich in der Weinszene viel zu wenig Beachtung geschenkt. Es ist in den fleisch- und fischlastigen Restaurants häufig noch ein Faszinosum, wenn tatsächlich jemand „nur" Gemüse bestellt. Vegetarier sind immer noch nicht in allen Restaurants angekommen und das ist vor allem angesichts der Flut von Büchern zur vegetarischen und veganen Küche sehr schade.

Die Verbindung Gemüse und Wein hat Hans Haas im Restaurant Tantris schon immer ernst genommen und während unserer gemeinsamen Zusammenarbeit habe ich einige wunderbare Kombinationen kennengelernt. In den folgenden Gemüse-Wein-Paarungen geht es aber nicht nur um rein vegetarische Gerichte. Das Gemüse habe ich so ausgewählt, wie es solo gern gegessen wird, aber auch als Beilage mit Fisch und Fleisch zu den Weintipps passt. Anfangen möchte ich hier mit den Problemfällen, bei denen eine gelungene Kombination nicht so einfach ist:

Artischocke: gebratene Böden als Vorspeise oder als Beilage zu Lammrippchen und Filet

Die schönste aller Gemüsesorten ist auch eine der schwierigsten, sagt man. Nach allgemeiner Meinung liegt das daran, dass sie bitter schmeckt. Das tut sie, ja. Das ist aber kein Hinderungsgrund für eine gelungene Weinkombination, wenn sie kalt serviert wird mit Joghurtdip oder einer klassischen Vinaigrette. Hier empfehle ich Säure zu Säure, aber im modernen Stil, mit einem knalligen **Chenin Blanc** aus Südafrika aus den Regionen Stellenbosch oder Paarl (die meist üppigen Swartland-Weine passen weniger gut). Ebenfalls sehr schön sind die Chenin Blanc von der Loire, zum Beispiel Saumur. Hier haben die Weine schon wieder einen leicht vegetalen Charakter, während man in Südafrika bei den einfacheren Qualitäten, den Basisweinen ohne Holz, etwas mehr Frucht spürt.

Wer gern **Sauvignon Blanc** trinken möchte, sollte nicht die fruchtbetonten Varianten wählen, die in Neuseeland, in der Steiermark oder Südafrika wachsen, sondern Klassiker von der Loire wie Sancerre oder Pouilly-Fumé, da diese Weine häufig einem eher vegetalen Stil entsprechen.

Auberginen: Lasagne

Auch die Aubergine ist nicht das Lieblingsgemüse der Sommelerie, da sie ebenfalls bitter sein kann. Andererseits ist sie ein Liebling der mediterranen Küche, vor allem in Griechenland und Italien. Dort wird sie neben den gebratenen Varianten oft in einem Gemüsepotpourri serviert. Ich mag sie als Lasagne gern, sie erinnert dabei ein wenig an Pasta, ist aber am Ende leichter. Als Wein gefällt mir ein fränkischer **Silvaner** in altem Stil, der so viele Ähnlichkeiten in seinen Aromen mitbringt, dass es eine Freude ist. Wer es kräftiger will, greift zu **Pinot Grigio** der besten Abstammung aus Friaul. Das geht zwar nicht für 10, sondern für mindestens 15 Euro, dann wissen Sie aber, wie ein wirklich guter Pinot Grigio (Grauburgunder) zu schmecken hat.

Bohnen: dicke Bohnen mit Speck

Bei Bohnen gibt es ja bald mehr Sorten als von jedem anderen Gemüse. Ich konzentriere mich hier auf ein klassisches Gericht und der Speck im Namen sagt ja auch schon alles: Da muss ein Knaller her, vorausgesetzt, es soll ein Weißer sein. Mir schwebt immer ein fetter, dichter Wachauer **Grüner Veltliner** Smaragd vor, mit Holzausbau, aber kein neues Barrique.

Weil Bohnen genau wie Kartoffeln reichlich Ballaststoffe haben, vertragen sie auch etwas Tannin und Säure, daher kann es auch ein Roter sein. Wen die saftige Säure und die leichten Ecken oder Kanten eines jungen Chiantis, also **Sangiovese,** nicht stören, liegt damit richtig.

Spargel: Stangen klassisch

Ja, ich gebe es zu, das ist mein Liebling unter den Gemüsesorten. Am allerliebsten nicht mit Biss, aber auch nicht zu weich, sondern einfach gut gegart. Dazu braune Nussbutter oder auch Hollandaise. Da es je nach Terroir sehr große Unterschiede im Geschmack des Spargels gibt, schlage ich Spargeltastings vor. Trotz der guten Qualität aus Bayern habe ich ein Faible für Baden. Die Walldorfer, Schwetzinger oder Markgräfler Spargel sind unschlagbar und lassen sich perfekt mit **Grauburgunder** kombinieren. Ich mag das Edelgemüse am liebsten pur mit Butter, maximal noch mit ein paar Scheiben gekochtem Schinken. Dazu ein klassisch-frischer **Sauvignon Blanc** aus der Region Robertson in Südaf-

Gemüse aller Art wird wie auch die Zubereitung viel zu stiefmütterlich betrachtet, dabei ist es doch so vielseitig zu kombinieren.

Bitterstoffe in Gemüsen wie diesen sind eine echte Herausforderung für Wein.

rika, der sanfter in der Säure ist. Solche Weine finden Sie auch in Franken und in der Pfalz. Sie sind etwas leichter, es gibt sie auch dezent im Holz ausgebaut, mit den für Sauvignon typischen Aromen wie Holunderblüten, Basilikum, Tomatenblättern usw. Klar und frisch wie Quellwasser, nur sehr viel aromatischer. Eine nach wie vor freche Verbindung zu Spargel ist ein trockener **Muscat** – ein **Muskateller,** der immer wieder für Überraschung sorgt. Weniger bekannt, aber auch sehr stimmig, ist ein Viognier, am liebsten aus Condrieu.
Grüner Spargel verträgt je nach Zubereitung, besonders, wenn er nach dem Kochen in der Pfanne mit Butter geschwenkt wird, Rotwein der sanften Art von **Gamay, Pinot Noir** bis **Blaufränkisch,** allerdings ohne Holzausbau, denn die Bitterstoffe passen nicht zu dem sanften Spargelaroma.

Kartoffeln

Bei Kartoffeln denke ich an die vielen guten Knollen, die ich als Kind vom Land zu Hause bekommen habe – was für ein Hochgenuss. Ich war immer mit bei der Ernte, wie Golddukaten habe ich am Abend mein Sackerl, am liebsten gefüllt mit Sieglinde, nach Hause gebracht. Zu meiner Leibspeise, Kartoffeln mit Kräuterquark, trinke ich sehr gern einfache Weine wie **Müller-Thurgau** vom Bodensee oder Silvaner vom Kaiserstuhl. Als „Edelmänner" für diese einfache und dabei so exquisite Speise gelten **Grau-** oder **Weißburgunder** aus der Pfalz, aber auch aus Baden. Weißburgunder duftet feiner und blumiger als Grauburgunder, zum Beispiel nach Kamille und Quittenblüten sowie Akazien, Fenchel, Dill und Schalotten. Seine feine Säure verleiht ihm eine oft ungeahnte Eleganz, die ihm gar nicht zugetraut wird.

Tomaten gelten ihrer Säure wegen als Weinfeinde, was ich als Herausforderung sehe, speziell in Speisen aus Italien und Spanien. Tipp: je reifer die Tomate, desto besser.

Paprika

Ob als Ratatouille mit mediterranem Charakter oder gefüllt, die grünen Noten bleiben im Geschmack, übrigens auch, wenn es eine rote oder gelbe Paprika ist. Zu Paprika passen gut Sauvignon Blanc ohne Holz, Scheurebe oder frische **Grüne Veltliner.** Vergessen Sie der frischen Säure wegen Riesling, mit dem keine Harmonie zu erreichen wäre.

Pilzragout: Pfifferlinge, Steinpilze, Shiitake

Frische Pilze, in der Pfanne angebraten, mit ein paar frischen Kräutern – wunderbar, der Herbst ist da! Das Glück ist noch vollkommener mit einem Semmelknödel und einem leichten Roten. Nein, kein Trollinger, der wäre in der Regel dann doch zu leicht. Ein einfacher **Tempranillo** wäre meine erste Wahl, ein Rioja, als junger Crianza ausgebaut. Damit die Pilze mit ihren erdigen Wald-, Tannenholz- und Moosnoten sich wohlfühlen, sprich, die Aromen sich ergänzen, empfehle ich keinen fruchtigen, modernen Ausbaustil, sondern einen Klassiker, der in alten Fässern gereift ist. Das mächtige Gericht profitiert von der typischen Säure des Tempranillo, welche zusätzlich die Bekömmlichkeit unterstützt. St. Emilion zu Steinpilzen ist der Tipp!

Tomate

Italienische Küche ist ohne Tomaten undenkbar. Auch in den übrigen mediterranen Regionen wie Südfrankreich, Griechenland und Spanien werden viele Tomaten gegessen, die überall mit Wein kombiniert werden, gern auch mit Rotwein. Frisch sind Tomaten keine einfache Kombination mit Wein, aber es geht auch einfacher. Als Sauce mit Pasta machen Tomaten am wenigsten Probleme, ebenso wie mit Fleisch als gut gewürztes Ragout gekocht – hier passen **Syrah** von der Rhône oder **Merlot** aus dem Tessin ganz gut.

Mit der Säure und Süße einer reifen Tomate bin ich noch immer zurechtgekommen. Mit künstlich gereiften Treibhausfrüchten, die wochenlang im Kühlschrank halten, weniger. Reife Tomaten als Salat, mit Zwiebeln, Basilikum, Olivenöl und einem Hauch Balsamico, vertragen körperreichen Wein mit viel Frucht, Konzentration und Würze. Ein tiefgründiger, körperreicher **Chenin Blanc** aus dem südafrikanischen Swartland hat mich einmal mehr als überrascht. Allerdings wurden diese Tomaten mit frisch gefangenen Langusten gekrönt, das bleibt unvergesslich. Bei gekochten Speisen muss man wissen, dass die Fruchtsäure sich dabei konzentriert, also potenziert. Da kann ein voller und weniger säurehaltiger Wein ganz gut punkten. Dabei kommt es aber darauf an, wie zum Beispiel die Sauce gewürzt oder die Lasagne gefüllt ist. Ist das Gericht eher scharf, nehme ich gern **Agiorgitiko** aus Griechenland oder einen **Touriga Franca** aus Portugal. Wenn sie etwas gereifter sind, überstehen beide Weine den Angriff der Tomate und präsentieren nebenbei ihre Gewürze, zum Beispiel Muskatnuss, Nelke, Wacholderbeeren sowie schwarzen Pfeffer. **Agiorgitiko** kann in seiner schmeichlerischen Art mit etwas Holzausbau überzeugen.

PASTA/RISOTTO

Pasta ist auch eine meiner Lieblingsspeisen, nicht nur, weil sie so einfach mit Wein zu verbinden ist. Eine gute Nudel macht das Rezept! Dazu erstklassiges Olivenöl, Salz, Pfeffer, Knoblauch, Käse nach Geschmack und Vorlieben. Und einen Wein ganz nach Tageszeit, Lust und Laune. Weiß ist eine genauso gute Wahl wie Rot und Rosé, wobei weniger Säure den Geschmack im Ganzen runder macht. Ein besonderes Genießervergnügen ergibt einfache Pasta mit Schaumwein, wie Franciacorta, auch Prosecco und ebenso Champagner. Pasta mit Meeresfrüchten und Roséchampagner ist ein besonderes Highlight.

Wird Risotto ohne weitere Zutaten einfach mit frischem Weißwein und eventuell etwas Gemüse wie frischen Erbsen oder ein paar Spargelspitzen abgeschmeckt, passen üppigere Weintypen aus dem Holz wie **Grauburgunder, Tokay d'Alsace, Chardonnay** aus aller Welt. Bei Risotto mit Pilzen wie Steinpilz oder Morcheln und ganz besonders weißem Trüffel ist Rotwein gefragt. Barolo und Barbaresco, also Nebbiolo, sind die klassischen, erstklassigen Begleiter.

Meine Faustregel bei Pilzen als Beilage oder solo: gereifte Rote und Weiße mit erdigen Noten, Waldboden, Unterholz und Moos.

Bei Pasta, Reis oder Kartoffelgerichten als Solisten spielen Zubereitung, Zutaten und Saucen die Hauptrolle für die Weinauswahl.

MUSCHELN

Austern frisch: Ein mineralischer, leicht salziger, jodiger und säurebetonter **Chenin Blanc** ergänzt die Auster mit den gleichen Noten. Wer die klassische Variante eines **Muscadet-sur-lie** kennt und liebt, liegt natürlich ebenso richtig. Für verrückter halte ich die Variante mit einem **Grünen Veltliner,** auch sur-lie, also als Hefeabzug. Diese Kombination fördert Noten von nassem Sand und Seetang, ist also schon spezieller.

FISCHE

Fische geräuchert

Bei Geräuchertem ersetzt der Rauch mehr oder weniger die Gewürze und dominiert die Speisen etwas mehr, verleiht ihnen aber eine durchaus pikante Note. Die fettreicheren Fische wie Aal, Forellen, Lachs und Thunfisch vertragen den Rauch von unterschiedlichen Hölzern und Kräutern besonders gut. Da macht es richtig Spaß, mit sanften Rotweinen zu agieren: junger **Pinot Noir** im Barrique gereift, ergänzt mit lebendiger Fruchtsäure und rauchigen, toastigen Noten. Dabei ist zu beachten, dass dieser etwas kühler serviert werden muss.

Natürlich bleibt ein **Chardonnay** aus Burgund oder ein **Sauvignon Blanc** aus Übersee mit Barriqueausbau die klassischere Paarung. Wer es auch mal schräg und fordernd liebt, wählt trockenen Südtiroler **Gewürztraminer** mit weniger blumigen Aromen.

Fische Süßwasser: Felchen, Forellen, Saiblinge, Zander

Solche zarten Fische, die sowohl vom Fleisch als auch vom Eigengeschmack eher fein sind, werden oft durch Rezepturen auf Hochtouren gebracht, gern auch durch Saucen, die mit Wein aromatisiert wurden oder sogar auf Weinbasis entstehen. **Riesling** und **Assyrtiko** mit fordernder Säure passen immer gut. Das teils zarte, teils auch ausgeprägte Spiel der Frucht erlaubt neue Geschmackserlebnisse.

Werden die Fische auf der Haut gebraten, empfehle ich auch gern rosarote Weine, am liebsten Rosé aus der Provence. Bei Rotweinen entscheide ich zugunsten der Harmonie. Röstaromen vertragen sich gut mit den Holz- und Toastnoten des Barriqueausbaus, aber

Fisch: Es kommt auf die Zubereitung und Saucenbegleitung an. Geräuchert und gegrillt passen junge, gerbstoffarme Rote, mit Buttersauce dicke im Barrique ausgebaute Weiße.

das Eiweiß der Fische nicht mit Tannin, das den Geschmack schnell metallisch werden lässt. Deshalb passen Rotweine ohne dominante Tannine aus der Rebsorte und ohne Holz, zum Beispiel deutscher **Spätburgunder**, leicht gekühlt, und **Blaufränkisch** aus Österreich (Burgenland).

Bei Salzwasserfischen großer Qualitäten wie dem Steinbutt, am liebsten mit einer Beurre blanc, kann es mit einer Idealkombination richtig teuer werden – das betrifft nicht nur den Fisch, sondern auch den Wein. Weißer Burgunder aus Meursault, Puligny-Montrachet, am allerliebsten aus besten Lagen, also **Chardonnay** at its best! Mehr geht nicht bei einem fürstlichen Mahl.

GEFLÜGEL

Geflügel wie Huhn, Ente oder Gans wird häufig im Ganzen einfach im Backofen oder im Grill gegart. Beilagen oder Saucen zum Stubenküken und hellen Hühnerfleisch sind entsprechend leichter als bei Wildgeflügel. Deswegen passen hier leichtgewichtige Rotweine oder pralle, saftig runde Weißweine ganz gut.

Eine fette Bauernente oder Gans wird mit ebensolchen reichhaltigen Saucen und Beilagen wie Knödel und Kohl begleitet und benötigt entsprechend kräftige Weine, am besten mit viel Körper und etwas mehr Gerbstoff. Nicht nur geschmacklich, sondern auch bekömmlich ist das die bessere Wahl. Reich und reich gesellt sich gern, selbst bei Wildgeflügel mit Begleitung.

Im Topf geschmortes Huhn: mit Zitrone, im eigenen Saft, Kartoffeln und Gemüse

Assyrtiko mit seiner fordernden Säure im durchaus kräftigen Körper ist eine ideale Ergänzung zu der Säure des Huhns. Wird das Huhn in einer leichten Weinsauce gereicht, die auch noch mit **Viognier** abgerundet ist, wenn möglich von der Rhône aus Condrieu, sollten Sie den Rest der Flasche natürlich dazu genießen. Dieser sahnige, cremige, weiche und runde Geschmack in vollendeter Harmonie, der von Birnenduft und Akazienblüten begleitet wird, ist schlichtweg himmlisch. Vorsicht mit der Zitrone als Würze.

Huhn (Poulet) aus dem Backofen

Nicht nur die Rezeptur ist einfach, auch die Weinempfehlung. Das Huhn wird je nach Wunsch gewürzt, im Ofen gegart und mit Salaten aller Variationen, Kartoffeln oder Gemüse serviert. Bei der Wahl des Weines müssen Sie auf die Art der Zubereitung achten. Ist das Hühnchen einfach au naturel gehalten und dezent gewürzt, passen viele Weine, fast alle ohne markante Säure. Auch Cuvées sind ideal. Eine wahre Spielwiese tut sich auf: **Grauburgunder, Weißburgunder** auch mit Holz, ebenso **Chardonnay** und **Viognier** aus Übersee. **Spätburgunder** und leichtere **Merlot,** am besten gereift, tun sich ebenfalls leicht. Wird das Huhn mit schwarzem Trüffel gespickt und mit Trüffeljus begleitet, ist ein gereifter Bordeaux aus St. Émilion oder Pomerol ein idealer Begleiter. Zum geschmorten Pfannengericht, Huhn in groben Stücken mit mediterranem Gemüse und Pilzen, empfehle ich Spätburgunder, Chianti oder Barbaresco, aber nur aus großen Jahren.

Ente

Ente im Ofen gebraten ist wunderbar mit Weinen zu kombinieren, die viel Frucht und weniger Gerbstoff besitzen. Man könnte also gehaltvolle Weißweine wie

Geflügel ist nicht gleich Geflügel. Zu gegrilltem Huhn eignen sich zarte, mittelkräftige Burgundersorten weiß wie rot. Geschmortes Wildgeflügel, Taube oder Gänsebraten verlangen Kraft und Saft, kernige Tannine, erdige, fruchtige Typen von Amarone bis Zinfandel.

einen Condrieu (Viognier) oder Petite Arvine aus dem Wallis oder einen nicht ganz trockenen, gehaltvolleren Gewürztraminer wählen. Bei Rotwein tendiere ich zu feinfruchtigem Stil mit wenig Tannin, wie ein Beaujolais oder die fruchtigen **Pinot Noir** aus Kalifornien, Oregon oder Washington State. Ente, Brust oder Keulen, ist stets ein Festtagsbraten, ideal mit burgenländischem **Blaufränkisch** feinster Machart, der ein paar Jahre gereift ist. Der Wein hat so immer noch das Aroma dunkler Beeren, ist aber etwas sanfter im Mund. Bei Ente à l'Orange sollten Sie auf die Säure in der Sauce achten und dazu reifen roten Burgunder oder Châteauneuf-du-Pape wählen.

Zu edlem Wild, kurz gebraten oder geschmort, ist Pinot Noir immer eine sichere Wahl, egal ob jung oder gereift, das ist eher eine Frage des Preises.

Gans und Rotkohl

Der Gänsebraten zählt mit Rotkohl und Kastanien nicht zu den leichten Speisen, dafür aber zu den geschmacksintensiven, sehr aromatischen und benötigt einen ebensolchen Partner. Der Wein braucht viel Power, Saft und Kraft, auch Gerbstoff ist gefragt. Gut passen **Syrah** aus Côte-Rôtie, Châteauneuf-du-Pape oder aus dem Wallis, die überraschend gehaltvoll sind. **Pinotage** aus Südafrika oder ein griechischer **Agiorgitiko** mit strammer Säure und vielen gerösteten Aromen leisten hier gute Arbeit. Wer es etwas leichter will, nimmt einen feinfruchtigen Chianti Classico, einen **Sangiovese** mit frischer Säure und ausgeprägter Kirschfrucht.

Kein Rotweinfan? Vergessen Sie den Rotkohl und wählen Sie einen mächtigeren **Weißburgunder** aus der Pfalz, Baden oder **Pinot Gris** auch aus dem Elsass. Das sind alles Weine mit tiefer Struktur, guter Säure, Schmalz im Mund und viel Frucht. Die Gans hat wie alle Vögel Frucht besonders gern.

FLEISCH

Geschmortes aller Art

Hier dominiert die Sauce mit allen Inhalten: Zwiebeln, Tomaten, Paprika, Gewürze, Kräuter und Wein. Bei einem hellen Fleischragout wähle ich dicke „Schnecken", also Weine mit Saft und Kraft, die Schultern zeigen, sogar etwas dominieren. **Verdejo** aus alten Reben, gereifte **Chenin Blanc** von der Loire wie Savennières Roche aux Moines, Humagne Blanche oder weißen Hermitage. Als Alternative eignen sich weiße Orangeweine.

Ragout vom Rind oder Wild verlangt beim Wein nach ebenso vielen Röstaromen und Würze, wie sie das Gericht mit sich bringt – eine wahre Spielwiese für die Weine. **Syrah** aus aller Welt, aber nur, wenn die typischen Noten der Rebsorte vorhanden sind. Dazu zählen schwarzer Pfeffer, Wacholder, Nelken, Schwarzkirsche

Vorsicht bei gegrilltem Fleisch, vom feinen Filet bis zu dicken Steaks. Sie werden oft mit vielen Saucen serviert, süß und scharf, was die Weinauswahl erschwert.

und Holunder. Holz ja, aber weniger Barrique. **Grenache** (Garnacha) aus dem Priorat oder Navarra mit frischer Frucht, Säure und ordentlichem Tannin und fester Textur bieten sich an. **Malbec** offeriert ähnliche Würze, bleibt aber etwas feiner mit deutlich weniger Tannin. **Touriga Franca, Touriga Nacional** vom Douro-Tal, auch in einer Cuvée, können mit vielen Aromen mithalten, besonders jene des Terroirs.

Fleischrouladen sind bei den Schmorgerichten sehr gefragt. Hier kommt es etwas auf die Füllung an. Vorsicht mit Senf und Essiggurke! Gut sind **Merlot** aus St. Émilion oder ein klassischer Cabernet aus Pauillac mit balsamischen, auch wilden Tönen. Der pfeffrige Charakter des **Cabernet Sauvignon** wirkt wie eine zusätzliche Würze.

Gegrillte dicke Steaks

Steak, genauer gesagt Fleisch vom Rind, ist in und bietet in der Auswahl der Weine dazu schier unbegrenzte Varianten. Je nach Beilagen und Saucen müssten die Weine geändert werden. Wer es weniger kompliziert will, weil ihm der Wein ebenso ein wichtiger Partner ist, wählt das Fleisch in bester Qualität, lässt es möglichst natürlich, würzt mit Salz und Pfeffer – und ab auf den Grill oder in die Pfanne. Das ist die Chance für die größten und besten Rotweinsorten, nämlich chilenischen **Carménère,** australischen **Malbec,** kalifornische oder australische **Cabernets.** Gemeint sind aber die feinen Vertreter, die mit Eleganz punkten, nicht die berüchtigten „Monster". Mit den besten Rotweinen aus aller Welt, den Nobelcuvées, auch bestem Bordeaux, Vino da Tavola aus der Toskana, ist ein Steak mit (Brat-) Kartoffeln oder auch Perigordtrüffel gefragt. In vielen erstklassigen Bordeaux sind Trüffelnoten zu finden, daher ist die wohl feinste Rezeptur für diese Weine ein Tournedo à la Rossini. Das ist ein Rinderfilet mit einer gebratenen Scheibe Gänseleber on top, fein gehobelten schwarzen Trüffelscheiben und dazu Trüffeljus! Schon ohne Wein köstlich, aber mit einem großen Château Latour, Margaux oder Cheval Blanc, gut gereift, zehn oder besser 20 Jahre alt, haben Sie eine unvergessliche Wein- und Speisenkombination, die ein Weinfan einmal im Leben erlebt haben sollte.

Je weniger und einfacher die Beilagen oder das Drumherum bei Fleisch und je edler die Jus, desto größer, besser und raffinierter darf die Qualität des Rotweins sein.

KÜCHENSTILE

Mediterran

Die wichtigsten Zutaten in der mediterranen Küche sind Olivenöl, Thymian, Rosmarin, Oliven, Tomaten, Auberginen, Zitronen. Sie werden sowohl bei Fisch, Fleisch, Gemüse oder Pasta verwendet. Dementsprechend müssen die Weine gewählt werden. Hier gibt es bei Weißweinen wie bei den Rotweinen typische Vertreter vom **Grenache Blanc** bis zum **Petit Manseng, Roussanne, Marsanne** oder **Assyrtiko,** die alle oft als Cuvée mit prägnanten Aromen angeboten werden. Auch wenn es viele Alternativen gibt, passen doch diese Weine am besten zu mediterraner Küche. Generell tendiere ich dazu, die im jeweiligen Land angebauten Weine zuerst zu probieren. Wer zu mediterraner Küche einen Grauburgunder trinken will, kann das gern tun, und der Wein mag sogar passen. Allerdings kommt man in Restaurants mit der Empfehlung „Schuster bleib bei deinen Leisten" am weitesten, denn es hat durchaus einen Grund, warum es in italienischen Restaurants italienische Weine gibt. Das soll nun aber nicht bedeuten, dass beim Italiener kein deutscher Riesling getrunken werden kann. Es gilt jedoch zu bedenken, dass viele Gerichte dieser Küche zu der Rebsorte nicht passen. Die einfachen Zutaten der mediterranen Küche und die durchdringende Würze der Kräuter verlangen Partner, die mit ihren Aromen dagegenhalten können.

Thailand/Indonesien/Indien

Diese exotischeren Küchenstile erfreuen sich großer Beliebtheit. Sie unterscheiden sich von der japanischen Küche besonders durch das Curry und die vielen anderen Gewürzmischungen sowie Zitronengras. Generell ist die Schärfe nicht zu unterschätzen, obwohl auch häufig mit Früchten wie Mango, Papaya und Ananas gekocht wird. In den Ländern selbst wird zum Essen häufig Tee gereicht, Wein als Begleitung ist eher selten. Bei uns ist Bier oft die erste Wahl. Bei Curry muss auf den Grad der Schärfe geachtet werden. Mit Rotwein wird das schwer, ich bin hier nicht wirklich fündig geworden. Bei Weißwein denke ich an die üblichen Verdächtigen der aromatischen Sorten, **Muscat, Traminer,** Weine mit weniger Säure, dafür mit Frucht und dezenter Restsüße, die zu der Schärfe einen Kontrast bilden kann. Mit **Sauvignon Blanc** ist man bei Speisen mit Früchten auf der sicheren Seite. Sesam und Erdnuss haben Aromen und Texturen, die ich gern mit vollmundigen, runden Weißweinen aus Übersee, besonders kalifornischen **Chardonnay** oder den Rebsorten der sogenannten Rhônerangers verbinde.

Japanisch: Sushi/Sashimi

Wer Sushi und Sashimi gern mag, probiert sich am besten durch eine Reihe von Getränken, es gibt in der Tat sehr viel Gutes. Natürlich ist Sake ein idealer Begleiter, besonders in seiner ungeahnten Vielfalt. Ich habe oft **Sauvignon Blanc** und **Riesling** zu asiatischer Küche probiert und war überrascht, wie gut sich beide Typen mit so vielen unterschiedlichen Aromen des Sushi kombinieren lassen. Selbst leichte Holzvarianten von **Chardonnay** lassen sich mit Softshellcrab und Sesam äußerst gut verbinden. Mit den Walliser oder Waadtländer Weißweinen (Epesses, Petite Arvine) hat man ebenfalls beste Chancen, insbesondere, weil sie weniger von Säure geprägt sind und so eine Spur von Lieblichkeit im Gaumen hinterlassen. In letzter Konsequenz passen aber auch Jasmintee und Sake.

SCHARFE GEWÜRZE

Curry

Der Eigenschmack des Curry täuscht im ersten Moment häufig über seine Schärfe hinweg, trotzdem muss der Wein ihr standhalten. Restsüßer **Chenin Blanc** von der Loire lässt die Gläser und Teller auf den Tischen tanzen.

Ingwer und Galgant

Es kommt auf die Frische der Knollen an, weil die frischen Exemplare neben ihrer Schärfe eine wundervolle Fruchtigkeit mitbringen. Ingwer mit Sushi oder Languste braucht Kraft und Saft: gereifter **Sauvignon Blanc** mit Barrique oder eine **Riesling** Spätlese.

Sambal Oelek

Sambal Oelek ist die indonesische feurig-scharfe Chilipaste. Dezent verwendet, ist sie gut weinverträglich in einer Sauce mit Kokosmilch für kurzgebratenes Geflügel oder auch als Dip zu Kurzgebratenem vom Rind

und Schwein – hier liegt die Betonung allerdings sehr deutlich auf dem Wort „dezent".
Eine sichere Wahl wäre: halbtrockener **Riesling** oder **Chasselas,** frisch, gefühlt spritzig, nicht ganz trocken. Als Rotwein wäre **Pinotage** oder **Malbec** mit weniger Tanninen, dafür pfeffriger Würze und erdigen Noten ideal.

Sesamöl

Sesamöl anstatt Olivenöl lieben die japanische, Asia- und auch Thaiküche. Die Walnussnoten mit einer milden Würze harmonieren sehr gut mit den Barriquenoten des **Sauvignon Blanc** und **Chardonnay.** Freunde der Exotik wählen **Viognier.**

Sojasauce

Soja als Würzsauce mit ihrem salzigen, karamelligen und balsamischen Geschmack kennt jeder. Hier benötigt man einen ausgleichenden Wein, der für Balance sorgt, wie saftig-frische **Grüne Veltliner** oder ein prächtiger **Silvaner,** Großes Gewächs mit einem Touch Botrytis.

DOLCE VITA

Mit gustativen Erfahrungen im Umgang mit Säure wählt man auch beim Dessert je nach Süße und Säuregehalt entsprechend den passenden Wein, sofern Kontraste vermieden werden wollen. Harmonie ist nur mit Gleichgewicht zu erreichen. Eine weniger süße Creme lässt sich nicht mit dicken, gereiften Auslesen oder Beerenauslesen kombinieren, sondern mit jugendlich, feinfruchtigen Spätlesen. Bei viel Sahne und wenigen Früchten eignet sich mehr Säure, also Rieslinge oder auch Sauvignon, sehr viel Frucht gewinnt mit neutraleren Typen. Torten können gleichermaßen von vollen, cremigen Weinen begleitet werden, während trockene Kuchen mit dicken, gereiften Edelbeeren und mit Portweinen zurechtkommen.

Bei der Verwendung von scharfen Gewürzen, ob Chili, Curry oder Ingwer, achten Sie bei der Wahl der Weine auf den Grad der Schärfe: je schärfer, desto einfacher der Wein.

Obst, ob Beeren oder Früchte, auch exotischer Herkunft, verlangt Süße im Wein. Mehr oder weniger ist eine Frage von Reife in der Frucht und des Weines. Auch süße Schäumer haben eine gute Chance.

Rote Süßweinvarianten, ob Banyuls, Maury, Rosenmuskateller oder Portwein, sind ideal bei Schokolade.

Wenn der Rotwein vor dem Dessert noch nicht ausgetrunken ist, passt dunkle Bitterschokolade immer, ob als Mousse, Kuchen oder Soufflé.

Bayerische Creme, auch Milchreis, mit frischen Erdbeeren, Himbeeren, Schlagsahne

Gewürztraminer in Spätlese-Qualität, auch Vendange tardive aus dem Elsass ist mit seiner cremigen Art, kaum schmeckbaren Säure und seiner Struktur eine ideale Ergänzung. Die traminer-typischen Aromen von Muskattraube, Rosenblättern bis Walderdbeeren sind immer wieder verführerisch zusammen mit diesem Dessert, weil es selbst viel Frucht und blumige Noten bietet und somit ergänzend wirkt.

Obst wie Weinbergpfirsich, Apfel oder Birne, blanchiert mit Rieslinggelee

Wird Wein bei der Zubereitung verwendet, nehmen Sie den gleichen Stil in gehobener Qualität. **Riesling** Spätlese oder Auslese von der Mosel mit einer pikanten Säure, möglichst jung und frisch im Geschmack. Das heißt von einem guten Jahrgang, damit eine dezente Reife dem Wein neben den Fruchtaromen die nötige Komplexität und den Schmelz mitgibt, der zu den blanchierten Früchten passt. Wird mit Wein gekocht, verwenden Sie mindestens den gleichen Stil, Sorte und Geschmack.

Schokolade

Zu Mousse mit eingelegten Kirschen, auch einem Beerencocktail, kann ein trockener leichter und jugendlicher **Spätburgunder** oder ein sanfter **Lemberger** der eher würzigen Art serviert werden. Die Fruchtsäure der Weine ergänzt die der Kirschen wunderbar. Die Süßweinvariante könnte ein roter **Rosenmuskateller** sein.

KÄSE

Wein zu Käse: Bei dieser sehr beliebten und der klassischsten aller Kombinationen überhaupt, einer Käseplatte und eine Flasche Rotwein, kann man sich gar nicht vorstellen, dass sie auch nur im geringsten Schwierigkeiten machen könnte. Tut sie aber, denn es ist lange nicht so einfach, Wein und Käse zu kombinieren, wie man immer denkt. Hier ein paar Tipps.

Frischkäse: Ziege und Schaf wie Crottin de Chavignol, Saint-Mure, Banon, Brin d'Amour

Solange sie frisch und cremig sind, ist bei diesen beiden Zeitgenossen der Sieger definitiv immer Weißwein. Dazu passen junge, fruchtbetonte Sorten wie **Sauvignon Blanc** oder **Chenin Blanc** in der leicht kräutrigen, vegetalen Richtung. Werden die Käse reifer, werden sie fester und bröckelig, der Salzgehalt konzentriert sich. Ein knackiger, fordernder **Sauvignon Blanc** bleibt immer noch ideal, mit einem fruchtig, saftig-frischen Saumur Champigny wäre ich auch zufrieden, besonders bei den Käsen mit Kräutern. Hier passen die Noten von Paprika und getrocknetem Thymian ideal. Halbtrockene Schaumweine erfrischen den Gaumen und lösen die leicht strengen Noten des trockenen Käseteigs.

Weißschimmelkäse: Camembert, Brie de Meaux, Chaource, Gaperon, St. Marcellin

Diese sehr reichen, cremigen, nussigen und mit weichem Schimmelrasen gereiften Käse haben alle einen sehr milden, runden und sanften Geschmack. Hier passt leichter, weicher, auch noch junger Rotwein gut, zum Beispiel **Spätburgunder, Lemberger** der leichten Art und **Gamay** (Beaujolais). Chianti Classico, also **Sangiovese,** harmoniert mit der fetteren, cremigen Textur auch ganz gut. Wer lieber Weißwein trinkt, kommt mit **Chasselas** (St. Saphorin) oder **Weißburgunder** dank der fruchtigen, blumigen Art und sanfteren Säure gut zurecht.

Hartkäse: Parmesan, Gruyère, Manchego, Comté, Sbrinz

Bei diesen Sorten wird der Teig bei der Herstellung erwärmt und festgepresst. Dadurch wird der Geschmack konzentriert, bei entsprechender Reifezeit verdichten sich die Salzkristalle deutlich schmeckbar. Ebenso konzentrieren sich Fett und der Umamigehalt in Hartkäsen wie Parmesan, Pecorino oder Gruyère. Diese können die Tannine in gerbstoffreichen Weinen wie **Baga** und **Barolo** bändigen, so werden sie zu idealen Partnern. Diese Sorten sind hocharomatisch und passen ausgezeichnet zu **Rosé-Champagner.** Bei Sbrinz würde ich **Gutedel, Chasselas** wie Dézaley oder den etwas spritzigeren St. Saphorin wählen. Manchego mit seinem erdigen, leichten Kellerton passt gut zu **Touriga Nacional,** beide begegnen sich als würzige, kräftige, aber durchaus gleichwertige Partner. Parmesan ist mit dem doch deutlich salzigeren Geschmack ein köstlicher Kontrast zu **Vin Santo** oder einer alten **Riesling Beerenauslese** mit kerniger Säure und etwas Botrytis.

Blauschimmel: Roquefort, Bleu de Gex, Gorgonzola

Wer Kontraste liebt, schafft sich hier mit Süßweinen sein Spielfeld. Alles ist möglich, vom gereiften Sauternes bis Vin Santo über eine frische **Riesling** Auslese oder einen blumigen, hochfeinen **Muscat** oder **Traminer.** Feigen, Nüsse oder ein Stück reife Birne und Honig sind Noten, die sich in den Weinen wiederfinden sollten, damit sie ideale, harmonische Partner bilden.

Die klassische Faustregel, Rotwein und Käse, ist längst passé. Ideal ist frischer Ziegenkäse mit jungem Sauvignon Blanc.

Das Einmaleins für gelungene Kombinationen

—

1 Säurebetonte Speisen (Ceviche, Salate, Tomaten) und säurebetonte Weine (Riesling, Chenin Blanc) verstärken sich. Sie benötigen deshalb einen Ausgleich zur Harmonisierung, etwa durch mehr Olivenöl in der Marinade.

2 Die Säure des Weins hebt die zarten Aromen der Speise oder umgekehrt.

3 Alkohol, Öl und Fett werden durch Säure abgepuffert.

4 Alkoholreiche, tanninbetonte Weine machen scharfes Essen noch schärfer.

5 Tannin und Säure im Wein werden durch süße Speisen verstärkt.

6 Bittersalate (Chicoreé, Radicchio) werden mit kräftigen Tanninen noch bitterer.

7 Bitterkeit wird durch Säure und Schärfe (Zitrone, Ingwer, Chili und Pfeffer) verstärkt.

INFO

Wein und Speisen verändern sich, wenn sie aufeinandertreffen. Dabei ist nicht entscheidend, wer sich mehr verändert.

8 Manche fettreiche Speisen (Schweinebraten) mit kräftigen Saucen harmonieren mit gerbstoffreichen Weinen.

9 Gerbstoffreiche Weine passen nicht zu süßlichen Speisen (Currys mit Früchten, Sauerbraten mit Rosinen, Schweinebraten mit Pflaumen).

10 Wenn zu Fisch oder Fleisch Saucen serviert werden, muss die Weinauswahl an der Sauce ausgerichtet werden, weil diese bezüglich Geschmack und Intensität dominiert.

11 Kräftiges, üppiges, reichhaltiges Essen verlangt nach gleichgewichtigen Weinen.

TIPP

Wer keinen Weißwein mag, dem empfehle ich leicht gekühlte, gerbstoffarme Rotweine wie Spätburgunder (Pinot Noir) oder Gamay. Sie ersetzen manchen Weißwein.

12 Geräuchertes mag keine Toast- und Röstaromen, auch nicht im Wein. Man verzichtet deshalb auf Barriqueweine.

13 Damit ein Süßwein sich gegenüber dem Dessert durchsetzen kann, muss er immer süßer als das Dessert sein.

Wozu Wein gar nicht schmeckt

1

MATJES UND HERING

Frischer Matjes verursacht mit seinem jodigen, salzigen Meerwasser und Algengeruch, der durch den fettreichen Charakter noch unterstützt wird, eine geschmackliche Blockade im Gaumen, eine undurchdringliche Sperre, durch die kein Wein kommt. Trinken Sie Schnaps und Bier dazu. Bei Rollmops kommt eine essigsaure Note mit Zwiebeln ins Spiel, hier hat Wein ebenso keine Chancen.

2

RETTICH, MEERRETTICH, WASABI UND SENF

Sie haben alle etwas gemeinsam: Schärfe, Bitterstoffe, ätherische Öle. Sie töten jede Frucht und Aromatik im Wein. Der Alkohol wird durch die Schärfe geschmacklich in den Hintergrund gedrängt, während sich die Schärfe und Bitterkeit nach vorne schieben.

INFO

In Bayern weiß man Bescheid. Deshalb trinkt man dort zu Rettich oder Senf eigentlich nur Weißbier und kein Pils. Die im Bier enthaltene Maltose reduziert, das heißt, sie puffert die Schärfe ab.

Der richtige RIECHER

ÜBER WEINKRITIK UND DEREN BEWERTUNGSSYSTEME

Für jeden Neueinsteiger, ob nun in der Weinszene oder in einem anderen Geschäftszweig, ist aller Anfang schwer. Und damit man sich schnell einarbeiten kann, werden alle verfügbaren Informationsquellen genutzt.

Der Vorteil einer bekannten und genannten Quelle ist, dass man sich im Zweifelsfall auf sie berufen kann. Viele machen davon Gebrauch, meistens dann, wenn kein eigenes Urteil zustande kam, sei es aus Zeitnot, Unvermögen oder anderen Gründen. Auch die Weinbranche, vom Erzeuger bis zum Handel, ist in dieser Hinsicht recht unbesorgt, nicht ahnungsloser, aber skrupellos. Auf Teufel komm raus werden hier Bewertungen von führenden Weinkritikern, egal ob aus deutschsprachigen oder internationalen Weinführern, einfach übernommen.

Diese Praxis der kritiklosen Übernahme ist so in den Alltag übergegangen, dass ohne solche Ratings, Punkte oder Gläser bekannter Institutionen wie Robert Parkers „Wine Advocate", dem „Weinwisser", „Gault-Millau" oder „Eichelmann" etc. heute fast nichts mehr geht.

Weinbeschreibungen, Ratings und Weinkritiken, ganz egal welcher Art, verfolgen alle unterschiedliche Ziele. Welchen Sinn und Zweck sie für mich erfüllen, wie ich sie mir zunutze mache und wo das hinführen kann, erfahren Sie hier.

Fragen an die Autorin

Lesen Sie Weinführer, Weinkritiken oder Weinbewertungen?

Oh ja, und zwar seit ich mich beruflich mit dem Thema Wein auseinandersetze. 1981 habe ich damit angefangen, zunächst in den wenigen Fachmagazinen und Büchern, Beschreibungen zu Weingütern, ihren Weinen und Kritiken zu lesen, die damals in Deutschland allerdings noch wenig und schon gar nicht regelmäßig in deutscher Sprache zu finden waren. Diese sogenannten Degustationsnotizen und Bewertungen werden von professionellen Verkostern, Journalisten und Sommeliers geschrieben. In meinen Anfangsjahren als Sommelière waren auch deshalb nur wenige Beschreibungen dabei, die wirklich hilfreich waren.

Weinkelche von Riedel und Zalto begleiten mich ein Weinleben lang.

Die „Quellen“, von Michael Broadbent, Robert Parker, etwas später auch René Gabriel, denen ich vertraute, die ich regelmäßig gelesen und dabei viel gelernt habe, behandelten hauptsächlich Regionen in Frankreich, speziell Bordeaux, Burgund und das Rhônetal.

Können Sie uns diese Beschreibungen näher erklären?

Die ersten vorbildlichen Weinbeschreibungen las ich von Michael Broadbent in seinem 1983 erschienenen Buch „Das große Buch der Weinjahrgänge“. Diese detaillierten und nachvollziehbaren Weinnotizen waren für mich damals mehr als hilfreich, um den Charakter der unterschiedlichsten Weine, Hersteller und Jahrgänge zu verstehen. Broadbent ging systematisch vor, nach Farbe, Geruch, Geschmack und ließ Einzelheiten zu den Jahrgängen und ihren Tücken mit einfließen.
Für mich war es das Buch der Bücher, eine Weinbibel eben. Mein ständiger Begleiter und das über viele Jahre hinweg, stets informativ und ein großes Lesevergnügen. Und das alles ohne banale Punkte, Sterne oder andere Bewertungskriterien. In einfachen Worten ausgedrückt, nachvollziehbar, treffsicher, wenn man mit dem Wein im Glas versucht hat, zu verstehen, was der Meister selbst in der Flasche hatte. Zum Glück war es nicht sein einziges Buch dieser Art.

Nennen Sie uns auch die zweite Quelle?

Robert Parker folgte wenig später mit seinem Newsletter „Wine Advocate“, der auch in einer umfangreichen Buchausgabe erschienen ist. Mitte der 1980er-Jahre lieferte er dann die ersten aktuellen Beschreibungen eines ganzen Jahrgangs, plus alter Jahrgänge, umfassende Berichte einzelner Châteaux speziell aus Bordeaux. Robert Parker stellte die heile Weinwelt Bordeaux auf den Kopf. Seine Urteile waren geliebt und ebenso gefürchtet. Er war für mich die Quelle schlechthin für Weinbewertungen ebenso wie für Weinbeschreibungen. In einem prallgefüllten

Nicht nur unzählig viele Weinkritiken, -bücher und -texte habe ich gelesen, sondern selbst tausende Degustationsnotizen geschrieben – und mit „Wein genießen“ Buch Nummer Acht.

Keller mit den wichtigsten Bordelaiser und burgundischen Weinerzeugern war Parker eine wertvolle Hilfe bei Entscheidungen, in neue Jahrgänge zu investieren, welche Weine von welchen Weingütern zu kaufen sind und welche lieber nicht. Auch über Jahre rückwirkend konnte ich die Notizen, und eben nicht nur seine Punkte, nachvollziehen und überprüfen. Der Weinkellerbestand im Tantris entwickelte sich zu einer wahren Fundgrube für Bestes aus Bordeaux und Burgund. Meine alljährlichen Reisen dorthin, auch zu den Primeurverkostungen, intensivierten diese Erfahrungen und mein Wissen. Über die Jahre wurde Robert Parker eine schier unerschöpfliche Quelle.

Und doch stehen Sie ihm kritisch gegenüber?

Ein paar Jahre später konnte ich einzelne Weinbewertungen, Qualitäten und Reifezustände überprüfen, als nach den großen Jahrgängen von 1982, 1985, 1986 und 1990 die kleineren Jahre wie 1991, 1992 und 1994 zur Sprache, sprich, in die Gläser kamen. Auch hier habe ich mich aus gutem Grund im Zweifelsfall immer wieder auf Punkte und Bewertungskriterien des Meisters verlassen. Dabei ist leider so manche Kiste zur ungeliebten Last geworden. Ich habe damals gelernt, dass auch große Meister wie Robert Parker sich irren können, was ja an sich keine überraschende Erfahrung war. In der Öffentlichkeit fing man an, auch Schattenseiten des Weingurus zu diskutieren, seine Urteile zu kritisieren und die weiße Weste bekam ein paar dunkle Flecken. Seiner genialen Fähigkeit zu degustieren tat das aber keinen Abbruch. Er wurde gefeiert, geliebt, gehasst, so wie man ihn eben brauchte. Er war die Gelddruckmaschine der Weinbranche, erst in Bordeaux, dann in seiner amerikanischen Heimat und vielen anderen Weinregionen. Er war der Weinpapst schlechthin. Und man konnte immer den gleichen Effekt beobachten: Weine, die mit mehr als 90 Punkten bewertet waren, hatten ihren Markt und damit automatisch einen höheren Preis. Alles, was über 95 Punkten lag, wurde über kurz oder lang zur Rarität. 98 bis 100 ist outstanding und ebenso weit von der Diskussion entfernt, ob die Qualität des Weines im Verhältnis zum Preis gerechtfertigt ist. Das ist auch heute noch nicht viel anders, trotz seines Ausstiegs aus diesem Geschäft. Eines aber ist sicher: Parker war in seinem erfolgreichen Tun einmalig und ein Nachfolger ist nicht in Sicht.

Wie ging es weiter mit ihm?

Als reicher Mann ist er rechtzeitig von der Bühne abgetreten und blickt vermutlich grinsend, wissend und zufrieden auf sein Werk. Robert Parker ist zwar nicht der einzige Mensch, der die Weinszene weltweit beeinflusst hat, aber die Preisentwicklungen auf dem Weltweinmarkt, auch die Baisse, in Frankreich insbesondere an der Bordelaiser

Schreiben Sie bei der nächsten Flasche Wein doch einmal auf, was Sie trinken, riechen und schmecken, ob der Wein Freude bereitet hat oder warum nicht. Wozu und bei welcher Gelegenheit Sie ihn getrunken haben. Wenn es Spaß macht, wiederholen Sie es, immer wieder.

Raritäten halte auch ich nicht täglich in den Händen. Den Wert dieser Magnumflasche taxiert der Handel derzeit um 7000 Euro.

Weinbörse und in seiner Heimat USA sind sein Werk. Nicht nur ich habe gelernt, Parkers Urteile, für die ich ihm über Jahre dankbar war, kritischer zu betrachten.

Und die dritte Quelle?

Es kann gut sein, dass ich sie noch habe, die erste von mir gekaufte Ausgabe des Weinletters „Weinwisser", der 1992 erstmals vom Schweizer Weinkritiker René Gabriel herausgegeben wurde. Seine Expertise für Weine, insbesondere aus Bordeaux, war für mich genauso groß wie die des Meisters aus Baltimore. Auch seinen Ratschlägen habe ich in Entscheidungsfragen vertraut, sie waren eine zuverlässige Quelle. Die Punkte, die er vergibt, waren mir nahezu egal, denn Gabriel traf mit klarer Sprache den Kern der Weine.

Haben Sie einen dieser Autoren kennengelernt?

René Gabriel kenne ich im Gegensatz zu Michael Broadbent und Robert Parker persönlich. Seine Fähigkeit, Weine, vor allem Bordeaux, auch blind zu beschreiben und zu erkennen, ist in meinem Umfeld unerreicht. Seinem Urteil verdanke ich viele gute Flaschen in meinem Keller.

Greifen Sie auch auf „klassische" Weinführer zurück?

Angefangen habe ich mit dem „Kleinen Johnson" von Hugh Johnson und natürlich sind mir unsere Weinführer über die deutschen Weingüter mit ihren Weinen, allen voran der „Gault Millau", als treue Weggefährten bestens bekannt. Allerdings hält sich meine Begeisterung für deren Praxis in Grenzen, weil sie größtenteils auf verbindliche Weinbeschreibungen verzichten, um mit Punkten den Wert und die Qualität der Weine zu vermitteln. Diese Bewertungen entstammen häufig einer einzigen Momentaufnahme, oft unter Zeitnot entstanden. Ich habe damit auch eigene Erfahrungen gemacht und kann gut nachvollziehen, unter welchen Bedingungen und wie diese Bewertungen zustande kommen. Wer mich kennt, weiß, dass ich von Punkten, Gläsern und ähnlichen Bewertungssystemen nur dann zu überzeugen bin, wenn eine zusätzliche Beschreibung von Geruch, Geschmack und Qualität des Weines folgt. Pauschale Formulierungen lehne ich bei handwerklich erzeugten

Dank meiner ausführlichen Weinnotizen, quasi über alle Weine, die ich je probiert habe, kann ich nachlesen, wie sie mir zu diesem Zeitpunkt geschmeckt haben, wann und wo ich sie verkostet habe. Zu Hause erledige ich diese Arbeit längst am PC.

Qualitätsweinen ab. Bei technisch hergestellten Massenweinen sind sie mangels Individualität eher angebracht.

Dann richten Sie sich auch nach den Bewertungssystemen?

Ich schätze sehr wohl eine Qualitätsaussage, wohl wissend, dass sie ein persönliches Urteil, eine eigene Meinung ist. Wichtig ist mir, dass die Aussage und die Bewertung nachvollziehbar sind und sie nicht wie so oft den Eindruck von Willkür oder kaum verhohlener Geschäftstüchtigkeit vermitteln. Immer häufiger entsteht bei mir der Eindruck, dass einige Kritiker vom Beschreiben banaler, mäßiger Weine ganz gut leben können. Das beweisen am besten die vielen endlosen, überflüssigen Weinbeschreibungen von Weinen im Preisniveau unter 10 Euro. Es gibt in dieser Preisklasse und darunter einige Weine, aber nicht unzählige Überraschungen, echte Schnäppchen, die es zu finden gilt und die auch eine Weinbeschreibung lohnen.

Ist der „Gault Millau" aus Ihrer Sicht überbewertet?

Der „Gault Millau" war mit Sicherheit die wichtigste Publikation des deutschen Weines, und das seit 25 Jahren. Er war ein Gewinn für alle, die Leser, die Winzer, die Jury und hoffentlich auch für den Verlag. Aus meiner Sicht war er überbewertet. Ich habe vor kurzem dazu ein paar Winzer befragt, die mir seinen Stellenwert bestätigten. Erstaunt war ich, dabei zu erfahren, dass es nicht wenige Weingüter gab, die nur alle fünf bis zehn Jahre von den jeweiligen Testern besucht wurden. Manche Winzer schicken ihre Proben seit vielen Jahren und haben noch nie einen Tester zu Gesicht bekommen. Sehr zur Freude der Produzenten kamen aber erstaunlich viele fremde Einkäufer mit dem Gault Millau unterm Arm. Vielleicht wäre für alle Beteiligten, Winzer, Tester und Leser weniger mehr.

Die nächste Ausgabe 2018 erscheint übrigens im neuen Verlag, Zabert und Sandmann. Ein komplett neues Verkostungsteam sorgt für Spannung. Wir dürfen neugierig sein, ich bin es in jedem Fall.

Sie selber verkosten sehr gern vor Ort im Weingut – was sagen die Winzer?

Durch langjährige Erfahrungen habe ich gelernt, dass die Probe vor Ort und die damit einhergehenden Umstände sehr wichtig sind. Die Weinberge zu besuchen, Böden und Lagen zu begutachten, eine Kellerbesichtigung und ausgiebige Gespräche mit dem Winzer, auch seiner Familie, lassen einen die Weine besser verstehen. Wein ist nach wie vor immer noch Emotion pur und vermittelt als Kulturgut, neben seinen vielseitigen Aromen und einem breitgefächerten Geschmacksbild, Gefühl. Vor Ort kann ich mich direkt überzeugen, mir ein Gesamtbild vom Weingut, dem Winzer und seinen Weinbergen machen. Dabei spielt der Alkohol keine Rolle, schon gar nicht, wenn professionell probiert wird, denn dabei wird der Probeschluck immer noch ausgespuckt.

Die Winzer müssen sich für Besucher ihre Zeit meistens aus den Rippen schneiden, sind aber dennoch dankbar für Besuche ernsthafter Verkoster. Dabei können sie ihre Gedanken, die Philosophie des Hauses vermitteln, man kann sich gegenseitig kennenlernen und einschätzen.

Wie ernst nehmen Sie Punktebewertungen?

Gar nicht ohne eine zusätzliche Weinbeschreibung, die den Wert der Bewertung auch in Worten wiedergibt. Damit meine ich, dass „89 Punkte" ohne Kommentar zum Geruch und Geschmack des Weines quasi wertlos sind im Vergleich mit den 777 anderen Weinen, die auch 89 Punkte haben und somit der Qualitätsanforderung entsprechen. Wird mir aber ein Eindruck vermittelt, der sich tatsächlich auf den Duft und den Geschmack des Weines bezieht, weiß ich als Leser doch annähernd, was ich mir anschließend damit in den Keller lege.

Haben Sie ein persönliches Bewertungssystem – Punkte etc.?

Beruflich habe ich auf Verkostungen – sofern es verlangt wurde – ebenfalls nach den üblichen 20- oder 100-Punktesystemen bewertet.

Privater Natur vergebe ich Eimer. Wenn ein Wein besonders gut ist, bekommt er einen gefüllten Eimer, weil ich ihn gern in dieser Menge konsumieren würde.

Was passiert mit den Weinnotizen?

Sie dienen als Einkaufshilfe und Empfehlungen – oder auch nicht, wenn es sich um weniger rühmenswerte Weine handelt. Außerdem verwende ich Aufzeichnungen für meine neuen Bücher oder Texte in Magazinen, für Weinverkostungen und als Basis für meine Tätigkeit als Dozentin bei der IHK oder VHS.

Vertrauen Sie Ihren Ergebnissen, auch beim Einkauf?

In erster Linie ja, sicher. Aber nicht immer vertraue ich auf ein einziges Urteil, besonders, wenn sich die Proben wie bei Weinmessen über den ganzen Tag hingezogen haben und dazu auch noch viel Ablenkung stattgefunden hat beziehungsweise viel geredet wurde.

Wie viele Weine probieren Sie bei professionellen Tastings?

Bei professionellen Proben 50 bis maximal 60, dann bin ich am Limit, weil ich jeden Wein beschreibe und damit auch bewerte. Es geht ja um kaufen oder nicht kaufen, trinken und empfehlen. Der Rest, und das sind oft doppelt so viele Weine, ist mehr nur ein Reinriechen, Schmecken, aber ohne wirkliche Aussagekraft und Werturteil.

Machen Sie bei Weinmessen und großen Proben eine Ausnahme?

Nein, nicht wirklich. Nur bei einmaligen Mammutsitzungen, den ganz umfangreichen Proben, die mit 150 bis 200 Weinen pro Tag getaktet sind. Bei Verkostungen, die über mehr als zwei Tage geplant sind und bei denen ich selbst entscheiden kann wie bei Weinmessen, probiere ich am ersten Tag um die 60 Weine, die ich mir speziell auswähle. Am nächsten Tag verkoste ich oft zusätzlich einen Teil der gehypten Kandidaten. So kann ich deren Verkoster und ihre Ansprüche an ihre eigenen Urteile und die Weine selbst besser einschätzen beziehungsweise bewerten. Gleichzeitig weiß ich aber auch, was ich von diesen Weinen tatsächlich zu halten habe. Auf Weinmessen geht es auch viel um neue Kontakte und einzelne Gespräche mit den Produzenten.

Helfen die Bewertungen bei Entscheidungen im eigenen Keller?

In jedem Fall. Schriftliche Notizen sind das A und O jeder Verkostung, sie sind mitentscheidend über kaufen oder nicht. Empfehlen oder davon abraten, auch das betrachte ich als meine Pflicht.

Guter Weinservice ist vergleichbar mit einer Symphonie. Komponiert er doch jeden Restaurantbesuch zur ganz großen Oper.

Fragen im WEINALLTAG

TIPPS & TRICKS RUND UM DEN WEIN

Es gibt so viele Fragen zum Thema Wein, die mir in meiner Zeit als Sommelière in all den Jahren im Restaurant gestellt wurden, Tipps und Tricks, die allein schon ausreichen würden, dieses Buch zu Befüllen. Viele davon werden in den vorangegangenen Kapiteln nicht als Fragen- und Antwortspiel behandelt, aber vielleicht doch in den einzelnen Texten beantwortet. Andere bleiben offen und wieder andere finden Sie hier.

Nein, hier geht es nicht zur „Weinschule Paula Bosch", hier findet sich nur eine Auswahl an Fragen und Antworten, die mir Menschen in meinem Weinalltag immer und immer wieder gestellt haben. Diese Fragen beschäftigen Weinfreunde wie Laien zugleich, in der großen „Weinbibliothek der Welt" sind sie längst da und dort beantwortet und erklärt. Dennoch wurde ich mit diesen und noch sehr viel mehr anderen Fragen immer wieder konfrontiert, sodass ich mich kurz vor dem Ende dieses Buches dazu entschlossen habe, für Sie, meine Leser, auf den letzten Seiten ein paar Dutzend davon zu selektionieren. Ob es dann die richtigen waren, entscheiden Sie bitte selbst. Wenn nicht, schreiben Sie mir eine E-Mail: p@ulabosch.de. Ich freue mich darauf und antworte gern, auch wenn es manchmal ein bisschen dauern kann.

Fragen rund um den Wein

Sind Sonderangebote für Wein im Supermarkt vertrauenswürdig?

Niemals ohne vorherige Probe der angepriesenen Weine. Es geht ja um Ihren Geschmack und nicht um den Preis.

Gibt es in Discountern oder im Supermarkt empfehlenswerte Weine?

Zuerst kommt es auf meinen eigenen Anspruch an. Im Discounter dürfen keine Weinwunder erwartet werden, der Weineinkauf erinnert hier an Glücksspiele. In der Regel stehen dort industriell erzeugte Weine unterschiedlichster Herkunft und Qualität. Bei Supermärkten wie Edeka sind einzelne Geschäfte allerdings sehr gut bestückt und liefern zuverlässige Infos zum Wein.

Wenn auf den Etiketten deutscher Weine die Geschmacksangabe „trocken“ fehlt – bei den französischen Weinen ist das ja sogar üblich –, sind die trotzdem trocken?

Nein, je nach Qualitätsstufe wie Kabinett oder Spätlese sind sie mal mehr mal weniger trocken, aber immer restsüß.

Wieviel Euro muss eine trinkbare Flasche Wein mindestens kosten?

In Deutschland kostet eine leere Flasche fertig ausgestattet knapp 2 Euro, mit guter Basisqualität befüllt etwa 5 Euro ab Weingut.

Wieviel Wein gehört in ein Glas?

Etwa 0,1 Liter Füllmenge ist immer okay. Ist zuviel Wein im Glas, kann nicht richtig probiert werden und der Wein wird auch bei dünnwandigen Gläsern schneller warm. Lieber weniger davon einschenken, dann bleibt Platz für die Aromenentwicklung und die Temperatur wird gehalten.

Müssen Weine, die mit Schraubern, Glas- oder Kunststoffstopfen verschlossen sind, vor dem Trinkgenuss probiert werden? Sie können ja nicht korken?

In jedem Fall. Dabei wird die Trinktemperatur geprüft und auch, ob der Wein schmeckt und ohne Fehler ist.

Können falsch temperierte Weine mit Eiswürfeln gekühlt werden?

Ja, das kann man machen, aber in diesem Fall akzeptiert man verwässerten Wein, was einer Weinschorle nahekäme. Das wäre wohl das kleinere Übel.

Warum schmecken Wein und Champagner aus Magnumflaschen besser?

Der Wein reift wesentlich langsamer, weil auf die doppelte Menge Wein, also 1,5 Liter, der Anteil des Sauerstoffs zwischen Verschluss und Wein etwa gleich groß ist und sich so die Flüssigkeit gleichmäßiger und auch nicht so schnell entwickeln kann.

Werden Weingläser am Stiel oder Glasboden gehalten?

Wer das Glas nicht am Stiel hält, macht alles falsch. Ein Weinglas wird weder am Kelch noch an seinem Boden gehalten. Der Kelch bleibt sauber, der Wein richtig temperiert und die Aromen des Weins werden nicht durch Seifen- oder Cremerückstände an den Fingern beeinflusst.

Ist eine Bowle oder Kalte Ente in Weinkreisen salonfähig?

Natürlich! Erfrischende Getränke dieser Art sind mehr denn je en vogue. Mit einem ordentlichen Riesling, am besten einer restsüßen Spätlese, welche die Früchte auch mariniert, spart man sogar viel Zucker. Dazu passt eine gute Flasche Winzersekt, auch Champagner oder Cava. Wer es leichter möchte, nimmt einen Teil sprudeliges Mineralwasser.

Beim Kochen mit Wein stellt sich die Frage nach der Qualität des Weines. Ich meine dazu: Wer nichts Gutes in den Topf hineingibt, kann auch nichts Gutes rausholen. Ein Schlückchen von dem Wein, der dazu getrunken wird, wirkt ganz zum Schluss Wunder.

Gibt es guten Glühwein?

Auf jeden Fall, sofern er mit gutem Rotwein selbst gemacht wird. Das muss kein sehr teurer Wein sein, aber Qualität ist auch hier das A und O. Das will niemand glauben, doch meine besten Glühweine habe ich immer noch aus erstklassigen Weinen gemacht. Aber auch verkorkter Wein, der nicht im Ausguss landet, sondern aufgekocht wird – etwas köcheln dabei ist wichtig –, lässt feinste Ergebnisse zu, wie der teuerste Glühwein meines Lebens aus zwei Flaschen berühmter Burgunderlagen der Domaine de la Romanée-Conti.

Ist bei der Qualitätsbewertung von Wein die Reihenfolge mitentscheidend?

Die Folge wirkt sich entscheidend auf das Werturteil aus: Guter Wein schmeckt nach einer mittelmäßigen oder gar schlechten Qualität deutlich besser als nach einen vergleichbar guten. Die Wirkung ist als Kontrasteffekt bekannt.

Beim Probieren: spucken oder schlucken?

Düfte und Aromen sind sogenannte Geruchsstoffe und werden mit der Atemluft aufgenommen. Eine zweite Aktivierung ihrer Aufnahme erfolgt nur durch das Schlucken. Das ist auch beim Wein so: Beim Schlucken erwärmt er sich, erhöht dadurch seine Konzentration und gelangt über den Rachenraum auf die Nasenschleimhaut. Diese zusätzliche Stimulierung, deren Wirkung als Abgang oder Nachhall bezeichnet wird, ist für die genaue Bewertung eines Weins von größter Bedeutung und wird in Sekunden gemessen. Im Fachjargon ist diese Maßeinheit als Caudalie bekannt. Weine mit einer Caudalie bis 15 Sekunden gelten als kurz, bis 30 als sehr gut und ab 45 plus als hervorragend. Wird der Wein ausgespuckt, ist das ein Verzicht auf die retronasale Wirkung und auf ein endgültiges Werturteil.

Ist Weinschorle salonfähig?

Natürlich ist die Weinschorle erlaubt, ebenso wie sie salonfähig ist. Nehmen Sie dafür keinen billigen Industriewein, sondern Ihren guten Alltagswein. Trockener Sauvignon Blanc oder eine Scheurebe, auch Kerner sind geeignet. Müller-Thurgau und Silvaner ebenfalls. Je duftiger, desto besser. Zu vermeiden sind Rieslinge oder im Barrique ausgebaute Weine. Dünne, geschmacklose Weine sind nicht zu verdünnen, sie sind ja eh schon geschmacksneutral!

Restflaschen, wohin damit?

Nach der Weinprobe und anderen genüsslichen Events bleiben angebrochene Flaschen über. Ab damit in die

Essigmutter oder kochend auf ein Minimum reduzieren, bis auf 20 bis 30 Prozent, und dann in Eiswürfelbeutel füllen und einfrieren für die nächste Sauce zum Fisch, Fleisch oder Gemüse. Schreiben Sie die Sorte auf ein kleines Etikett. Riesling mit viel Säure oder Sauvignon mit viel Aroma zeigen unterschiedliche Geschmäcker. Klappt auch mit Champagner und Co.

Silberlöffeltrick in der Champagnerflasche

Diese Mär hält sich besonders hartnäckig, ist aber ein totaler Blödsinn, weil der Stiel des Löffels in den meisten Fällen bei einer angebrochenen Flasche mit der Flüssigkeit gar nicht mehr in Berührung kommt, es sei denn, er hat einen extralangen Stiel.

Kein Korkenzieher, was tun?

Hier zwei alte Partytricks, die aber nur bei einfachen Weinen zu empfehlen sind:
Einen Kochlöffel mit dem Stiel auf den Korken ansetzen und langsam den Korken in die Flasche drücken.
Man nimmt einen Halb- oder Turnschuh, stellt die Flasche mit dem Flaschenboden in den Fersenteil des Schuhs und klopft diesen mit der Flasche solange auf den Fußboden, bis der Kork nach oben kommt und mühelos aus der Flasche gezogen werden kann.

Reicht es, wenn Weine, die dekantiert werden müssen, ein paar Stunden vor Genuss geöffnet werden?

Nur öffnen und stehen lassen – das bringt gar nichts! Um einen wirkungsvollen Effekt zu erzielen, muss mindestens ein Glas ausgeschenkt werden, damit Sauerstoff in die Flasche kommt und so auf den verbliebenen Wein einwirken kann. Eine Papierserviette in den Flaschenhals drapieren, damit keine Mücken reinfliegen. Die Flasche kühl und dunkel stellen.

Weißwein dekantieren?

Ja! Junge und gehaltvolle Weine wie Chardonnays, die in neuen Barriques ausgebaut wurden, oder Rieslinge, die lange in Holzfässern gereift sind, verlangen nach Sauerstoff. Orangeweine, die neuen Roten unter den Weißen, mit ihren teils gewöhnungsbedürftigen Aromen und mächtigen Tanninen, brauchen in der Jugend sehr viel Sauerstoff, damit sie trinkbar werden. Unbedingt auf Trinktemperatur achten. Viele spontan vergorene Weine haben oft einen seltsamen, wenig ansprechenden Duft. Hier kann Dekantieren helfen, aber mancher Wein stinkt sein Leben lang.

Warum dekantiert man nicht alle Rotweine?

Wenn es schön aussehen soll, als Zeremonie, bitte. Aber Weine ohne Gerbstoffe, ohne Barriquetöne, die sich mit Sauerstoff nicht entwickeln müssen, weil sie es ja schon sind, wie leichte Spätburgunder, Merlot, Blaufränkisch, Sangiovese usw., haben kein Depot und benötigen keine Extraportion Luft. Sie werden durch das Dekantieren nicht besser, sondern verlieren eher ihr duftiges Bouquet.

Wie ist das mit Champagner?

Ja, es gibt auch viele reichhaltige, ältere Jahrgangs-Champagner, auch mit Spontanhefen vergoren, die sich mit der Sauerstoffdusche schneller entwickeln können als nur im Glas. Aber Vorsicht bei breiten oder dickwandigen Karaffen. Sie passen nicht in den Eiskühler, der die Temperatur konservieren könnte.

Glaskaraffen, ohne Schnickschnack wie diese, sind für fast alle Weintypen ausreichend. Wer den Wein darin kreisend schwenkt, erhöht die Zufuhr von Sauerstoff.

Kann man mit korkigen Weinen kochen?

Korkt ein Wein, das heißt, er riecht muffig, schimmelig oder pilzig, bleiben nur zwei Möglichkeiten: weg damit oder durch Kochen reduzieren. Wenn Sie den Wein richtig aufkochen und einige Minuten köcheln lassen, sind Korkgeruch und -geschmack verschwunden. Die Weinreduktion kann so für Saucen oder Gelees weiterverwendet werden. Am besten auf ein Minimum reduzieren, damit sparen Sie auch Platz im Kühlschrank.

Kochen Sterneköche mit besseren Weinen?

Jein. Für Saucen und Reduktionen nützen teure Weine reichlich wenig. Stoffige und würzige aber schon, da sie eingekocht, sprich reduziert werden, der Alkohol verflüchtigt sich zum großen Teil, was bleibt, sind feste Bestandteile und Aromen. Hier werden oft säurebetonte und farbstabile Weine benötigt, da ist dünn und geschmacklos fehl am Platz. Zum Abschmecken werden in der Sterneküche den Rezepturen entsprechend oft Weine verwendet, die zum Menü serviert werden.

Was trinke ich, wenn ich in der Südsee bin, keine Ahnung von Wein habe und mir auch kein Sommelier zur Seite steht?

Eine berühmte Inselfrage: Den Sauvignon Blanc „Cloudy Bay" gibt es immer dort, wo es auch Dom Pérignon gibt. Oder einen Baron de L, Pouilly Fumé von Ladoucette.

Woran erkenne ich einen „guten" Weinjahrgang?

Zum Glück nicht am Etikett, denn das hätte verheerende Folgen für die Weinbranche. Man muss viel Erfahrung und Praxis mitbringen, bis man solche Details im Wein riechen und schmecken kann. Grundsätzlich erkennt man erstklassige Jahrgänge am überdurchschnittlich guten Duft und Geschmack. Mit geübter Hand des Winzers bringt er immer viel Harmonie und Balance neben vielen anderen Inhaltsstoffen. Das entdecken Sie nur durch eine eigene Probe.

Sind Flaschen mit Korken, die im Regal stehen und nicht liegen, auch okay?

Ja, sind sie laut den neuesten Studien. Korken, die nicht ständig mit dem Wein in Verbindung sind, werden erst nach einem längeren Zeitraum, in den Untersuchungen wird ein halbes Jahr als Minimum angegeben, trocken und porös und ziehen sich zusammen, sodass ein ungewünschter Luftaustausch stattfinden kann.

Sind Weinflaschen mit Korkverschluss die besseren Weine?

Ja und nein. In Deutschland, in Österreich, in der Schweiz und in Übersee werden in der Regel alle Weine, die für einen schnellen Konsum gedacht und gemacht sind, mit Schraubern verschlossen. Selbstverständlich gibt es hier berühmte Ausnahmen. Das ist aber in diesem Preisbereich keine Frage der Qualität. Dagegen wird in südlichen Ländern wie Italien, Spanien sowie Griechenland grundsätzlich großer Wert auf Kork gelegt. Nicht wegen der Qualität, sondern wegen des Vertrauens in den Verschluss und des festen Glaubens der Weintrinker, dass in Flaschen mit Schraubern minderwertige Weine abgefüllt werden.

Was gilt für Champagner, Cava und Co.?

Für Ihren Schaumweinkonsum kaufen Sie bitte keine Flaschen aus dem Regal. Qualitätsschaumweine, wie Sekt, Franciacorta oder Champagner, werden schnell lichtkrank und bekommen durch diese unsachgemäße Lagerung einen fahlen, dumpfen, leicht blechernen Geschmack. Fragen Sie nach Flaschen aus dem (hoffentlich) dunklen Keller oder Einzelverpackungen.

Wasser und Wein?

Wo Wein getrunken wird, trinkt man weltweit auch Wasser. Die Frage nach bestimmten Marken, die besser als andere zum Wein passen sollen, ist damit leicht beantwortet – davon gibt es viele. Je neutraler ein Wasser schmeckt, desto besser, und je weniger Mineralstoffe und Kohlensäure es hat, desto besser für den Wein und die Bekömmlichkeit.

Wie schützt man Etiketten vor Verschleiß bei feuchter Lagerung?

Am besten hilft hier Klarsichtfolie. Zwei- bis dreimal umwickeln, und dabei den Flaschenhals unbedingt freilassen.

Was muss ein Wein mitbringen, damit er durch richtige Lagerung besser und nicht nur älter wird?

Nur gute und sehr gute Jahrgänge sind für eine längere Reifezeit geeignet. Bei den weniger großen Qualitäten haben die Weine meistens zu wenig Potenzial, um noch besser zu werden, denn besser heißt ja nicht automatisch reifer. Wenn ein Wein durch Lagerung zulegen soll, benötigt er die entsprechende Portion von Extrakt, Säure, Tannin, Alkohol, Frucht und Balance von allem.

Der Keller ist zu trocken

Alles passt: Temperatur und Dunkelheit, aber es ist zu trocken! Da helfen ein paar Backbleche, die platzsparend unter die Regale geschoben werden können. Regelmäßig mit aufgekochtem Wasser und einem Schuss Zitronensaft auffüllen. Bleche gelegentlich gründlich säubern.

Beeinflussen Temperaturunterschiede über wenige Monate Lagerung, Qualität und Geschmack?

Weine, die über mehrere Monate beträchtlichen Temperaturunterschieden ausgesetzt wurden, verlieren deutlich an Qualität, sie reagieren mit Oxidation, frühzeitigem Alterston bei 18 °C plus. Bei großen Schwankungen ist sogar schmeckbarer Qualitätsverlust feststellbar, wie weniger Frucht, mehr Säure, weniger Harmonie.

Verändert sich der auf der Flasche angegebene Alkoholgehalt über die Zeit?

Es gibt einen minimalen Abbau, der aber unbedeutend ist.

Was ist eine Monocépage?

Darunter versteht man rebsortenreine Weine, sprich nur eine Sorte von Auxerrois bis Zinfandel.

Cuveés sind schlechter als Einzelrebsorten?

Ganz im Gegenteil. Der abwertende deutsche Begriff für Cuvée „Verschnitt" sorgt für ein Negativimage. Denken Sie an all die guten Champagner, Bordeaux, oder, oder. Dagegen sind die roten Burgunder aus Pinot Noir die reinsten Diven.

Schwefel im Wein, geht das auch ohne?

Selbst große Weinmacher wie Josko Gravner verneinen diese Frage, auch wenn er lieber ganz darauf verzichten würde. Ganz ohne Schwefel geht es zum Schutz des Weins vor unkontrolliertem Oxidationsprozess nicht. Ohne ihn werden auch teils bedenkliche Nebenprodukte gebildet, die im Duft nicht akzeptabel sind, zum Teil auch allergische Reaktionen hervorrufen.

Woher kommt das Tannin im Wein?

Tannine, auch Gerbstoffe genannt, werden schon bei der Vergärung aus den Traubenschalen und Kernen extrahiert. Durch einen längeren Kontakt von Most und Schalen, man nennt das Ganze auch Maischegärung, werden die Tannine ausgelaugt. Dabei beginnt auch die Oxidation, bei weißen Trauben färbt sich die Maische ohne Schutz dunkelgelb bis orangegelb. Diese Maischegärung wird seit neuestem nicht nur bei Rotweinen, sondern auch bei Weißweinen praktiziert, bekannt als sogenannte Natur- und Orangeweine.

Aggressivität im Wein bedeutet was?

Empfindung von rauer, unangenehmer Trockenheit, auch Bissigkeit im Geschmack und teils sogar mit stechendem Geruch. Sie wird auf zu hohe Säure, mangelnde Reife oder grüne Tannine zurückgeführt.

Ausgetrockneter Wein schmeckt wie?

Frucht, Extrakt und Süße sind hier verloren gegangen. Alkohol und Säure bleiben und stehen damit im Vordergrund. Der Wein hat seine beste Zeit hinter sich, baut nur noch ab.

Sind blinde Weine reklamationsfähig?

Trüber Wein, der auch als blind bezeichnet wird, entsteht u.a. durch ein aufgerütteltes Depot. Hier hilft es, die Flasche aufrechtzustellen und abzuwarten. Naturtrübe Weine, wie die vielen Orangeweine, sind gewollt und werden nicht gefiltert, um mehr Geschmack zu konservieren.

Ist eine intensive Farbe bei Wein ein Kennzeichen für gute Qualität?

Nein, auch wenn der Weintrinker dazu neigt, farbintensive Weine zu bevorzugen. Tiefschwarzer Rotwein oder strohgelber Weißwein muss seine Klasse auch im Duft und Geschmack beweisen.

Was bedeutet „Avinieren der Weingläser"?

Mundgeblasene, dünne Weingläser nehmen schneller negative Gerüche auf. Diese können problemlos mit einem Schluck des servierten Weines aus dem Glas geschwenkt werden. Diesen Reinigungsprozess nennt man Avinieren.

Warum schwenken Profis ihr Weinglas, bevor sie trinken?

Damit wird Sauerstoff in den Wein transportiert und somit kommen die Aromen besser zur Geltung.

Was versteht man unter veganen Weinen?

Bei der Weinherstellung, beziehungsweise Filtration werden oft Produkte tierischen Ursprungs wie Albumin, Eiklar oder Kasein zur Schönung verwendet. Vegetarier lehnen diese ab und setzen auf Weine, die mit Kieselgur oder Perlit geklärt wurden.

Wann spricht man von dünnen Weinen?

Weine, die mager im Körper und arm an Extrakt und Säure sind, werden als charakterlos und dünn bezeichnet. Sie präsentieren wenige Inhaltsstoffe und kaum Geschmack.

Was versteht man unter Terroir?

Eine korrekte Übersetzung, wie Erde oder Boden, wird dem Begriff nicht gerecht. Der in Frankreich geprägte Begriff umfasst die Zusammenwirkung des Bodentyps, des Mikroklimas sowie des menschlichen Zutuns auf die angepflanzten Weinreben. Sie haben einen nicht zu unterschätzenden Einfluss auf den Geschmack und die Qualität der Trauben.

Ist Spontangärung eine neue Methode in der Weinherstellung?

Diese früher allgemein praktizierte Form der Gärung wird heute von vielen Winzern wieder angewendet und marketingmäßig ausgeschlachtet. Dabei handelt es sich um nichts anderes als um Aktivitäten der natürlichen und wilden Hefen aus dem Weinberg, die mit den Trauben in den Keller wandern und dort die spontan einsetzende Gärung auslösen.

Eindeutiges Terroirprofil von besten Lößterrassen aus Feuersbrunn in Wagram.

Durch kreisende Bewegungen dieser Art wird dem Wein Sauerstoff zugeführt, womit er sein Aroma schneller entfaltet.

BADEN
Champagne TARLANT 1687
VIEUX CHATEAU CERTAN GRAND VIN POMEROL
SATEN
SEIT DIEL 1802
CHAMPAGNE FRANÇOISE BEDEL
CHATEAU DE FIEUZAL LÉOGNAN
L'ANGELUS GRAND CRU CLASSÉ ST EMILION
HANDGERÜTTELT ★ FLASCHENGÄRUNG
GOSSET AŸ 1584 CELEBRIS
KRUG 1996
CHAMPAGNE RODEZ AMBONNAY
JACQUESSON 733 CHAMPAGNE
YQUEM 19 89 LUR-SALUCES
CHAMPAGNE cuvée des CAUDALIES GRAND CRU AVIZE
SIR WINSTON CHURCHILL POL ROGER
CHATEAU LATOUR POMEROL
Au Bon Climat
KRUG CHAMPAGNE 2000
FRANCE MARGAUX
GRAND VIN CHATEAU LATOUR
CHATEAU HAUT-BRION 89 PESSAC
JACQUESSON 739 CHAMPAGNE
Providence 1993
CHATEAU LA MISSION HAUT BRION 90
COR
VIEUX CHATEAU CERTAN GRAND VIN POMEROL
KRUG

SERVICE

Meine 50 besten Weinbars, Bezugsquellen & Weiterbildung

Wie und wo können Sie am besten Wein genießen und sich darüber informieren, vielleicht auch weiterbilden? In diesem Kapitel finden Sie Anregungen aus meinem Weinalltag. Zum Beispiel zu Weinbars, die einen Besuch lohnen, zu Bezugsquellen der empfohlenen Weine aus den vorangegangenen Kapiteln sowie interessante Links rund um das Thema Wein.

Bei Vinotheken und Weinbars liegt das Schwergewicht im Angebot und Verkauf glasweise ausgeschenkter Weine. Sei es regional, international, auf Weintypen bezogen, auf Rebsorten oder wie auch immer – in jedem Fall bekommt man schluckweise ein breites Sortiment Weine zum Probieren und kann sich mit dem Servicepersonal darüber austauschen. Die hier empfohlenen Adressen bieten neben diesem Service Weinleidenschaft, die ansteckend wirkt. Die meisten davon sind meine ganz persönlichen Tipps und Favoriten, andere die Empfehlungen meiner geschätzten Kollegen, Sommeliers, Produzenten und Händler. In jedem Fall sind sie für weinaffine Menschen einen Besuch wert. Und wenn Sie eine Neuentdeckung machen, freue ich mich über Ihren Tipp (p@ulabosch.de).

Die Links zu Websites und Blogs, Tipps zum Lesen und Weinkaufen erheben keinen Anspruch auf Vollständigkeit, vielmehr steckt der Wunsch dahinter, Sie für das Thema Wein noch mehr zu sensibilisieren und dabei wünsche ich viel Vergnügen.

Meine 50 besten Weinbars

DEUTSCHLAND

Berlin

Cordobar
Große Hamburger Straße 32,
10115 Berlin
cordobar.net

Rutz Weinbar
Chausseestraße 8, 10115 Berlin-Mitte
rutz-restaurant.de

Dresden

Wein.Kultur.Bar
Wittenberger Straße 86,
01277 Dresden
weinkulturbar.de

Weinzentrale
Hoyerswerdaer Straße 26,
01099 Dresden
weinzentrale.com

Freiburg

Rido Weinbar
Gartenstraße 13, 79100 Freiburg
rido-bar.com

Hamburg

Calistoga Wine Saloon
Goernestraße 7, 20249 Hamburg
calistogawines.jimdo.com

Witwenball Wineball
Weidenallee 20, 20357 Hamburg
witwenball.com

München

Grapes Weinbar
Ledererstraße 8, 80331 München
grapes-weinbar.de

Geisels Vinothek
Schützenstraße 11, 80335 München
excelsior-hotel.de/vinothek

Walter & Benjamin
Rumfordstraße 1, 80469 München
walterundbenjamin.de

Stuttgart

Wein Kreis
Dorotheenstraße 2, 70173 Stuttgart
wein-kreis.de

ÖSTERREICH

Spitz

IWB-Hubert Fohringer
Donaulände 1a, 3620 Spitz/Donau
fohringer.at

Wien

Heunisch & Erben
Landstraßer Hauptstraße 17,
1030 Wien
heunisch.at

Pub Klemo Weinbar
Margaretenstraße 61,
1050 Wien
pubklemo.at

SCHWEIZ

Bad Ragaz

Hotel Rössli
Freihofweg 3, 7310 Bad Ragaz
roessliragaz.ch/essen-trinken/weine

Sierre

Hotel Terminus / Bar à vin l'Ampelos
Rue du Bourg 1, 3960 Sierre
hotel-terminus.ch

Zürich

Caduff's Wine Loft
Kanzleistrasse 126,
8004 Zürich
wineloft.ch

FRANKREICH

Beaune

La Dilettante
11 rue Faubourg Bretonniere,
21200 Beaune

Le Bistrot Bourguignon
8 Rue Monge,
21200 Beaune

Bordeaux

Max Bordeaux
14 Cours de l'Intendance,
33000 Bordeaux
maxbordeaux.com

Bar à Vin
1 cours du 30 Juillet,
33075 Bordeaux
baravin.bordeaux.com

Épernay

C.Comme
8 Rue Gambetta,
51200 Épernay
c-comme.fr

Paris

Ô Château
68, rue Jean-Jacques Rousseau,
75001 Paris
o-chateau.com/wine-bar-in-paris

La Compagnie des Vins Surnaturels
7 Rue Lobineau, 75006 Paris
compagniedesvinssurnaturels.com

Bistro Volnay
8 Rue Volney, 75002 Paris
bistro-volnay.fr

ITALIEN

Monforte d'Alba

Ca' di Camiot
Im Hotel Le Case della Saracca,
12065 Monforte D'Alba
saracca.com

Neapel

Enoteca Convivium Mercadante
Piazza Amedeo, 16/A,
80121 Neapel
enotecamercadante.com

Pesaro

Enoteca Bibi
Viale Fiume, 52, 61121 Pesaro
enotecabibi.it

Rom

Salumeria Roscioli
Via dei Giubbonari, 21/22,
00186 Rom
roscioli.com

Trimani Wine Bar
Via Goito, 20, 00185 Rom
trimani.com/azienda.asp

Verona

Antica Bottega del Vino
Via Scudo di Francia, 3, Verona
bottegavini.it

SPANIEN

Barcelona

Els Sortidors Del Parlament
Carrer del Parlament, 53,
08015 Barcelona
elssortidors.com

Cordoba

Vinoteca Bordelesa
C/Teresa de Calcuta 16 Local 3
(pasaje), 14011 Cordoba

Madrid

García de la Navarra
Calle de Montalbán, 3,
28014 Madrid
garciadelanavarra.com

PORTUGAL

Lissabon

Tábuas Porto Wine Tavern
Rua dos Bacalhoeiros N° 143,
1100-253 Lissabon
tabuas.pt

Porto

Prova Wine Bar
Rua Ferreira Borges, 86, Porto
prova.com.pt

Wine Quay Bar
Muro dos Bacalhoeiros 111–112,
4050-080 Porto
winequaybar.com

GRIECHENLAND

Athen

By the Glass
3 G. Souris Str. & Philellinon,
10557 Athen
bytheglass.gr

Scala Wine Bar
Sina 50 & Anagnostopoulou,
Kolonaki, 10672 Athen
scalavinoteca.com

ENGLAND

London

67 Pall Mall
67 Pall Mall,
London, SW1Y 5ES
67pallmall.co.uk

Sager + Wilde
Arch 250 Paradise Row,
London, E2 9LE
sagerandwilde.com/hackney-road

Social Wine and Tapas
39 James Street,
London, W1U 1DL
socialwineandtapas.com

SCHWEDEN

Stockholm

Gaston
Mälartorget 15,
11 28 Stockholm
gastonvin.se

USA

Burlington

ICOB Island Creek Oyster Bar
300 District Avenue,
Burlington, MA 01803
islandcreekoysterbar.com

Detroit

Vertical
1538 Centre Street,
Detroit, MI. 48226
verticaldetroit.com

New York

Aldo Sohm Wine Bar
151 West 51st Street,
New York, NY 10019
aldosohmwinebar.com

Morell Wine Bar & Café
1 Rockefeller Plaza 49th Street,
New York, NY 10020
morrellwinebar.com

Bibi Wine Bar
211 East 4th Street,
New York, NY 10009
bibiwinebar.com

San Francisco

Blanc & Rouge
Two Embarcadero Center
San Francisco, CA 9411
blancetrougesf.com

SÜDAFRIKA

Kapstadt

Chefs Warehouse
92 Bree Street, Kapstadt 8001
chefswarehouse.co.za

Openwineza
72 Wale Street, Kapstadt 8001
openwineza.co.za

Publik Wine Bar
81 Church Street, Kapstadt 8001
publik.co.za

ASIEN

Hongkong

FELIX
The Peninsula Hong Kong
Salisbury Road, Kowloon SAR
hongkong.peninsula.com/en/fine-dining/felix

Bezugsquellen

WEINHÄNDLER

Alpina Weine, Buchloe
alpinawein.de
Sortiment: International mit Schwerpunkt Bordeaux

Apell Weine, Kassel
apell.de
Sortiment: Australien, USA

Argentinien Import, Rosenheim
argentinien-import.de
Sortiment: Argentinien

Belvini, Radeberg
belvini.de
Sortiment: International

Boucherville, Zürich
boucherville.ch
Sortiment: Europa, USA, Australien

Baires Import, Hannover
baires.de
Sortiment: Argentinien

ChampaVins Français, Stolberg
champa.de
Sortiment: Frankreich

Dallmayr, München
dallmayr-versand.de
Sortiment: International

Dehlwisch, Onlinehandel
dehlwisch.de
Sortiment: International

Der Weinhandel – Bürgerheim, Essen
derweinhandel.de
Sortiment: International

Die Weinrebe, Marburg
die-weinrebe.de
Sortiment: International

Edelrausch, Dresden
edelrausch.de
Sortiment: International

Ed's World Wines, Engelberg
edsworldwines.ch
Sortiment: International

Elvinjo, Onlinehandel
elvinjo.de
Sortiment: Portugal, Spanien, Südamerika

Extraprima, Mannheim
extraprima.com
Sortiment: Deutschland, Frankreich, Italien

Galeria Kaufhof, alle Niederlassungen
galeria-kaufhof.de/wein
Sortiment: International

Garibaldi, München
garibaldi.de
Sortiment: Italien, Deutschland, Österreich

Geisels Weingalerie, München
geiselsweingalerie.de
Sortiment: International

Georg Hack – Haus der guten Weine, Meersburg
georg-hack.com
Sortiment: Europa

Gourmondo, Kassel
gourmondo.de
Sortiment: Frankreich, International

Griechenland-Weine, Hamburg
griechenland-weine.de
Sortiment: Griechenland

Hawesko, Tornesch
hawesko.de
Sortiment: International

Harald L. Bremer, Göttingen
bremerwein.de
Sortiment: International

Jacques' Wein-Depot, alle Niederlassungen
jacques.de
Sortiment: International

KadeWe Kaufhaus des Westens, Berlin
kadewe.de
Sortiment: International

KapWeine, Wädenswil
kapweine.ch
Sortiment: Südafrika

Karl Kerler, Nürnberg
karl-kerler.de
Sortiment: Europa

Kölner Weinkeller, Köln
koelner-weinkeller.de
Sortiment: International

Kölner-Wein-Depot
koelner-wein-depot.de
Sortiment: Europa

La Tienda, Mönchengladbach
la-tienda.de
Sortiment: Spanien

Linke Weinhandelsgesellschaft, Hohenbrunn
linke-weine.de
Sortiment: v.a. Schweiz, Europa, Südafrika

Lobenbergs Gute Weine, Bremen
gute-weine.de
Sortiment: International

Ludwig von Kapff, Zeven
ludwig-von-kapff.de
Sortiment: International

Martel, St.Gallen
martel.ch
Sortiment: International

Marxen Wein, Kiel
marxenwein.de
Sortiment: International

Mövenpick Wein
moevenpick-wein.de
Sortiment: International

N+M Weine, Mönchengladbach
nm-weine.de
Sortiment: Europa, Australien, USA

Rindchen's Weinkontor, Berlin
rindchen.de
Sortiment: International

rot weiss rot, München
rotweissrot.de
Sortiment: Europa

Sansibar, Rantum, Sylt
sansibar.de
Sortiment: International

Schachner Sylt, Westerland, Sylt
weinsylt.de
Sortiment: International

Schreiblehner, Burghausen
schreiblehner.com
Sortiment: International

Silkes Weinkeller, Online
silkes-weinkeller.de
Sortiment: Spanien

Sommelerie Düsseldorf
Sommelerie.de
Sortiment: Deutschland, Frankreich, Italien, Spanien, Portugal

Starweine.com, Burgberg
starweine.com
Sortiment: Südafrika, Italien

Steines Vinothek, Oberding
steines-weine.com
Sortiment: Europa

Stelios Weine, Heusenstamm
stelios-weine.de
Sortiment: Griechenland

Unger Weine, Frasdorf
ungerweine.de
Sortiment: Bordeaux, Champagne, USA, Raritäten

Vicampo, Mainz
vicampo.de
Sortiment: International

Vin du Sud, München
griechischer-weinversand-vindusud.de
Sortiment: Schwerpunkt Griechenland

Vine Shop 24, Papenburg
vineshop24.de
Sortiment: International

Vinexus, Butzbach
vinexus.de
Sortiment: International

Vinothek Sabitzer, München
sabitzer.de
Sortiment: Europa

Vivino, Onlinehandel
vivino.com
Sortiment: International

Walter & Benjamin, München
walterundbenjamin.de
Sortiment: International

Wein & Glas Compagnie, Berlin
weinundglas.com
Sortiment: International

Wein & Vinos, Berlin
vinos.de
Sortiment: Spanien

Wein am Limit, Hamburg
shop.weinamlimit.de
Sortiment: International

Wein und Kunst, Heidelberg
weinundkunst.info
Sortiment: International

Wein-Deko, Schondorf/Ammersee
wein-deko.de
Sortiment: Südafrika, Spanien, Portugal, Italien

Weinbaule, Onlinehandel
weinbaule.de
Sortiment: Südafrika

Weinemotionen, Bösingen
weinemotionen.de
Sortiment: International

Weinhalle, Nürnberg
weinhalle.de
Sortiment: International

Weinhandelshaus Scholzen, Köln
weinpalais.de
Sortiment: International

Weinhandlung Bremer, Göttingen
weinhandlung-bremer.de
Sortiment: International

Weinhandlung Hardy, Berlin
hardy-weine.de
Sortiment: International, gereifte Jahrgänge

Weinladen Schmidt, Berlin
weinladen.com
Sortiment: v.a. Deutschland

Weinzeche, Essen
weinzeche.de
Sortiment: International

Wine in Black, Berlin
wine-in-black.de
Sortiment: International

Wine Searcher, Onlinehandel
wine-searcher.com
Sortiment: International

WineScouts, Bocholt
winescouts.biz
Sortiment: Südafrika

GLÄSER

Riedel Glas
riedel.com

Zalto Glas
zaltoglas.at

WEINGÜTER

Argentinien

Norte
El Porvenir, Salta, Cafayate
elporvenirdecafayate.com

Etchart, Salta, Cafayate
bodegasetchart.com

Nuevo Cuyo
Achaval-Ferrer, Luján de Cuyo, Mendoza
achaval-ferrer.com

Alena, Luján de Cuyo, Mendoza
via *ludwig-von-kapff.de*

Bodega y Cavas de Weinert, Luján de Cuyo, Mendoza
bodegaweinert.com

Luigi Bosca, Luján de Cuyo, Mendoza
luigibosca.com.ar

Catena Zapata, Luján de Cuyo, Mendoza
catenawines.com

O. Fournier, La Consulta, Mendoza
ofournier.com

Gouguenheim, Tupungato, Valle de Uco, Mendoza
gouguenheim.com.ar

Viña Alicia, Luján de Cuyo, Mendoza
vinaalicia.com

Patagonien
Chacra Winery, Rio Negro
bodegachacra.com

Australien

Barossa Valley
Greenock Creek, Marananga
greenockcreekwines.com.au

Henschke, Keyneton
henschke.com.au

Kalleske, Greenock
kalleske.com

Penfolds, Magill
penfolds.com

Rockford, Tanunda
rockfordwines.com.au

Torbreck, Tanunda
torbreck.com

Clare Valley
Jim Barry
jimbarry.com

Grosset Wines
grosset.com.au

Mount Horrocks
mounthorrocks.com

Coonawarra
Wynns, Coonawarra
Wynns.com.au

McLaren Vale
Clarendon Hills
clarendonhills.com.au

Noon
noonwinery.com.au

Victoria
Hoddles Creek, Yarra Valley
hoddlescreekestate.com.au

Chile

Región Coquimbo
Merino, Valle de Limarí
merinowines.cl

Valle Central
Almaviva, Valle del Maipo
almavivawinery.com

Amayna, Valle de Leyda, Valle Maipo
vgs.cl/amayna

J. Bouchon, Valle del Maule
bouchonfamilywines.com

Boya, Valle de Leyda
vgs.cl

Clos Apalta, Valle de Colchagua
closapalta.com

Concha y Toro, Puente Alto
conchaytoro.com

Lapostolle, Valle de Colchagua
lapostollewines.com

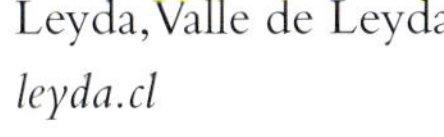

Leyda, Valle de Leyda
leyda.cl

Montes, Valle de Colchagua
monteswines.com

Odfjell, Valle del Maule
odfjellvineyards.cl

Polkura, Valle de Colchagua
polkura.cl

Viña Aquitania, Valle del Maipo
aquitania.cl

Viñedo Chadwick, Valle del Maipo
vinedochadwick.cl

Valle de Aconcagua
Garcia + Schwaderer,
Valle de Casablanca
garciaschwaderer.cl

Ritual, Valle de Casablanca
ritualwines.com

Viña Errázuriz
errazuriz.com

Valle Sur
Clos des Fous
via *vineconnections.com*

Deutschland

Ahr
J.J. Adeneuer, Walporzheim
adeneuer.de

Julia Bertram, Dernau
juliabertram.de

Weingut Paul Schuhmacher,
Marienthal
weingut-ps.de

Baden
Weingut Franz Keller,
Vogtsburg-Oberbergen
franz-keller.de

Franken
Weingut am Stein, Würzburg
weingut-am-stein.de

Hessische Bergstraße
Griesel & Compagnie –
Sekthaus Streit, Bensheim
griesel-sekt.de

Weinmanufaktur Montana,
Bensheim
weinmanufaktur-montana.de

Mittelrhein
Josten & Klein, Remagen
josten-klein.de

Mosel
Stephan Steinmetz, Wehr
stephan-steinmetz.de

Daniel Twardowski,
Neumagen-Dhron
pinot-noix.com

Von Othegraven, Kanzem
von-othegraven.de

Van Volxem, Wiltingen
vanvolxem.de

Weingut Peter Lauer, Ayl
lauer-ayl.de

Nahe
Markus Hees, Auen
heeswein.de

Pfalz
Bietighöfer, Billigheim-Ingenheim
weingut-bietighöfer.de

Eymann, Gönnheim
weingut-eymann.de

Reichsrat von Buhl, Deidesheim
von-buhl.de

Weingut Brand, Bockenheim
weingut-brand.com

Wein u. Sektgut Winterling,
Niederkirchen
winterling-sekt.de

Wilfried Völcker, Neustadt-Mußbach
weingut-voelcker.de

Von Winning, Deidesheim
von-winning.de

Rheingau
Kaufmann-Hans Lang,
Eltville-Hattenheim
weingut-hans-lang.de

Balthasar Ress, Hattenheim
balthasar-ress.de

Sektmanufaktur Bardong, Geisenheim
bardong.de

Rheinhessen
Kai Schätzel, Nierstein
schaetzel.de

Sekthaus Raumland,
Flörsheim-Dalsheim
raumland.de

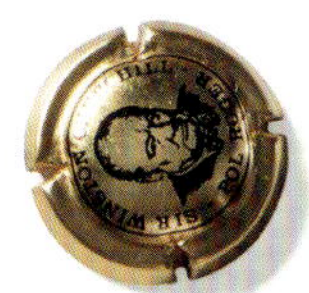

Willems & Hofmann, Appenheim und Konz-Oberemmel
schiefer-trifft-muschelkalk.de

Sachsen
Matthias Schuh, Coswig-Sörnewitz
weingut-schuh.de

Württemberg
Karl Haidle, Kernen
weingut-karl-haidle.de

Graf Neipperg, Schwaigern
graf-neipperg.de

Frankreich

Bordeaux
Château Canon La Gaffelière, St.-Émilion
neipperg.com

Château Haut-Bailly, Pessac-Léognan
haut-bailly.com

Château Haut-Marbuzet, Saint-Estéphe
via *gute-weine.de*

Château Latour, Pauillac
chateau-latour.com

Château Léoville Barton, St.-Julien
leoville-barton.com

Burgund
Domaine Chignard, Fleurie, Beaujolais
via *veritywines.com/producer/domaine-chignard*

Domaine d'Eugénie, Vosne Romanée
domaine-eugenie.com

Domaine François Raveneaud, Chablis
via *finkenweine.de*

Domaine Jean-Marc Roulot, Meursault
via *weine-visentin.de*

Domaine Joblot, Givry
domainejoblot.com

Domaine Leflaive, Puligny-Montrachet
leflaive.fr

Jean-Paul et Benoît Droin, Chablis
jeanpaul-droin.fr

Patrick Piuze, Chablis
patrickpiuze.com

Cahors
Domaine Cauhape, Monein
jurancon-cauhape.com

Champagne
Agrapart, Avize, Côte des Blancs
champagne-agrapart.com

Ayala, Aÿ, Vallée de la Marne
champagne-ayala.fr

Paul Bara, Montagne de Reims
champagnepaulbara.com

Billecart-Salmon, Mareuil-sur-Aÿ, Vallée de la Marne
champagne-billecart.fr

Bollinger, Aÿ, Vallée de la Marne
champagne-bollinger.fr

Deutz, Aÿ, Vallée de la Marne
champagne-deutz.com

Dhondt-Grellet, Flavigny, Côte des Blancs
dhondt-grellet.com

Pascal Doquet, Vertus, Côte des Blancs
champagne-doquet.com

Pierre Gimonnet & Fils, Cuis, Côte des Blancs
champagne-gimonnet.com

Philippe Gonet, Le Mesnil sur Oger, Côte des Blancs
champagne-philippe-gonet.com

Gosset, Épernay, Vallée de la Marne
champagne-gosset.com

Charles Heidsieck, Reims, Montagne de Reims
charlesheidsieck.com

Jacquesson, Dizy, Vallée de la Marne
champagnejacquesson.com

Krug, Reims, Montagne de Reims
www.krug.com

Larmandier-Bernier, Vertus, Côte des Blancs
champagne-larmandier.fr

Jacques Lassaigne, Montgueux, Côte des Bar
montgueux.com

Laurent-Perrier, Tours-sur-Marne, Montagne de Reims
Laurent-perrier.fr

Moët & Chandon, Épernay, Vallée de la Marne
moet.com

Pierre Péters, Le Mesnil sur Oger, Côte des Blancs
champagne-peters.com

Éric Rodez, Ambonay, Montagne de Reims
champagne-rodez.fr

Louis Roederer, Reims, Montagne de Reims
louis-roederer.com

Pol Roger, Épernay, Vallée de la Marne
polroger.com

Alexander Salmon, Chaumuzy, Montagne de Reims
champagnesalmon.com

Jacques Selosse, Avize, Côte des Blancs
selosse-lesavises.com

Suenen, Cramant, Côte des Blancs
champagne-suenen.fr

Taittinger, Reims, Montagne de Reims
taittinger.com

Elsass
Domaine Josmeyer, Wintzenheim
josmeyer.com

Trimbach, Ribeauville
trimbach.fr

Zind-Humbrecht, Turckheim
zindhumbrecht.fr

Jura
Domaine A. et M. Tissot, Montigny-les-Arsures
stephane-tissot.com

Domaine Cauhape, Monein
jurancon-cauhape.com

Languedoc-Roussillon, Südwest
Château D'Oupia, Minervois
chateauoupia.fr

Château Mansenoble, Corbières
chateaumansenoble.com

Château Negly, La Clape
lanegly.com

Domaine de L'Horizon, Roussillon
domaine-horizon.com

Domaine des Aires Hautes, Minervois
aires-hautes.pagesperso-orange.fr

Domaine Saint Antonin, Faugères
domainesaintantonin.fr

Patrick Ducourneau, Madiran
via *bestvita.de*

La Pèira Damaiséla, Languedoc
la-peira.com

Tariquet, Südwest
tariquet.com

Loire
Clos Rougeard, Chacé
via *wein-kreis.de*

François Cotat, Chavignol, Sancerre
via *bbr.com*

Domaine Philippe Alliet, Cravant-les-Côteaux
via *wein-kreis.de*

Pithon-Paillé, St.-Lambert du Lattay
pithon-paille.com

Provence
Château la Tour de l'Évêque, Pierrefeu
toureveque.com

Domaine de Trévallon, St.-Étienne-du-Grès
domainedetrevallon.com

Domaine La Suffrène, Bandol
domaine-la-suffrene.com

Rhône
Château de Saint Cosme, Gigondas
saintcosme.com

Château Rayas, Châteauneuf-du-Pape
chateaurayas.fr

Jean-Louis Chave, Mauves
domainejlchave.fr

Clos des Papes, Châteauneuf-du-Pape
clos-des-papes.fr

Yves Cuilleron, Chavanay
cuilleron.com

Griechenland

Ägäische Inseln
Argyros Estate, Santorin
via *Vin du Sud*

Volcanic Slopes Vineyards, Santorin
via *griechischer-weinversand-vindusud.de*

Makedonien
Alpha Estate, Makedonien
alpha-estate.com

Biblia Chora, Makedonien
bibliachora.gr

Domaine Nerantzi, Makedonien
via *griechischer-weinversand-vindusud.de*

Thymiopoulos, Naoussa
via *stelios-weine.de*

Peloponnes
Gaía Wines, Nemea
gaia-wines.gr

Mercouri Estate, Peloponnes
mercouri.gr

Parparoussis, Patras
parparoussis.com

Semeli, Nemea
semeliwines.gr

Thessalien
Kamara Estate, Thessaloniki
via *griechischer-weinversand-vindusud.de*

Zentralgriechenland
Avantis Estate, Evia
avantiswines.gr

Sclavos Wines, Slopes of Aenos
via *stelios-weine.de*

Italien

Abruzzen
Masciarelli, San Martino Sulla Marrucina
masciarelli.it

Valentini Edoardo, Visnadello
via *garibaldi.de*

Apulien
Cantine Due Palme, Cellino San Marco
cantineduepalme.it

Tenuta Cocevola, Castel del Monte
via *dutz-ital-weine.de*

Emilia Romagna
Cantina della Volta, Bomporto
cantinadellavolta.com

Friaul
Josko Gravner, Gorizia
gravner.it

Mario Schiopetto, Capriva del Friuli
schiopetto.it

Villa Russiz, Capriva del Friuli
villarussiz.it

Kampanien
Marisa Cuomo, Furore
marisacuomo.com

Feudi di San Gregorio, Irpinia
feudi.it

Luigi Maffini, Giungano
luigimaffini.it

Latium
F.illi Ceracchi, Velletri
via *dutz-ital-weine.de*

Lombardei
Barone Pizzini, Provaglio d'Iseo, Franciacorta
baronepizzini.it

Bellavista, Erbusco, Franciacorta
bellavistawine.it

Berlucchi, Corte Franca, Franciacorta
berlucchi.it

Ca' del Bosco, Erbusco, Franciacorta,
cadelbosco.com

Le Marchesine, Passirano, Franciacorta
lemarchesine.com

Marken
Santa Barbara, Barbara
santabarbara.it

Piemont
Braida, Rocchetta Tanaro
braida.com

Aldo Conterno, Monforte d'Alba
poderialdoconterno.com

Damilano, La Morra
cantinedamilano.it

Bruno Giacosa, Borgonovo
brunogiacosa.it

La Zerba, Tassarolo
La-zerba.it

Vietti, Castiglione Falletto
vietti.com

Roberto Voerzio, La Morra
robertovoerzio.com

Sardinien
Argiolas, Serdiana
argiolas.it

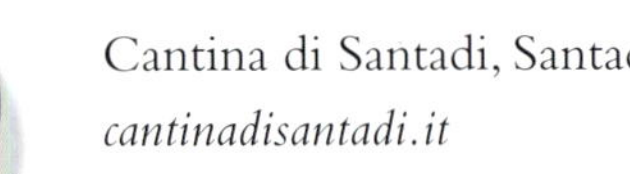

Cantina di Santadi, Santadi
cantinadisantadi.it

Sizilien
Donnafugata, Marsala
www.donnafugata.it

Planeta, Menfi
planeta.it

Vini Gulfi, Chiaramonte
gulfi.it

Südtirol/Trentino
Foradori, Mezzolombardo
elisabettaforadori.com

Alois Lageder, Margreid
aloislageder.eu

St. Michael-Eppan, Eppan
stmichael.it

Tenuta San Leonardo, Borghetto d'Avio
sanleonardo.it

Toskana
Castello di Querceto, Greve in Chianti
castellodiquerceto.it

Frescobaldi, Florenz
frescobaldi.com

La Selva, Albinia-Orbetello
cantina.laselva-bio.eu

Selvapiana, Rufina
selvapiana.it

Siro Pacenti, Montalcino
siropacenti.it

Tenuta di Trinoro, Chianciano Terme via *vinifranchetti.it/tenuta-di-trinoro*

Tenute Silvio Nardi, Montalcino
tenutenardi.com

Venetien
Adami Adriano, Treviso
adamispumanti.it

Bisol, Santo Stefano di Valdobiadene
bisol.it

Bottega S.P.A., Bibano di Godega di Sant'Urbano
bottegaspa.com

Costaripa, Mattia Vezzola, Moniga del Garda
costaripa.it

Dal Forno Romano, Cellore d'Illasi
dalfornoromano.it

Drusian Francesco, Bigolino
drusian.it

Nino Franco, Valdobbiadene
ninofranco.it

Pieropan, Soave
pieropan.it

Österreich

Burgenland
A. Gesellmann, Deutschkreuz, Mittelburgenland
gesellmann.at

Gernot Heinrich, Gols, Neusiedlersee
Heinrich.at

Kollwentz, Großhöflein, Neusiedlersee-Hügelland
kollwentz.at

Moric, Roland Velich, Großhöflein, Neusiedlersee-Hügelland
moric.at

Uwe Schiefer, Eisenberg, Südburgenland
weinbau-schiefer.at

Schwarz, Andau, Burgenland
schwarz-weine.at

Ernst Triebaumer, Rust, Neusiedlersee-Hügelland
triebaumer.com

Weinlaubenhof Kracher, Illmitz,
kracher.at

Carnuntum
Muhr-van der Niepoort, Rohrau
wine-partners.at

Johannes Trappl, Stixneusiedl
trapl.com

Kremstal
Geyerhof, Oberfucha/Furth
geyerhof.at

Weingut Malat, Palt
malat.at

Steiermark
Alois Gross, Ratsch, Südsteiermark
gross.at

Neumeister, Stradden, Steiermark
neumeister.cc

Sattlerhof, Gamlitz, Südsteiermark
sattlerhof.at

Tement, Berghausen, Südsteiermark
tement.at

Ewald Zweytick, Ratsch, Südsteiermark
ewaldzweytick.at

Thermenregion
Alphart, Traiskirchen
alphart.com

Johanneshof Reinisch, Tattendorf
j-r.at

Traisental
Ludwig Neumayer, Inzersdorf
weinvomstein.at

Wachau
Hirtzberger, Spitz
hirtzberger.at

Jamek, Joching
weingut-jamek.at

Emmerich Knoll, Dürnstein
loibnerhof.at

Nikolaihof, Mautern
nikolaihof.at

F.X. Pichler, Oberloiben
fx-pichler.at

Ewald Piewald, Spitz
weingut-piewald.at

Prager, Weissenkirchen
weingutprager.at

Rudi Pichler, Wösendorf
rudipichler.at

Veyder-Malberg, Vießling
veyder.malberg.at

Wagram
Bernhard Ott, Feuersbrunn
ott.at

Wien
Fritz Wieninger, Wien
wieninger.at

Weinviertel
Ebner-Ebenauer, Poysdorf
ebner-ebenauer.at

Ingrid Groiss, Breitenwaida
ingrid-groiss.at

Portugal

Alentejo
Herdade Do Esporão, Reguengos de Monsaraz
esporao.com

Bairrada
Filipa Pato, Óis do Bairro
filipapato.net

Luis Pato, Amoreira da Gândara
luispato.com

Dão
Quinta da Falorca, Silgueiros
qve.pt

Douro
Niepoort, Porto
niepoort-vinhos.com

Poeira, Provesende
poeira.pt

Quinta do Côtto, Cidadelhe
quintadocotto.pt

Quinta do Crasto, Sabrosa
quintadocrasto.pt

Quinta do Vale Meão, Vila Nova de Foz Côa
quintadovalemeao.pt

Quinta Vale Dona Maria, Porto
quintavaledonamaria.com

Wine & Soul, Pinhão
wineandsoul.com

Vinho Verde
Quinta de Soalheiro, Melgaço, Minho
soalheiro.com

Schweiz

Deutschschweiz
Donatsch, Malans, Graubünden
donatsch-malans.ch

Georg Fromm, Malans
weingut-fromm.ch

Gantenbein, Fläsch, Graubünden
gantenbeinwein.com

Litwan Wein, Schintznach, Aargau
litwanwein.ch

Tessin
Klausener Eric und Fabienne, Purasca
klausener.blogspot.com

Christian Zündel, Beride
via *linke-wein.de*

Waadt
Château Aigle, Lavaux
villars-diablerets.ch

Domaine Louis Bovard, Lavaux
domainebovard.com

Wallis
Chanton, Visp
chanton.ch

Marie-Thérèse Chappaz, Fully
chappaz.ch

Jean-René Germanier, Vétroz
jrgermanier.ch

Simon Maye & Fils,
St. Pierre-de-Clages
simonmaye.ch

Provins, Sion
provins.ch

Spanien

Bierzo
Descendientes de J. Palacios, Akilia
via *decantalo.com*

Losada Vinos de Finca, Cacabelos
losadavinosdefinca.com

Castilla La Mancha
Bodegas Más que Vinos,
Cabañas de Yepes
bodegasmasquevinos.com

Conca de Barberà
Celler Molí Dels Capellans, Barberà
molidelscapellans.com

Estate Milmanda, Barberà
torres.es

Costers del Segre
Mas Blanch i Jové,
La Pobla de Cérvoles
masblanchijove.com

Domino de Valdepusa
Marqués de Griñon,
Domino de Valdepusa
pagosdefamilia.es

Jerez/Xérès
Bodegas Barbadillo,
Sanlúcar de Barrameda
barbadillo.com

Bodegas Emilio Hidalgo,
Sanlúcar de Barrameda
hidalgo.com

La Rioja
Bodega López de Heredia Viña
Tondonia, Haro
lopezdeheredia.com

Montsant
Celler de Capçanes, Capçanes
cellercapcanes.com

Celler Laurona, Falset
cellerlaurona.com

Navarra
Domaines Lupier, San Martín de
Unx España
domaineslupier.com

Malumbres, Corella
malumbres.com

Otazu, Pamplona
otazu.com

Penedès
Alta Alella, Alella
altaalella.wine/en

Augustí Torelló Mata, Sant Sadurni
d'Anoia
agustitorellomata.com

Augustus Forum, El Vendrell
avgvstvsforvm.com

Caves Bohigas, Òdena (Barcelona)
fermibohigas.com

Gramona, Sant Sadurni d'Anoia
gramona.com

Jané Ventura, El Vendrell
janeventura.com

Juvé y Camps, Sant Sadurni d'Anoia
juveycamps.com

Raventós i Blanc, Sant Sadurni
d'Anoia
raventos.com

Recaredo, Sant Sadurni d'Anoia
recaredo.com

Sumarroca, Sant Sadurni d'Anoia
sumarroca.es

Viñas Torreblanca, Torreblanca
vinatorreblanca.com

Priorat
Mas la Mola, Poboleda
maslamola.com

Terroir al Límit, Vila de Torroja
terroir-al-limit.com

Ribera del Duero
Aalto, Quintanilla de Arriba
aalto.es

Ribeira Sacra
Domino do Bibei, Ribeira Sacra
dominiodobibei.com

Rueda
Menade, Rueda Valladolid
menade.es

Valdeorras
Valdesil, Vilamartin de Valdeorras
valdesil.com

Südafrika

Cape South Coast
Beaumont, Walker Bay
beaumont.co.za

Newton Johnson, Walker Bay, Hemel en Arde
newtonjohnson.com

Momento, Walker Bay, Bot River
momentowines.co.za

Hamilton Russell, Walker Bay
hamiltonrussellvineyards.com

Coastal Region
A.A. Badenhorst, Swartland
aabadenhorst.com

Boekenhoutskloof, Franschhoek
boekenhoutskloof.co.za

De Toren, Stellenbosch
de-toren.com

Hogan, Stellenbosch
hoganwines.com

Huis van Chevallerie, Swartland
huisvanchevallerie.com

Klein Constantia, Constantia
kleinconstantia.com

Mullineux & Leeu Family, Swartland
mlfwines.com

My Wyn, Franschhoek
mywynfranschhoek.co.za

Porseleinberg, Swartland
via *boekenhoutskloof.co.za*

Rustenberg Winery, Stellenbosch
rustenberg.co.za

Saltare, Stellenbosch
saltarewines.co.za

The Sadie Family Wines, Swartland
thesadiefamily.com

Tokara Winery, Stellenbosch
tokara.co.za

Veenwouden, Paarl
veenwouden.com

Breede River Valley
Alheit Vineyards, Western Cape
alheitvineyards.co.za

Crystallum, Western-Cape
crystallumwines.com

Springfield Estate, Robertson
springfieldestate.com

USA

Kalifornien
Aubert, Sonoma Coast
aubertwines.com

Au Bon Climat, Santa Barbara
aubonclimat.com

Colgin, Napa Valley
colgincellars.com

Cathy Corison, St. Helena, Napa Valley
corison.com

Daou Estate, Paso Robles, Central Coast
daouvineyards.com

De Sante, Napa Valley
desantewines.com

Domaine de la Côte, Santa Rita Hills, Central Coast
domainedelacote.com

Kistler, Russian River, Sonoma
kistlervineyards.com

Littorai, Sonoma Coast
littorai.com

Marcassin, Sonoma Coast
marcassinvineyards.com

Mondavi Winery, Napa Valley
robertmondaviwinery.com

Odette, Stags Leap, Napa Valley
odetteestate.com

Oregon/Willamette Valley
Cristom
cristomvineyards.com

Soter
sotervineyards.com

Washington
Cayuse, Walla Walla Valley
cayusevineyards.com

Château Ste. Michelle
ste-michelle.com

Weiterbildung

BÜCHER

Paula Bosch und Tim Raue, **Deutscher Wein und Deutsche Küche,** *München 2015*
Jürgen Dollase, **Geschmacksschule,** *Wiesbaden 2017*
Gerhard Eichelmann, **Champagne. Edition 2016,** *Heidelberg 2016*
Hugh Johnson, **Der große Johnson,** *München 2009*
Chandra Kurt, **Chasselas. Von Féchy bis Dézaley,** *Zürich 2014*
Chandra Kurt, **Das Weinhandbuch,** *Zürich 2013*
Émile Peynaud, **Die hohe Schule für Weinkenner,** *Stuttgart u.a. 1984*
Jens Priewe, **Wein. Die neue Schule,** *München 2017*
Madeline Puckette und Justin Hammack, **Der ultimative Wein-Guide,** *München 2016*
Gerd Rindchen, **Crashkurs Wein,** *München 2012*
Jancis Robinson, **Wine Grapes,** *London u.a. 2012*

JÄHRLICHE WEINFÜHRER

Gerhard Eichelmann, **Eichelmann Deutschland,** *Heidelberg*
Guía Peñín Spaniens Weinführer, *Bonn*
Ursula Haslauer, Christoph Teuner und Ulrich Sautter, **falstaff Weinguide Deutschland,** *Düsseldorf*
Hugh Johnson, **Der kleine Johnson,** *München*
Chandra Kurt, **Weinseller,** *Thun*
Peter Moser, **falstaff Weinguide Österreich/Südtirol,** *Wien*
Joel Payne, et al., **Vinum Weinguide Deutschland,** *München*
Stéphane Rosa, **Le guide Hachette des vins,** *Vanves*
Britta Wiegelmann, **Gault&Millau WeinGuide Deutschland,** *München*
Philip van Zyl et al., **Platter's South African Wine Guide,** *Hermanus*

MAGAZINE

Der Feinschmecker *der-feinschmecker.de*
Effilee *effilee.de*
Enos *enos-mag.de*
Essência do Vinho *essenciadovinho.com*
Fine Das Weinmagazin *fine-magazines.de*
Foodhunter *foodhunter.de*
La Revue du Vin de France *larvf.com*
Meiningers Sommelier *meininger.de*
Merum *merum.info*
Port Culinaire *port-culinaire.de*
Schluck. Das anstößige Weinmagazin *schluck-magazin.de*
The World of Fine Wine *worldoffinewine.com*
Vinum *vinum.de*
Weinseller Journal *chandrakurt.com*
Wine Advocate *robertparker.com*
Wine Enthusiast *winemag.com*
Wine & Spirits *wineandspiritsmagazine.com*
Wine Spectator *winespectator.com*
Burghound.com *burghound.com*
Cellar Watch *cellar-watch.com*
Decanter China Magazine *decanterchina.com*

BLOGS & WEBSITES

Bourgognes *vins-bourgogne.fr*
Das Wein-Magazin *magazin.wein.com*
Decanter Magazine *decanter.com*
Der Schnutentunker *schnutentunker.de*
Deutsches Weininstitut *deutscheweine.de*
Gourmetwelten *nikos-weinwelten.de*
JamesSuckling *jamessuckling.com*
Jancis Robinson *jancisrobinson.com*
La Champagne Viticole *lachampagneviticole.fr*
Meiningers Weinwelt *meininger.de*
Österreich Wein *oesterreichwein.at*
Originalverkorkt *originalverkorkt.de*

Schweizerische Weinzeitung *schweizerische-weinzeitung.ch*
Swiss Wine *swisswine.ch*
Terres et vins de champagne *terresetvinsdechampagne.com*
The Drinks Business *thedrinksbusiness.com*
The Wine Advocate *robertparker.com*
The Wine Cellar Insider *thewinecellarinsider.com*
Tim Atkin *timatkin.com*
Vins de Bordeaux *bordeaux.com*
Vins du Val de Loire *vinsvaldeloire.fr*
Vinous *vinous.com*
Wein aus Frankreich *de.vins-france.com*
Wein aus Spanien *wein-aus-spanien.org*
Weinkenner *weinkenner.de*
Wein-Plus *wein-plus.de*
Weinwisser *weinwisser.org*
Wine Chronicles *wine-chronicles.com*
Wine Folly *winefolly.com*
Wine-Searcher *wine-searcher.com/dept/features*
Wine-Times *wine-times.com*
Wines of Argentinia *winesofargentina.org*
Wines of Chile *winesofchile.org*
Wines of Portugal *winesofportugal.com*
Wine Spectator *winespectator.com*
Wosa *wosa.co.za*
Würtz *wuertz-wein.de*

WEINKURSE & WEINSCHULEN

Champagne Campus
Champagnerkurs mit Einstiegstest in Deutsch und Englisch.
champagnecampus.com

DWI – Deutsches Weininstitut, Mainz
Bietet Seminare für Weingenießer und Weinfreunde sowie einen jährlichen Sommelier-Cup.
deutscheweine.de/intern/seminare/seminare-fuer-weingeniesser

Hochschule Geisenheim University
Sie ist der deutsche Weincampus schlechthin. Hier kann man rund um das Thema Wein alles lernen und studieren. Die Schule genießt internationales Ansehen.
hs-geisenheim.de/startseite.html

HOFA Akademie Heidelberg – Fachschule für Sommeliers
Die Fachschule ist die einzige Einrichtung in Deutschland, in der die Sommelier-Weiterbildung in Vollzeitform mit staatlichem Abschluss angeboten wird.
hotelfachschule-heidelberg.de/index.php/abschluesse/sommelier.html

IHK – Wein- und Sommelierschule Berlin, Koblenz, München
Die Wein- und Sommelierschulen bieten einen Kompetenzlehrgang zum IHK-geprüften Sommelier. Zusätzlich gibt es Einsteigerkurse sowie in Koblenz die Weiterbildung mit Diplom der Wine & Spirit Education Trust WSET.
dha-akademie.de
gbz-koblenz.de
akademie.muenchen.ihk.de

IWI – International Wine Institute, Bad Neuenahr
Sommelier- & Weinsensorikkurse, berufsbegleitende Lehrgänge für Weinfachberater
iwi-sommelier.de

Egon Mark – Das Weinquiz
Weinwissen unterhaltsam als Quiz dargestellt. Erhältlich als App, CD oder Buch.

Wine Spectator
Wöchentliches Weinquiz mit umfangreichen Erklärungen, Onlinekurse, Weinglossar in Englisch.
winespectator.com/learnwine

WSET – Wine & Spirit Education Trust
Präsenz- und Onlinekurse vom Einsteiger-/Interessenteniveau bis zum Diplom, WSET Wine Game App Deutsch, Englisch u.a.
wsetglobal.com

Weinmessen

FEBRUAR

Berlin

Weinmesse Berlin, Palais am See
wein-messe.de

Hamburg

WeinFrühling, Hamburger Börse
weinfruehlinghamburg.de

MÄRZ

Aachen

WeinAachen, Aula Carolina
weinaachen.de

Bochum

WeinMesse Bochum,
Jahrhunderthalle, Bochum
weinmesse-rlp.de/bochum

Düsseldorf

ProWein, Messe Düsseldorf
prowein.de
Wein Frühling
Rheinterrasse Düsseldorf
weinfruehlingduesseldorf.de

Eltville

Rheingau Gourmet & Wein Festival
Kronenschlösschen u.a., Eltville
rheingau-gourmet-festival.de

Karlsruhe

RendezVino Karlsruhe,
Messe Karlsruhe
rendezvino.info

Kiel

WeinMesse Kiel,
Cruise Terminal Ostseekai, Kiel
www.weinmesse-rlp.de/kiel

München

WeinMünchen, Praterinsel
weinmuenchen.de
Vinessio, Zenith
weinmesse-muenchen.de

APRIL

Bremen

WeinMesse Bremen,
Messe Bremen & ÖVB Arena
weinmesse-rlp.de/bremen

Münster

WeinMünster
Factory Hotel, Münster
weinmuenster.de

MAI

Offenburg

Badische Weinmesse,
Messe Offenburg
badische-weinmesse.de

OKTOBER

Dortmund

WeinDortmund, Westf. Industrieklub
weindortmund.de

Mühlheim/Ruhr

Aquavitae (Spirituosen), Stadthalle
whiskymesse.eu

München

WeinHerbst, Praterinsel
weinherbstmuenchen.de

NOVEMBER

Berlin

WeinBerlin, dbb forum, Berlin
weinberlin.eu

Düsseldorf

WeinDüsseldorf, InterContinental
weinduesseldorf.de

Hamburg

WeinHamburg, Messe Hamburg
weinhamburg.com

Hannover

Vinalia, Wasserturm Hannover
vinalia.de

München

Forum Vini. MOC München
forum-vini.de

Register

Quellennachweis

LÄNDER

Deutschland (2016)

Deutscher Wein Statistik 2016/2017, Deutsches Weininstitut
www.deutscheweine.de/fileadmin/user_upload/Website/Intern/Fachseminare/Statistik_2016-2017.pdf
abgerufen am 15.5.2017
Landwirtschaftliche Bodennutzung - Rebflächen - Fachserie 3 Reihe 3.1.5 - 2016, Destatis 2017
www.destatis.de/DE/Publikationen/Thematisch/LandForstwirtschaft/WeinanbauErzeugung/Rebflaechen2030315167004.pdf?__blob=publicationFile
abgerufen am 15.6.2017

Österreich (2016)

Österreichisches Weinmarketing, Dokumentation Österreich Wein 2015-2016, Rebflächen: Summe aus Rückmeldungen der weinbautreibenden Bundesländer, Stand Februar 2017.
www.oesterreichwein.at/daten-fakten/dokumentation-oesterreich-wein/
abgerufen am 15.10.2017

Schweiz (2016)

Das Weinjahr 2016, Weinwirtschaftliche Statistik, Eidgenössisches Departement für Wirtschaft, Bildung und Forschung WBF
www.blw.admin.ch/blw/de/home/nachhaltige-produktion/pflanzliche-produktion/weine-und-spirituosen/weinwirtschaftliche-statistik.html
abgerufen am 12.5.2017

Frankreich (2014/2015)

France AgriMer, Les chiffres de la filière viti-vinicole 2005/2015,
www.franceagrimer.fr/content/download/48841/468726/file/chiffres-fili%C3%A8re-viti-vinicole-2005-2015.pdf
abgerufen am 15.5.2017

Italien (2015)

Unione Italiana Vino, I principali vitigni coltivati in Italia nel 2015,
www.uiv.it/i-principali-vitigni-coltivati-in-italia-nel-2015/
abgerufen am 2.5.2017
Vinitaly Wine News
www.vinitaly.com/it/news/wine-news/il-re-del-vigneto-italia-e-ancora-il-sangiovese-c/ abgerufen am 2.5.2017

Spanien (2015)

Minsterio de Agricultura, POTENCIAL DE PRODUCCIÓN-VITÍCOLA EN ESPAÑA,
www.mapama.gob.es/es/agricultura/temas/regulacion-de-los-mercados/informe-potencialproduccionvitivinicolaes2016_tcm7-426721.pdf
abgerufen am 28.7.2017

Portugal (2015)

Eurostat, Main grape varieties Portugal 2015,
appsso.eurostat.ec.europa.eu/nui/show.do?dataset=vit_t4&lang=en
abgerufen am 21.5.2017

Griechenland (2015)

Eurostat, Main grape varieties Greece 2015, *appsso.eurostat.ec.europa.eu/nui/show.do?dataset=vit_t4&lang=en* abgerufen am 21.5.2017

Südafrika (2016)

SAWIS, 2016 - SA Wine Industry Statistics Nr 40,
www.sawis.co.za/info/download/Book_2016_engels_final.pdf
abgerufen am 15.5.2017

Australien (2015)

Australian bureau of Statistics, 2014/15 Vineyards Estimates,
www.abs.gov.au/AUSSTATS/abs@.nsf/DetailsPage/1329.0.55.0022014-15?OpenDocument abgerufen am 12.5.2017

Argentinien (2016)

Instituto Nacional de Vitivinicultura, REGISTRO DE VIÑEDOS Y SUPERFICIE AÑO 2015,
www.inv.gov.ar/inv_contenidos/pdf/estadisticas/anuarios/2015/REGISTRO_VDOS_2015.pdf abgerufen am 16.5.2017
Instituto Nacional de Vitivinicultura, Análisis_evolución_de_superficie_2000-2016.pdf,
www.inv.gov.ar/index.php/informes-anuales
abgerufen am 9.7.2017

Chile (2015) Flächen vinifiziert

ODEPA, Catastro vitícola nacional 2015
www.odepa.cl/documentos_informes/catastro-viticola-nacional/
abgerufen am 24.5.2017
ODEPA, Competitividad de las exportcaiones de vino chileno en los pricipales mercados de destino
www.odepa.cl/wp-content/files_mf/1478189139competitividadvino.pdf
abgerufen am 3.6.2017

USA (2015)

California Grape Acreage Report, 2016 Summary, National Agricultural Statistics Service (NASS)
www.nass.usda.gov/Statistics_by_State/California/Publications/Grape_Acreage/2017/201704grapeacres.pdf abgerufen am 2.5.2017
2015 Oregon Vineyard and Winery Census Report, Southern Oregon University Research Center
industry.oregonwine.org/wp-content/uploads/2015-Oregon-Vineyard-and-Winery-Census-September-2016.pdf abgerufen am 2.5.2017
Washington State Wine, Washington Whites/Reds,
www.washingtonwine.org/wine/facts-and-stats/varieties
abgerufen am 2.5.2017

REBSORTEN WELTWEIT

Basis für Berechnungen:

K. Anderson, N. R. Aryal: Database of Regional, National and Global Winegrape Bearing Areas by Variety, 2000 and 2010, Wine Economics Research Centre, University of Adelaide, Dezember 2013 (erste Überarbeitung April 2014) (zweite Überarbeitung Mai 2014) (dritte Überarbeitung Juli 2014), aktualisiert auf 2015/2016 Werte, soweit für die einzelnen Märkte verfügbar.

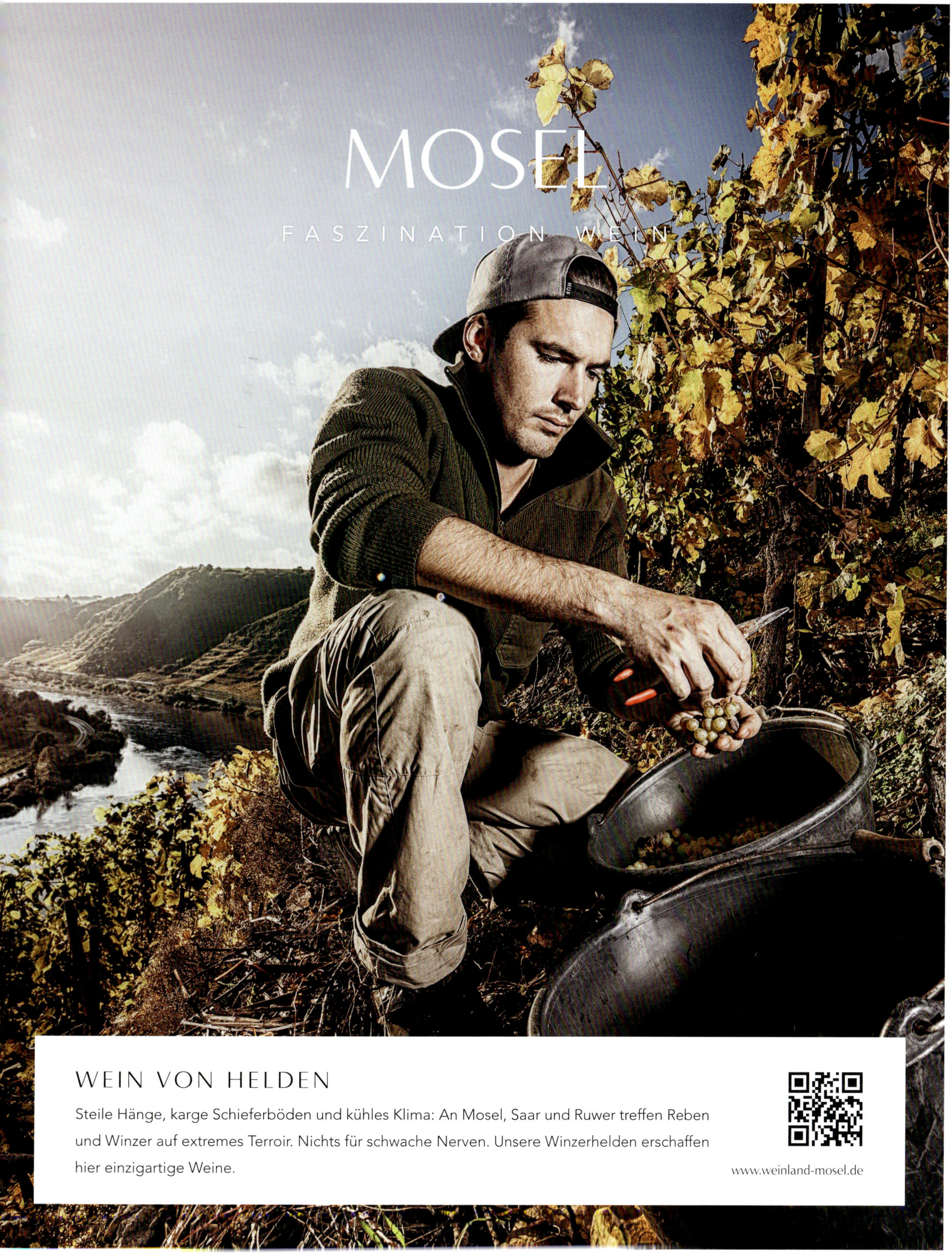
MOSEL
FASZINATION WEIN
WEIN VON HELDEN
Steile Hänge, karge Schieferböden und kühles Klima: An Mosel, Saar und Ruwer treffen Reben und Winzer auf extremes Terroir. Nichts für schwache Nerven. Unsere Winzerhelden erschaffen hier einzigartige Weine.
www.weinland-mosel.de

Impressum

CALLWEY
SEIT 1884

Streitfeldstraße 35, 81673 München
buch@callwey.de
Tel.: +49 89 43 60 05
www.callwey.de

Wir sehen uns auf Instagram:
www.instagram.com/callwey

ISBN 978-3-7667-2275-1
1. Auflage 2018

Die Autorin
Paula Bosch ist Deutschlands bekannteste Sommelière. Ihre legendären Kolumnen im SZ-Magazin machten sie einem großen Publikum bekannt, zahlreiche Buchprojekte, unter anderem in Kooperation mit Eckart Witzigmann, wurden zu Bestsellern. 20 Jahre lang war sie Chef-Sommelière im Münchner Restaurant Tantris und erhielt zahlreiche Auszeichnungen, zuletzt u. a. den Bacchuspreis 2007 vom Österreichischen Weinmarketing ÖWM, den 5 Star Award 2013 „One of the Finest Sommeliers Worldwide", 2016 den „Steinfederpreis" von der Vinea Wachau sowie 2017 die silberne Ehrennadel des VDP. Die Prädikatsweingüter.

Dieses Buch wurde in Callwey-Qualität für Sie hergestellt:
Bei der Materialauswahl und den Möglichkeiten der Buch-Veredelung überlässt das Callwey-Team nichts dem Zufall. So berücksichtigen wir die Gestaltung und Bildsprache jedes einzelnen Titels individuell. Denn dieser ganz besondere Inhalt soll nicht einfach nur schön gedruckt werden, die Buchseiten müssen sich auch gut anfühlen. Beim Inhaltspapier dieses Buches haben wir uns für ein Garda matt 150 g/m² entschieden – ein matt gestrichenes Bilderdruckpapier. Die gestrichene, matte Oberfläche gibt unseren Bildern den gewünschten Charakter und bringt die bekannte Callwey-Bildsprache optimal zur Geltung. Die Hardcover-Gestaltung mit hochwertigem Bezugsmaterial (Surbalin seda) und tiefgeprägter Folienveredelung gibt dem Buch zusätzliche Wertigkeit.

Dieses Buch wurde in Deutschland gedruckt und gebunden bei der Firmengruppe APPL, aprinta druck in Wemding.

Viel Freude mit diesem Buch wünschen Ihnen:
Projektleitung:
Anne-Sophie Zähringer
Redaktionelle Mitarbeit:
Valerie Borchert
Lektorat und Bildredaktion:
Büro Anne Funck, München
Herstellung:
Franziska Gassner
Umschlaggestaltung, Innenlayout und Satz: Anna Schlecker, München
Covergestaltung:
Olga Denk

Bildnachweis: Avantis Estate 118 o.l.; Bodegas Más Que Vinos 87 o.; Paula Bosch 50, 1, 88 o., 91, 97; Anton Brandl Vor- und Nachsatz, 14 u., 69, 138, 216–234; Brothers Photos 93; Ca' del Bosco 145; Celler Molí Dels Capellans 87 u.; Château Haut Bailly 81; Christie's Images Limited 2018 153; De Sante, Foto: Sam Aslanian 92; Deutsches Weininstitut (DWI) 104 M.r., 105 o.l., 105 M.r.; Domaine de l'Horizon 83; Andreas Durst 4, 8, 11 u., 19, 33 u., 72, 74, 75 u., 77, 78 o., 96, 100, 102, 167 l., 167 r., 170, 175, 176, 215 o., 215 u.; EuroCave, Baden-Baden 156, 157; F.lli Ceracchi 85; Armin Faber (info@faberpartner.de) 11 o., 13, 17, 18, 20 o., 20 u., 22, 23, 24, 33 o., 41 u., 44, 46 o., 47, 48, 52, 70, 104 o.l., 104 u.r., 105 o.r., 105 u.l., 118 u.r., 119 o.r., 211; Ingrid Groiss 78 u.; Huis van Chevallerie 89; La Pèira Damaisèla 82; La Selva 84; Joerg Lehmann 2/3, 6, 26, 29 o., 29 u., 134, 136, 141, 143, 145 u., 148, 151 u., 154, 161, 163, 164, 169, 172, 174, 179, 180, 183 o., 197, 200, 202, 203, 204, 205, 207, 208, 212; Tom Litwan 80 o.; Mas la Mola 88 u.; Dorli Muhr, Foto: Michael Holz 79; Patrick Piuze, Foto: Mathieu Drouet/Takeasip 80 u.; Porseleinberg 90; Sektkellerei Bardong, Foto: Andreas Baldauf, Berlin 140; StockFood: Bumann, Tina 184; Cephas Picture Library 27, 37, 41 o., 42, 59, 65, 66, 71, 98, 194 u.l., 118 M.l., 119 M.l., 119 u.r.; Demeurs, Jocelyn 168; Faber & Partner 43, 56; Feiler Fotodesign 105 u.r.; Gräfe & Unzer Verlag/Lehmann, Joerg 187 o., 189 o., 189 u., 195 o., 195 u.; Grilly, Bernard 49; Hewartson, Rose 196; Holler, Hendrik 40, 54, 62; Jalag/Lehmann, Joerg 191; Jalag/Schiffer, Maria 147; Jalag/Siffert, Hans-Peter 119 o.M.; Lehmann, Herbert 105 M.l., 119 o.l.; Lehmann, Joerg 94, 104 o.r., 118 M.r., 185, 188, 190, 192; Lindeblad, Matilda 118 u.l.; Morris, Steven 119 M.r.; Rose, Ludger 199 l.; Schinharl, Michael 32, 118 o.r.; Siffert, Hans-Peter 35, 36, 55, 104 M.l., 118 M.M., 119 u.l., 178; The Picture Pantry 183 u., 193; Vedder, Catja 187 u., View Pictures 151 o.; Wissing, Michael 199 r.; Unger Weine, Frasdorf 158; Valentini Edoardo 86; Von Winning, Foto: Markus Bassler 14 o.; Weingut Bietighöfer 76; Weingut Peter Lauer 75 o.; Wines of Portugal 46 u.; Zalto Glas, Gmünd 159

MÜSSEN WEINE, DIE MIT *Schraubern, Glas- oder Kunststoffstopfen verschlossen sind, vor dem Trinkgenuss probiert werden?* SIE KÖNNEN JA NICHT KORKEN?

In jedem Fall. Dabei wird die Trinktemperatur geprüft und auch, ob der Wein schmeckt und ohne Fehler ist.

Gibt es guten GLÜHWEIN?

Auf jeden Fall, sofern er mit gutem Rotwein selbst gemacht wird. Das muss kein sehr teurer Wein sein, aber Qualität ist auch hier das A und O. Das will niemand glauben, doch meine besten Glühweine habe ich immer noch aus erstklassigen Weinen gemacht. Aber auch verkorkter Wein, der nicht im Ausguss landet, sondern aufgekocht wird – etwas köcheln dabei ist wichtig –, lässt feinste Ergebnisse zu.

Werden Weingläser AM STIEL **oder Glasboden** *gehalten?*

Wer das Glas nicht am Stiel hält, macht alles falsch. Ein Weinglas wird weder am Kelch noch an seinem Boden gehalten. Der Kelch bleibt sauber, der Wein richtig temperiert und die Aromen des Weins werden nicht durch Seifen- oder Cremerückstände an den Fingern beeinflusst.

Trinken Männer WENIGER GERN CHAMPAGNER *als Frauen?*

Mag sein, aber Köche, Sommeliers und Kellner sind davon meist ausgeschlossen.

Was bedeutet „Avinieren der Weingläser"?

Mundgeblasene, dünne Weingläser nehmen schneller negative Gerüche auf. Diese können problemlos mit einem Schluck des servierten Weines aus dem Glas geschwenkt werden. Diesen Reinigungsprozess nennt man Avinieren.